浙江省普通本科高校"十四五"重点立项建设教材

Introduction to
DEEP SPACE
EXPLORATION

深空探测概述

徐之海　李　奇　◎编著

ZHEJIANG UNIVERSITY PRESS
浙江大学出版社
·杭州·

图书在版编目（CIP）数据

深空探测概述 / 徐之海，李奇编著. -- 杭州 ：浙
江大学出版社，2024.7
ISBN 978-7-308-25020-7

Ⅰ．①深… Ⅱ．①徐… ②李… Ⅲ．①空间探测
Ⅳ．①V1

中国国家版本馆 CIP 数据核字(2024)第 102795 号

深空探测概述

徐之海　李　奇　编著

策划编辑	黄娟琴	
责任编辑	徐　霞	
责任校对	秦　瑕	
封面设计	春天书装	
出版发行	浙江大学出版社	
	（杭州市天目山路 148 号　邮政编码 310007）	
	（网址：http://www.zjupress.com）	
排　　版	杭州星云光电图文制作有限公司	
印　　刷	杭州捷派印务有限公司	
开　　本	889mm×1194mm　1/16	
印　　张	17.25	
字　　数	475 千	
版 印 次	2024 年 7 月第 1 版　2024 年 7 月第 1 次印刷	
书　　号	ISBN 978-7-308-25020-7	
定　　价	98.00 元	

内容简介

  深空探测是指人类对于月球和月球以远天体的探测活动与科学探索。实施深空探测是一项涉及天文学、天体物理学、航天科学与工程、信息科学与技术等多学科交叉的系统工程。本书围绕人类实施深空探测工程的主题，内容涵盖了太阳系基础知识、航天技术发展历程、深空探测技术、人类深空探测任务概览。本书重点介绍了太阳、太阳系八大行星及其主要卫星、矮行星、小行星和彗星等天文学基本知识；同时又着重阐述了航天飞行基本原理、深空探测器系统的基本组成、各类科学探测有效载荷的基本原理等相关技术内容；回顾了全球航天技术的发展历程，并概述了人类历史上的深空探测历次任务。

  本书在浙江大学本科通识课程"深空探测"教学实践的基础上编写，作者及其团队是中国探月与深空探测工程的直接参与者。本书既是高等院校通识课程的教材，也可作为广大航天与天文爱好者、相关科研工作者的基础性读物。

"深空探测"说课

序

发展深空探测、探索浩瀚宇宙、揭秘未知世界、拓展生存空间,这是人类矢志不渝的追求。近二十年来,中国深空探测领域的科技工作者创造了探月工程"六战六捷"、在火星上首次留下中国印迹的骄人战绩,形成了"追逐梦想、勇于探索、协同攻坚、合作共赢"的探月精神。

探月精神需要传承,科学高峰需要一代代人接续攀登,薪火相传。徐之海教授团队自2010年开始在浙江大学面向全校本科生开设了"深空探测"通识课,在大学课堂上介绍深空探测的基本知识和中国探月与深空探测工程。他们用自己在探月工程中的科研经历感染着青年学子,激发他们学习航天知识、探索宇宙奥秘的兴趣,培养他们树立为中华崛起、民族复兴而奋斗的理想信念。不少学生毕业后成为我国航天事业的新成员。欣闻浙大"深空探测"课程获得了全国高校光电专业优秀课程思政教学案例特等奖,我由衷地为他们点赞。

近又得知该课程的教材即将出版,我感到很有必要、很有价值、很有意义。通览全书,这是一部介绍太阳系天体基本知识、概述人类航天发展和深空探测历程、普及深空探测器及其科学探测载荷基本概念和原理的通识性教材,也是一本结构严谨、内容丰富、深入浅出、多学科交叉的专业书。我由衷地期盼这本教材能够在深空探测相关领域的教学与科研工作中发挥重要作用,也衷心希望有更多的在校大学生能够通过这本书走近航天、仰望星空、点燃胸中追梦的火焰、投身到我国深空探测的伟大事业之中。

展望未来,探月四期工程、天问系列探测任务、国际月球科研站的宏伟蓝图正在展开,中国深空探测事业方兴未艾。

吴伟仁院士畅谈中国
深空探测未来

中国探月工程总设计师
中国工程院院士

2023 年 9 月

前　言

　　人类与生俱来就对蓝色天空怀有美好的遐想,中华民族历来就有着飞天的梦想。人类对深空的探索,经历了从神话传说、肉眼观察、地基观测到航天探测的历程。过去十几年,我与我的团队亲身经历了"嫦娥二号"实现我国首次小行星探测(2012 年),"嫦娥三号"实现我国首次月面软着陆(2013 年),"探月三期再入返回飞行试验器"以第二宇宙速度成功返回地球并实现中国首次地月合影(2014 年),"嫦娥四号"在人类历史上首次实现月球背面软着陆(2019 年),"嫦娥五号"实现月球样品采样返回(2020 年),"天问一号"同时实现对火星的环绕、着陆和巡视探测(2021 年)等重大历史时刻,本人还有幸获得了国家六部委授予的探月工程"嫦娥四号突出贡献者"和"嫦娥五号先进个人"表彰。

　　从 2010 年首次开设"探月工程与空间光学遥感"新生研讨课,到 2018 年课程内容改版扩展成"深空探测"本科生通识课,我们尝试着将国家航天重大科技工程与本科教学结合起来、将传授专业知识与立德树人结合起来。本课程曾被评为全国高等院校光电信息科学与工程专业优秀课程思政教学案例特等奖,浙江省高校课程思政优秀教学案例一等奖;在课程教学中指导学生完成的"月球上的沙漏实验"项目获得国家航天局组织的"嫦娥七号"科普试验载荷创意设计二等奖。

　　习近平总书记在首个"中国航天日"到来之际指出:"探索浩瀚宇宙,发展航天事业,建设航天强国,是我们不懈追求的航天梦。"今天,"嫦娥六号"圆满完成国际首次月球背面的采样返回,中国深空探测正在一步一个脚印向前迈进。我们始终认为:将自己的职业成长与国家民族的发展结合在一起,才是我们高校教师和新一代大学生应该追求的人生理想。面向各专业本科生开设"深空探测"通识课程的目的就是要开启一扇空间科学与航天工程的启蒙之窗,激发青年学生的航天梦,进而为中国的航天事业贡献智慧和力量。

　　在参与工程的过程中,我们有幸结识了来自国防科技工业局探月与航天工程中心、中国航天科技集团、中国科学院等单位的院士和专家,学习了很多行星科学和航天工程方面的知识。在本书的编写过程中我们拜读了许多专家学者的著作和论文,得到了他们的指点和帮助,在此表示崇高的敬意和衷心的感谢!

　　在本书的编写过程中,李奇教授提供了人类历次深空探测任务的统计数据,李孟灏、罗鹏、宓蒋怡、颜家璞、周静雯、邓雅文、李墨韬等也协助了相关资料的收集整理、汇总和图文校对工作,冯华君教授、陈跃庭副研究员也在本书的编写过程中提供了帮助,浙大出版社徐霞老师为本书的出版倾力付出,在此一并表示感谢!

　　由于本人水平有限,不足之处敬请批评指正。

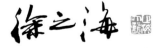

2024 年 6 月 25 日于求是园

目 录　CONTENTS

第一章 绪 论

黑格尔说:"一个民族有一些关注天空的人,他们才有希望;一个民族只是关心脚下的事情,那是没有未来的。"人类自诞生之日起,与生俱来就对天空怀有无限的遐想,从未停止过对宇宙奥秘的探索和思考。首先是一个一个美妙动人的神话与传说,然后是不畏牺牲、锲而不舍的努力与尝试,最后是飞出地球、进入空间、实施月球与行星际探测。对宇宙奥秘的求知欲望是人类不倦探索的永恒动力,它激励着一代又一代的科研工作者和工程技术人员不断努力,勇敢地迎接挑战。尽管走向深空的征途并不一帆风顺,还经历了无数次的失败和磨难,但人类从未放弃自己的梦想,不断推进科学技术的发展和进步,终于在 21 世纪的今天迎来了全面进入深空、探测和利用深空资源的新一轮高潮。

在西方的神话中,太阳神阿波罗主管光明、青春和音乐,是人类的保护神。他的眉心嵌有一颗耀眼的太阳,天空在他降生之时掀起了万丈金光,为人间送来了光明和温暖。而在东方的传说中,既有盘古开天的神话故事,又有盖天说、浑天说、宣夜说等关于天地结构的学说,更有美丽的嫦娥因偷吃了灵药飞天成仙,终生在月球广寒宫中起舞弄轻影的动人故事。中西方关于天地的传说,激发了人类历史上无数诗人侠客的无尽浪漫情怀,也激发了历代科学巨人去探索宇宙天地奥秘的好奇心,并成为推动天文学及其相关科学技术发展的重要原动力。人类对太空的探索首先源于对地球、太阳和月球的认知,进而拓展到对太阳系、银河系、本星系群以及整个宇宙的理解,由此发展了研究宇宙空间及其天体性质、构造和运行规律的天文学。航天科学与技术是在近代物理、数学、化学、机械、信息等科学的基础上发展起来的综合性学科,成为人类进入太空、飞向深空、探索宇宙奥秘的重要基础。

最早的宇宙模型是由亚述人和埃及人所建立,由一系列半球形或圆柱形带状结构所组成的。在这样的宇宙模型中,地狱位于地面之下,大气层和星星所在的空间则在地面之上,而在星星之上存在着一个或多个天堂。这种宇宙观更多的是源于神话而非科学。在望远镜发明之前,肉眼是人类仰望星空时唯一的观测手段。人们凭借经验和推理,建立起一套看似完美的宇宙认识体系并一直持续了 2000 余年。古希腊哲学家阿那克西曼德(约前 610—前 546 年)是第一位解释宇宙结构的人,尽管他是一位玄学家而非科学家,但是他的观点是基于实际观测结果,而非神话故事。阿那克西曼德在解释宇宙时提出了三个非常重要的论点:①恒星、行星、月亮等天体沿整圆旋转,时而从地球下方穿过,时而又从上方穿出;②地球在太空中无支撑地漂浮着;③天体占据了环绕地球的球面,它们在以地球为中心的多个同心球面上运动。

中国先秦时期的天文学家甘德(约公元前 4 世纪)、战国中期魏国的天文学家和占星家石申(约公元前 3 世纪)是人类天文学的先驱。甘德对行星运动进行了长期观测和定量研究,发现了火星和金星的逆行现象。他用肉眼观测到木星的最亮卫星——木卫三，建立了行星会合周期的概念，并且测得木星、金星和水星的会合周期。他提出了以二十八星宿来测量日、月等天体运动方位的甘氏岁星法，成为天文学上最早的岁星纪年法。石申测量并编制了世界上最早的星表，第一次建立起完整的星空坐标概念，也是黄赤交角数据的最早测定者。他首先观测到太阳日珥，首次发现日冕，最早留下了有关太阳黑子的记录。他还发现了月亮运动有迟疾的变化和偏离黄道的现象，最早诠释了日食、月食是天体相互掩食的现象，最早对彗星进行分类。后人将甘德与石申各自写的天文学著作整合成《甘石星经》（见图1-1），成为现存世界上最早的天文学著作。书中记录了八百颗恒星的名字，一百二十一颗恒星的位置，记录了木、火、土、金、水等五大行星的运行情况，并指出了它们出没的规律。

1-1《甘石星经》

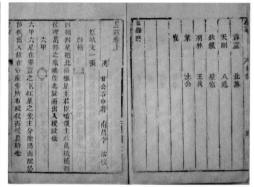

图1-1　甘德、石申和他们的《甘石星经》

古希腊哲学家亚里士多德（前384—前322年）提出：地球处于宇宙的中心，其他万物均围绕着地球旋转。古希腊天文学家克罗狄斯·托勒密（约90—168年）撰写了《天文学大成》，提出了地心体系（见图1-2），并在西方世界普及了这一概念，使得"地心说"在其后1000多年的历史中一直处于主导地位。

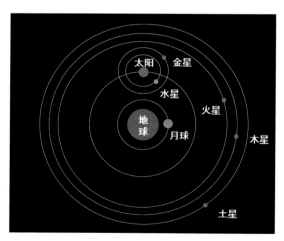

图1-2　托勒密与他的地心体系图

欧洲文艺复兴时期，波兰天文学家、数学家尼古拉斯·哥白尼（1473—1543年）在其《天体运行论》中提出了日心说。他认为太阳是宇宙的中心（见图1-3），并将行星置于围绕太阳的圆形轨道。但是在预测行星运动时,结果并没有使得对行星位置的预测比托勒密的地心说更为精确。当时的教会并不认可这一模型,并且在随后百年间对该学说下了禁令。虽然有许多天文学家倾向于哥白尼体系,但在一开始,日心说并没有被广泛接受。

尼古拉斯·哥白尼
(1473—1543年)

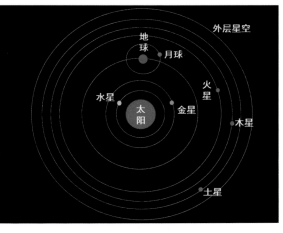

外层星空
地球
月球
火星
水星 太阳 金星
木星
土星

1-2 地心说/
日心说

图 1-3 哥白尼和他的日心说天体图

德国天文学家约翰尼斯·开普勒(1571—1630年)发展了太阳系的日星座体系。1605年,开普勒将行星置于椭圆轨道,而非之前围绕太阳的圆形轨道。这一改动清晰地解释了行星运动的所有疑惑。尽管在当时并没有确凿的证据能够证明它的正确性,该体系还是得以传播和延续,并被随后的空间观测及数学推导结果所证实。

1609年,意大利天文学家伽利略·伽利雷(1564—1642年)通过自制的望远镜观测天空,并向人们展示了前所未有的太空:组成银河的星星,木星的卫星,土星的光环以及凹凸不平的月球表面。伽利略观测到月球表面和地球表面一样的不平坦、不均匀,充满了变化,既有高耸的山峦,也有深深的峡谷(见图1-4)。这一观察结果颠覆了当时人们心目中的月亮是完美永恒的天堂概念。伽利略还看到:月面上高耸小点的暗部总是偏向远离太阳的方向,而在迎向太阳的一侧则有明亮的边缘,这与地球表面太阳升起时所看到的峡谷非常相似。

1-3 伽利略

伽利略
(1564—1642年)

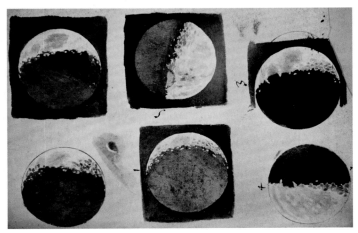

图 1-4 伽利略和他绘制的月球图

随着光学望远镜的发展和进步,天文学研究的方式被彻底改变。大口径、长焦距天文望远镜技术的发展和运用,使得人类进入了运用光学仪器观测、探索宇宙的时代。在随后的350多年中,建立在全世界各地的天文台成为人类进行深空观测与研究的主要科学平台,人类对于宇宙空间的认识进入了一个崭新的阶段。

在现代天文学中,从人类的视角看宇宙中的天体,由近及远可分为三个层次。一是太阳系天体,包括太阳、行星、行星的卫星、矮行星、小行星、彗星、流星体、行星际介质等;二是银河系中的各类恒星、恒星集团及系外行星系统,包括单颗的恒星、双星、聚星、星团、星云和星际介质;三是河外星系,位于银河系之外与银河系相似的庞大恒星系统,以及由星系组成的更大的天体集团,如多重星系、星系团、超星系团等。

1957年10月,随着苏联第一颗人造地球卫星的发射成功,人类进入了航天时代。人类对于宇宙的认识不再局限于通过地球上的大型天文望远镜这种远距离观测方式,而是可以通过发射各种空间探测器,在环绕地球的轨道上进行观测;甚至也可向太阳系各大行星及其主要卫星、各类小天体发射深空探测器,对目标实施飞越探测、环绕探测、伴飞探测甚至着陆探测。

20世纪中后期,美国和苏联是全球的超级大国,也是深空探测领域中的主角。那个年代的深空探测活动是争夺世界霸权的太空竞争,带有很强的政治色彩。为了取得航天领域的战略制高点,美国和苏联倾举国之力,连续发射了一系列针对月球、金星、火星的探测器,取得了首次月球探测、首次载人登月、首次金星与火星探测等辉煌的成果。那个时期的航天技术处于超常规发展阶段,任务的成功概率不高。然而这一系列的探测活动不仅大大促进了人类对太阳系的认识,还带动了相关基础学科、应用科学和工程技术的创新和发展。冷战结束后以美国为首的西方国家的深空探测活动回归了理性,强调了探测任务的科学目标,提高了探测任务的成功率。

进入21世纪,人类的科技水平和航天能力已经有了长足发展,深空探测已经成为航天领域中的主要发展方向之一。它不但为航天领域新技术研究、验证与应用提供了良好平台,同时也成为科学探测活动中最为活跃、最受瞩目、取得成果最丰富的领域之一。不仅如此,深空探测还对许多基础科学、交叉学科、新兴学科和创新技术的研究起到了重要的引领作用,成为世界各国争相展示各种高新技术、表现其技术实力的重要舞台。全球各航天国家和组织掀起了对太阳系天体探测的热潮,日本、中国、印度等国家也先后加入深空探测的行列之中。各国积极描绘深空探测发展宏图,纷纷制定了规模宏大的探测计划,以科学探索为主要驱动力,先后对月球、太阳、各大行星及其卫星、矮行星、小行星、彗星等天体进行了多手段、多视角、全方位的科学探测,深入了解太阳系各天体的地质背景和空间环境,寻求解决太阳系的起源和演化等基础科学问题。

截至2023年9月,美国、俄罗斯(含苏联时期)、欧洲空间局(ESA)、中国、日本、印度等国家(组织)先后实施了263次深空探测任务,其中月球探测任务128次,月球以远的深空探测任务135次,成功率为65.8%(见表1-1),已不同程度地探测了太阳系中的太阳、月球、各大行星及其部分卫星,并探测了一些小行星、彗星和矮行星。

表 1-1　全球各国(组织)实施深空探测任务的次数统计

探测目标	美国	俄罗斯(含苏联时期)	欧洲空间局	中国	日本	印度	以色列	阿联酋	韩国	总次数/成功次数
太阳	17/16	—	2/2	—	—	—	—	—	—	19/18

续表

探测目标	美国	俄罗斯(含苏联时期)	欧洲空间局	中国	日本	印度	以色列	阿联酋	韩国	总次数/成功次数
月球	52/37	62/27	1/1	6/6	2/2	3/2	1/0	—	1/1	128/76
火星	22/16	19/5	2/2	1/1	1/0	1/1	—	1/1	—	47/27
金星	6/6	29/13	1/1	—	1/1	—	—	—	—	37/21
水星	2/2	—	1/1	—	—	—	—	—	—	3/3
巨行星	7/7	—	—	—	—	—	—	—	—	7/7
小天体	11/10	2/2	2/2	—	4/4	—	—	—	—	19/18
深空望远镜	2/2	—	1/1	—	—	—	—	—	—	3/3
任务合计	119/96	112/47	10/10	7/7	8/7	4/3	1/0	1/1	1/1	263/173

注:1.太阳探测中仅统计月球以远的探测器,不包含在地球轨道上的探测卫星。

2.由多个国家(组织)联合实施的任务,只统计在第一国家(组织)之中。

3.有多个探测目标的任务,只统计主探测目标。

从天体力学的角度来看,深空探测是指航天器在飞行过程中,其所处的主引力场是地球以外的天体,或处于多体引力平衡点附近的空间探测活动。美国航空和航天局(简称 NASA)给出了深空探测器的特征定义:任务目标是与行星际天体"相遇"的探测器。其中,行星际天体是指太阳系八大行星、月球、大行星的天然卫星、小行星和彗星;"相遇"是指飞越、环绕、进入大气、撞击、软着陆等。探测器直接进入环日运行轨道,或发射到环绕两个天体的拉格朗日引力平衡点的轨道上,或作为行星际或月球任务的一部分发射进入深空的也可被称为深空探测器。2000 年发布的《中国的航天》指出,深空探测是指对太阳系内除地球外的行星及其卫星、小行星、彗星等的航天探测,以及对太阳系以外的银河系乃至整个宇宙的探测。

1-4 深空探测

人类通过发射深空探测器来研究发生在地月空间、行星际空间乃至整个宇宙空间的物理、化学和生命等自然现象及其规律,开启了比较行星学、空间物理学、空间天文学、空间化学、空间地质学、空间材料科学和空间生命科学等领域。空间科学以航天技术为基础,包括空间飞行、空间探测和空间开发等几个方面,不仅有力地推动了传统天文学向现代大天文学的发展,同时也促进了运载火箭、深空探测器及其相关科学探测载荷等航天技术的快速发展。

人类真正脱离地球进入宇宙空间的创举展示了地球人的智慧、能力和探索未知的精神,是人类开拓进取、求实创新的光辉范例,增强了人类探索宇宙、建设美好地球家园的信心。

时至今日,在深空探测领域仍然存在许多未知等待人们去发现。人类从哪里来?未来往何处去?无垠的宇宙中还有哪些不为人知的奥秘?人类如何应对未来可能发生的小行星和彗星撞击地球的危险?如何应对几十亿年后太阳膨胀并吞噬地球的危机?要回答这些问题,人类还需要发展各种不同的新技术、方法和手段。人类需要不断努力发现宇宙的奥秘,增进对宇宙的认识,并且探索可能适合人类居住的星球,只有这样人类文明才能在灾难降临的时候得以延续和发展。

本书涉及和深空探测的概念主要是指在不以地球为主要引力场的空间开展的科学探测活动,即人类对于月球和月球以远天体的探测活动与科学探索。当代全球各国的深空探测活动主要集中在对太阳系中各类天体的科学探测,正在逐步向太阳系外的科学探测拓展。

1-5 深空探测重要科学问题征集

第二章 太阳系基础知识

§2-1 宇宙-银河系-太阳系

一、宇宙起源与形态

按照目前人类对宇宙的认识,宇宙诞生于距今约 137 亿年之前的大爆炸。在时间开始的时刻,宇宙中的一切物质都集中在一个微小的"初始奇点"之中。用人类已知的物理定律目前尚无法描述这个密度极高的奇点,其温度极高,超过 10^{32} K。尽管科学家至今无法描述大爆炸发生的最初 10^{-43} s 内发生了什么,但是他们将 10^{-32} s 时发生的宇宙呈指数级的加速膨胀定义为以真空能量为主的宇宙暴涨阶段。光与物质在大爆炸 1s 以后形成,但此时光与物质处于不断相互作用中,因此光子不能自由运动。在随后的 100s 中,光与物质产生结合,暗物质开始形成结构网络。在宇宙大爆炸的 38 万年后,光与物质分离,之后光可以自由行进,宇宙微波背景形成,质子和电子形成原子。宇宙大爆炸最初的几亿年处于黑暗时期,并在密度最大的区域中形成最初的恒星并聚成星系。恒星的辐射使原子电离,原子发出新的光子。宇宙诞生约 10 亿年后,第一批恒星发出的光才终于在宇宙的不断膨胀中照亮了原初星系。太阳及其原始行星盘是在 46 亿~50 亿年前,由宇宙中的一个气体云凝结而形成,又通过数十亿年的星系演化后,形成了包括我们地球在内的太阳系各大行星及其围绕太阳和行星旋转运动的各类小天体(见图 2-1)。历经了约 137 亿年的膨胀,宇宙温度降到了几乎接近绝对零度的 2.73K(-270.42℃)。宇宙的膨胀及其冷却是光和物质能够分离的决定性因素。

天文观测表明,除了少数几个临近星系外,宇宙中大部分星系的光谱都在红移。依据多普勒效应理论,整个宇宙空间在不断地膨胀,空间任意两点的距离都在以相同的方式变大。因此星系间的距离也不断变大,这就是宇宙膨胀理论。不过由于万有引力的作用,地球、太阳系、银河系等已处于束缚状态的系统并不会随之而膨胀,它们的大小是不变的。

宇宙在足够大时,可以近似地认为是均匀并各向同性的,这一假定被称为哥白尼原理。根据广义相对论,均匀各向同性的宇宙可能有三种几何结构:闭合几何、平直几何和双曲几何(见图 2-2)。平直几何也就是我们所熟悉的欧氏几何,而闭合几何和双曲几何则是非欧氏几何。闭合几何的宇宙空间是有限而无边的,而平直几何和双曲几何的宇宙空间是无限的。当然,由于在大爆炸理论中宇宙的年龄是有限的,因此当前可以观测到的宇宙部分(粒子视界)都是有限的,这与宇宙空间本身是否有限是两个不同的概念。在整个宇宙中,地球人所能看到的普通物质仅占 5%,暗能量占比最大,达到 73%,暗物质占 22%。

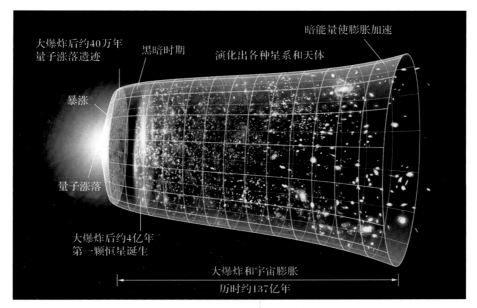

图 2-1　宇宙演化历史示意图

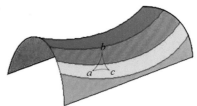

(a) 闭合几何（正曲率$a+b+c>180°$）　　(b) 平直几何（零曲率$a+b+c=180°$）　　(c) 双曲几何（负曲率$a+b+c<180°$）

图 2-2　宇宙三种几何结构的示意图

二、太阳系在宇宙中的位置

早在 18 世纪,法国天文学家梅西耶、英国天文学家赫歇尔等观测到的一些旋涡状的星云是与银河系类似的宇宙岛,但在很长的时间内无法确认这些星云的距离和大小。直到 20 世纪初美国科学家寇蒂斯等根据新的观测,推测它们是与我们所在的银河系类似的星系。哈勃利用当时最大的望远镜,使用造父变星方法测定了这些天体的距离,发觉其远大于银河系的尺度,因此人们才确认了它们是银河系外星系。哈勃按照星系形态将河外星系大致分为椭圆星系、旋涡星系和不规则星系。

我们太阳系所在的银河系是处在一个星系群中的,哈勃称之为本星系群(见图 2-3)。本星系群位于室女超新星系团的末段,大小约为 1000 万光年(1 光年 $=9.46\times10^{12}$ km),质量约为 $6.5\times10^{13}\,M_\odot$(太阳质量,$1\,M_\odot=2\times10^{30}$ kg)。本星系群由几十个星系组成,其中最主要的三个旋涡星系分别是仙女星系、银河系和三角星系,银河系是其中第二大星系。除三角星系受到仙女星系引力作用的直接影响外,本星系群中的其他所有星系,从矮椭圆星系到不规则星系都围绕其主星系运行。

距离地球约 7 万光年的人马座矮椭圆星系是距离银河系最近的星系。在银河系的邻居中,最著名的是耀眼夺目的麦哲伦云,它包括大麦哲伦云和小麦哲伦云。几十年来关于麦哲伦云是否围绕银河系旋转的讨论从未间断,尽管也有迹象显示小麦哲伦云在围绕大麦哲伦云运行,麦哲伦云极快的视向速度表明它们正在靠近我们银河系,并在银河系强大引力作用下严重扭曲。其中,大麦哲伦云距离地球约 16 万光年,拥有大约 3000 亿颗恒星。仙女星系距离地球约 250 万光年,是本星系群中最大最明亮的成员。仙女星系和银河系正以 300km/s 的速度靠近,两个星系将在 70 亿年以后终极合并,从而形成一个巨椭圆星系。新的星系会将本星系群中的其他成员星系吞食而空。

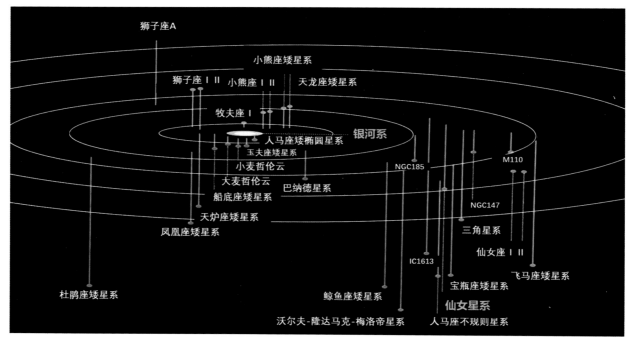

图 2-3　哈勃定义的本星系群

在晴朗的黑夜,我们用肉眼就可以看到璀璨群星点缀着如墨苍穹,一条乳白色的银河横贯天空,这是银河系中呈盘状分布的大量恒星。银河系包含了 2000 亿到 4000 亿颗恒星和大量星云、星际气体及星际尘埃,它也只是广袤宇宙中数十亿星系之一。大约在 130 亿年前,银河系诞生于由原始气体云产生的第一代恒星团,继而形成了星系盘,通过不断吞噬邻近星系的物质,使自身逐步壮大。

从天球北侧鸟瞰银河系,它是一个棒旋星系(见图 2-4)。太阳系坐落在一个被称为"猎户臂"的旋臂上,该旋臂因靠近猎户座而得名。银河系包含一个明显的中心核球(银核)、银河系的主体部分(银盘),以及一个包裹着银河系的巨大光晕(银晕)。每年大约有 7 颗恒星在银盘和银核中诞生。银河系中平均每颗恒星周围至少有一颗围绕它旋转的行星,最古老的恒星分布在银晕的球状星团里。

2-1 太阳系-银河系-本星系群

图 2-4　银河系图

银河系由中心超大质量黑洞、银核、银盘、恒星晕、球状星团和暗物质晕组成。银河系周边还分布着一些卫星星系。银河系的主要参数如下。

- 总质量：$(8\sim45)\times10^{11}M_\odot$；
- 银河系中心（黑洞）：质量为 $4\times10^6M_\odot$，位置在人马座，存在大量正电子；
- 银核：中心隆起（质量为 $7\times10^9M_\odot$，隆起区域的半径为 1kpc）；
- 银盘：平面对称扁平圆盘（质量为 $4.5\times10^{10}M_\odot$，直径为 36.7kpc，厚度为 $0.3\sim3$kpc）；
- 恒星晕：银盘之外分布着少量恒星（40kpc），周围存在球状星团；
- 暗物质晕：向外延伸 100kpc；
- 卫星星系：目前发现 27 个；
- 最古老恒星年龄：137 亿年。

2-2 秒差距

其中，pc 是另一天文上的距离单位——秒差距，定义为底边是 1 个天文单位（1AU）、顶角是 1 秒的三角形的腰长，1pc＝3.262 光年，1kpc＝1000pc，1 天文单位 AU（地球到太阳的距离）＝1.496 亿 km。

2-3 天文单位

太阳系距离银河系中心约 28000 光年，在银道面以北约 26 光年。在以银核为坐标中心的非惯性系中，太阳系的运动可以近似地被分解为垂直于银盘方向的简谐振动和在银盘平面上的环绕银河系中心的近似椭圆运动。太阳系一方面和银河系中的其他恒星系一起以（220±30）km/s 的速度绕银河系中心转动，转动一圈的时间大约为 2.2 亿年；另一方面相对于周围的恒星，以 19.7km/s 的速度运动。垂直于银盘方向的简谐振动周期为 8700 万年。太阳系黄道面与银盘的夹角约为 60°，如图 2-5 所示。

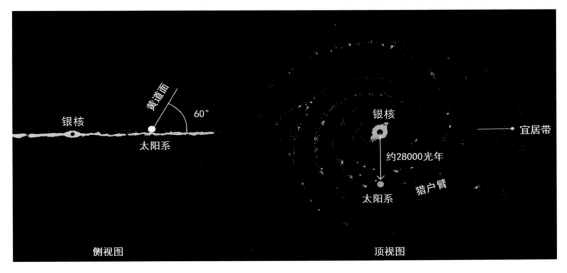

图 2-5　太阳系在银河系中的位置

三、太阳系形成与演化

1. 太阳系的形成

宇宙、天体与生命的起源一直是人类关心的热点科学问题，太阳系及其行星系统的形成更是长期困扰了天文学家。早在 17 世纪，法国科学家笛卡儿依据各大行星自转

2-4 太阳系形成

及绕太阳公转的事实,提出了在当时极具启蒙意义的涡流说,开了人类关于太阳系起源研究的先河。18 世纪中后叶,康德和拉普拉斯分别提出了星云说以解释太阳系的形成,但受当时理论水平和技术条件的限制,他们并没有能就太阳系形成过程中角动量转移等问题给出合理的解释。

20 世纪后半叶,红外和射电探测技术的迅速发展为研究类太阳恒星的形成创造了条件,极大地促进了人类对恒星及行星系统形成的认识。综合人类对与太阳系相似的中低质量恒星系统形成的认识,结合陨石成分分析结果和深空探测成果等,当代科学家提出了太阳系形成的标准模型,描述了太阳系的形成经历了如图 2-6 所示的过程。

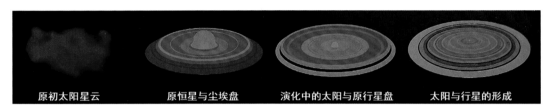

| 原初太阳星云 | 原恒星与尘埃盘 | 演化中的太阳与原行星盘 | 太阳与行星的形成 |

图 2-6 太阳系形成过程示意图

太阳系形成的最早期阶段是一团尘埃和气体云,被称为原初太阳星云。带有一定角动量的太阳星云经塌缩、吸积等过程,在中心形成原始太阳(原恒星),并伴有气体尘埃盘。当中心与原始太阳进入主序前演化阶段,并逐步形成太阳时,气体尘埃盘停止向中心吸积物质,并逐渐变得不稳定,处于该阶段的太阳周围盘结构被称为原行星盘。原行星盘中的固体颗粒开始碰撞、聚集并产生星子;较重的星子通过引力和吸积俘获更多的物质,从而增长质量形成行星胚胎。这些胚胎碰撞聚合,并在离太阳较近的区域形成类地行星;离太阳较远的行星胚胎逐步形成更大质量的原行星,还可以俘获大量的气体形成土星、木星这样的气态巨行星;在距离太阳更远的区域,则形成有"冰"特质的冰巨星。当太阳内部的氢开始点燃时,短时间内产生巨大的太阳风和热辐射,吹走并破坏掉了原行星盘中没有被星体聚合的大部分残存气体物质。当然这个标准模型也只是建立了一个基本框架,其中更详细的机理、更具体的细节还有很多不清楚的地方,有待开展深入的理论研究和观测验证。

当代科学家通过对陨石中放射性元素的分析,认为太阳系诞生于 46 亿～50 亿年前。如今太阳系的诞生环境早已不复存在,科学家可以通过对太阳系以外其他恒星与行星形成过程的观测和对太阳系中残存遗迹的研究,来探究太阳系诞生的初始状态和形成过程。他们通过分析太阳系内行星及小天体的轨道、天体数量及太阳系的边界、来自陨石的短周期放射性元素等,推断出早期太阳周围可能存在一个大的星团,并可能发生过超新星爆发。但最新的研究表明,可能存在的超新星年龄与原初太阳星云塌缩的时间并不相符。另外一个与超新星触发恒星形成相悖的客观事实是:在太阳周围的恒星中并没有看到明显的年龄分布梯度。当然这也不能完全排除超新星的前身星所产生的紫外辐射或超强离子激发导致原初太阳星云塌缩的可能。

太阳系起源有两大基本问题:一个是行星的物质来源,另一个是行星的形成方式。迄今为止的各种学说分为两大类:星云说和灾变说。1755 年和 1796 年,康德和拉普拉斯各自独立提出了星云说,都认为太阳系是由一个原始星云形成的,在其中心形成太阳,其外部物质形成行星系。19 世纪末 20 世纪初,一些天文学家提出了多种灾变说,认为是由于外部的某种偶然因素导致的一次太阳灾变,从太阳上分离出的物质最终形成了各大行星。

20 世纪 60 年代以来,随着空间探测天文观测数据的积累和其他相关理论的发展,关于太阳系起源的研究越来越活跃。尤其是近20年来观测到很多年轻恒星中有与太阳系相似的圆形星盘,寻找到400多颗恒星有自己的行星系。通过对陨石成分的分析和探测器对太阳系天体的探测,也产生了一些新的相关理论解释,进一步推进了太阳系起源的研究。

2.太阳系的演化

现代天文观测表明,太阳已经有46亿～50亿年的历史。它是一个典型的中等质量恒星,正平稳地燃烧自身的核储备,并把氢转变成氦。在太阳幼年阶段,原始星云在自身引力作用下,收缩力度不断增大,温度不断升高,历时数千万年形成原始太阳。在青年阶段,太阳位于非常稳定的主星序,这一阶段可延续约50亿年之久。依据观测估计得到的太阳氢和碳的丰度来判断,今天的太阳正处在它的鼎盛时期,约可持续10亿年时间。当热核反应的燃烧圈接近0.5太阳半径时,太阳将会难以支持其自身的巨大引力,它的中心将会塌缩。这个塌缩过程中所释放的巨大能量将使太阳的外部大幅膨胀。那时的太阳体积很大、密度很小、表面亮度很高,将演化为一颗红巨星。当太阳直径扩大到现在的250倍时,地球将被吞没。在老年阶段,太阳将转变为一颗脉动变星,内部核能耗尽,整体发生塌缩,内部被压缩成一个密度很高的核心,冷却后形成一颗白矮星,并长久地留在宇宙之中(见图2-7)。

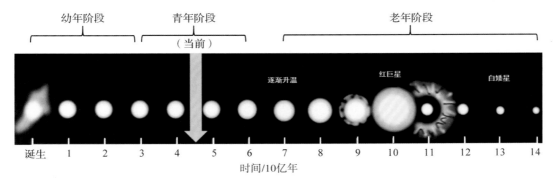

图 2-7 太阳的诞生与演化

人类经过了千百年的探索,才终于形成了今天对太阳系的认识。太阳系是一个由太阳和所有受到太阳引力约束的天体组成的结合体。它以太阳为中心,包括8颗行星,近220颗已知的卫星,以及数以亿计的太阳系小天体。这些小天体中包括矮行星、小行星、彗星、柯伊伯带天体和行星际尘埃等。按照到太阳的距离,太阳系内的行星由近及远依次是水星、金星、地球、火星、木星、土星、天王星和海王星。

§2-2 太阳系基本特征

一、太阳系天体种类

太阳系是由太阳、行星及其卫星、矮行星、小行星、彗星、柯伊伯带天体、行星际空间等共同构成的天体系统。太阳是太阳系的中心,其他天体都在太阳的引力作用下绕太阳公转,太阳系有八大行星,包括水星、金星、地球和火星四颗类地行星,以及木星、土星、天王星和海王星四颗类木行星,如图2-8所示。

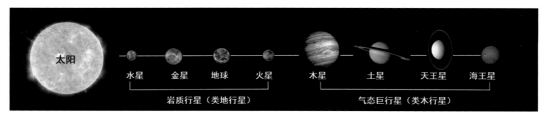

图 2-8　太阳系的岩质类地行星和气态类木行星

　　太阳系的绝大部分质量被太阳和八大行星、矮行星以及它们已知的近 220 颗卫星瓜分,其中太阳占有 99.86% 的绝对比例。在太阳系各大行星中,木星质量占约 70% 的比例。

　　1. 行星

　　按照国际天文学联合会 2006 年的定义,行星是指环绕太阳运动且质量足够大的天体。这类天体需要满足以下三个条件:

　　第一,必须是围绕恒星转动的天体;

　　第二,有足够的质量能够维持流体静力学平衡(接近球体的形状);

　　第三,能够清除相似轨道上的其他天体。

　　迄今为止通过天文观测发现的太阳系天体中只有 8 个天体符合上述要求,即水星、金星、地球、火星、木星、土星、天王星和海王星,其主要参数如表 2-1 所示。冥王星则被排除在行星之外,并与柯伊伯带内已知最大的天体(鸟神星和妊神星)、小行星带内最大的天体(谷神星),以及属于黄道离散天体的阋神星等天体组成新的分类——矮行星。

表 2-1　太阳系八大行星主要参数

行星	到太阳距离/km	自转周期	公转周期	直径/km	质量(地球质量)	大气主要成分	卫星数量
水星	约 5791 万	58.7 天	88 天	4878	0.06	氢气、氧气、氦气	0
金星	约 10800 万	243 天	224.7 天	12104	0.81	二氧化碳、氮气	0
地球	约 15000 万	1 天	365.25 天	12756	1	氮气、氧气	1
火星	约 22800 万	约 24.62 小时	687 天	6794	0.11	二氧化碳、氮气、氩气	2
木星	约 77800 万	约 9.92 小时	11.86 年	142984	318	氢气、氦气	95
土星	约 143300 万	约 10.55 小时	29.45 年	120540	95.2	氢气、氦气	145
天王星	约 286700 万	约 17 小时	约 84 年	51118	14.5	氢气、氦气、甲烷	27
海王星	约 451500 万	约 16 小时	约 165.2 年	49532	17.2	氢气、氦气、甲烷	14

　　类地行星包括水星、金星、地球、火星,处于内太阳系。这个区域的行星距离太阳较近,它们绕太阳运行的轨道半径比木星与土星之间的距离还要短。类地行星主要由硅酸盐组成,体积和质量都较小,密度和表面温度较高,主要由岩石构成且没有环系统。类地行星的结构大致相同,核心部分主要是铁、镍等金属,外部则以硅酸盐为主要成分。它们的表面一般都有山脉、峡谷、撞击坑和火山。除水星外,其余三颗行星均有大气层,地球和火星都有天然卫星,水星和金星到目前为止还没有观测到卫星。类木行星包括木星、土星、天王星和海王星,它们的表面由气体组成,温度较低,体积、重量较大,但密度较小,处于外太阳系区域。外太阳系区域的固体主要成分是冰(以水、氨和甲烷为主),不

同于以硅酸盐为主的内太阳系。

2.地球

古代印度人认为,大地由站在一只巨大海龟背上的四头大象驮着。古代中国人认为,地是平的,天是半圆的。我国东汉时期天文学家张衡认为:"浑天如鸡卵,地如卵黄,居于内;天表有水,水包地,犹如卵壳裹黄。"古希腊学者亚里士多德认为,在月食过程中月球被地影遮住部分是球体或接近球体。经过了一个相当漫长的过程,现在人们对地球的形状、运行及它在太阳系中的地位已经有了一个较为清晰的认识。

2-5 地球的形成与进化

地球是太阳系由内向外的第3颗大行星,是类地行星中半径、质量和密度最大的行星。地球的大小以及它绕太阳旋转的轨道距离,使得这颗岩质行星拥有了能够有利于生命存在的保护性大气层和丰富的液态水资源。地球是目前人类所知道的宇宙中唯一存在智慧生命的天体,是人类以及1000多万种生物繁衍生息的美丽家园。尽管在太阳系八大行星中有多个像是地球的孪生兄弟和姐妹的岩石类行星,但地球因为存在生命而与众不同。地球上3/4的面积被海洋所覆盖,地球的大气主要由氮气(78%)、氧气(21%)、氩气(0.9%)和二氧化碳等其他气体(0.1%)所组成,且它们主要源自地球上的生物活动。地球所具有的磁场和臭氧层共同保护了它自身免受来自太阳和宇宙的高能粒子和辐射的伤害,使得万千生命在地球的摇篮中繁衍生长。地球的年龄大约为45.5亿年,它自诞生起经过了如陨石撞击、板块运动、火山喷发、地震等巨大的变化,形成了现在的地形地貌。月球是地球唯一的天然卫星(见图2-9),月球也对地球的运行和演化施加了重要影响。

图2-9　地球及其卫星月球

地球的运动包括自转和公转,自转方向自西向东,从天穹北极往下看呈逆时针旋转。地球自转平均角速度为7.292×10^5 rad/s,在赤道上的自转线速度为465m/s,自转一周耗时23小时56分4秒(恒星日——地球上的某一点,相对于远处的恒星连续两次经过其上中天的时间间隔)。地球绕太阳公转的偏心率为0.0167,其椭圆轨道的平均半径为1.4958亿 km。地球绕太阳公转周期为365.2564个太阳日(太阳连续两次经过同一子午线时的时间间隔),称为恒星年。地球在一年中共行进了9.4亿 km,轨道速度是29.78km/s,大约在7分钟内行进了一个地球直径的距离。从地球上观测,太阳似乎以每天1°的速度相对于恒星的背景移动。地球赤道与黄道的夹角为23°26′〔见图2-10(a)〕,由此而形成了地球上的春夏秋冬。地球大约在每年的1月3日最接近太阳(近日点1.47亿 km),在7月4日左右离太阳最远(远日点1.52亿 km),这恰好与地球北半球冬季与夏季的时间相反。由此可以推断:在影响地球气候的诸多因素中,太阳的入射角度是起决定性作用的。

地球内部并不是一个均匀介质体,而是具有明显的圈层结构,可以分为地球的内部圈层和外部圈层两大部分。内部圈层包括三个同心球层，即地核（内核和外核）、地幔（上地幔和下地幔）和地壳；外部分为四个圈层，即大气圈、水圈、生物圈和岩石圈。地球内核是一个由金属铁、镍组成的实心球，温度高达 7000℃；外核也主要由金属铁和镍组成，但处于熔融状态并包裹着内核；地幔是一层熔融岩石的热黏性混合物，最厚的地方达到 2900km；最外层是固体地壳，平均厚度为 30km〔见图 2-10（b）〕。

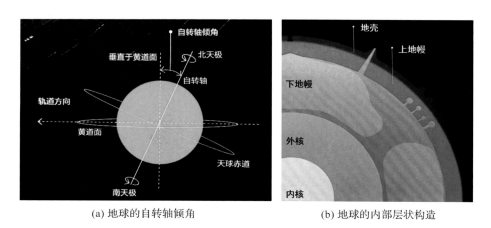

(a) 地球的自转轴倾角　　　　　　　　　　(b) 地球的内部层状构造

图 2-10　地球自转与内部结构

根据万有引力定律测定的地球质量为 5.9742×10^{24} kg，而地球体积为 1.0832×10^{21} m³，由此可以算出地球的平均密度为 5.515g/cm³，是太阳系中平均密度最高的行星。地球表面大约 71% 是海洋，剩下的部分是陆地，地球表面物质的密度只有大约 3.0g/cm³。地球表面具有板块构造，板块运动以地质年代为周期，至今还在持续。在距今 3.35 亿年～2.5 亿年前的二叠纪，最初的大陆单元随着构造板块的运动聚合成泛大陆；到 2 亿～1.75 亿年前的三叠纪，泛大陆开始相互分离；在经过了侏罗纪（1.45 亿年前）和白垩纪（0.66 亿年前）的板块漂移之后，直至形成我们现在的六个大陆板块分布——欧亚板块、太平洋板块、美洲板块、非洲板块、南极洲板块和印度洋板块，并形成了现在的亚洲、欧洲、非洲、北美洲、南美洲、大洋洲、南极洲的地理格局。

月球是围绕地球旋转的唯一天然卫星，它诞生于 45.3 亿年前。月球稳定了地轴的倾角，减慢了地球的自转，并且造成了地球上的潮汐现象（见图 2-11）。月球绕地球运行一周的时间约为一个农历月，每个小时相对背景星空移动半度，即与月面的视直径相当。与其他太阳系行星的卫星不同，月球的轨道平面更接近于黄道面，而不是在地球的赤道面附近。月球有月壳、月幔和月核的等分层结构。

地球上的水是如何产生的？生命是如何起源的？这一直是困扰人类的两大科学问题。科学家普遍接受的观点是：地球形成于 45.5 亿年前，地球上的水出现在 44 亿年前，生命的起源大约是在 40 亿年前，即地球形成之后约 6 亿年。地球生命在这 40 多亿年间经历了非凡的进化，从最初的单细胞生物到如今的数千万物种，生物的多样性都是各种进化过程的结果。研究早期生命的出现及其进化历程，有助于理解地球是如何变得宜居又是何时开始孕育生命的。据估计，曾经生活在地球上的所有物种中有超过 99% 已经灭绝，目前地球上存在 1000 万～1400 万个物种。一般认为，人属是在 210 万～150 万年前出现的，解剖学意义上的现代人类出现在 25 万年前。

上述人类对地球生命与水的认识是建立在对地球上残存遗迹的发现与推理之上的，而人类实施

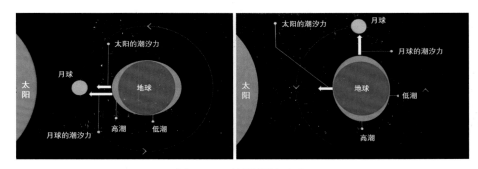

图 2-11 地球潮汐产生

深空探测的重要科学目标之一是：从地球外的深空中，去发现与探寻地球上水与生命的起源的线索。

3. 矮行星、小行星和彗星

根据国际天文学联合会对矮行星的定义，该类天体具有以下特点：围绕恒星运行；质量足够大，自身引力达到流体静力学平衡，形成接近球体的形状；没有清空轨道周围的其他小天体。

根据这个定义，冥王星被排除在行星行列之外，降格为一颗矮行星，谷神星、阋神星和塞德娜等大小介于行星和小行星之间的天体也升级成为矮行星（见图 2-12）。随着观测和探测技术的进一步发展，可能会有更多的小天体被确认为矮行星。

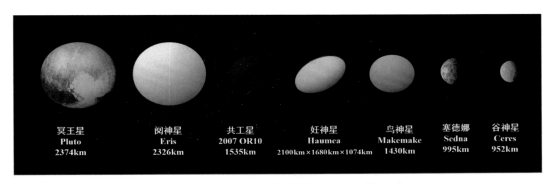

图 2-12 已经被确认的主要矮行星

太阳系中除了八大行星及矮行星之外，还有不计其数的小行星和彗星围绕太阳运行。小行星和彗星都是太阳系形成初期的产物，其中大部分非常暗淡，而彗星在接近太阳的时候会释放出气体和尘埃物质，从而导致亮度发生变化。

小行星轨道占据了非常广阔的空间，大部分分布在相对稳定的区域，主要包括火星和木星之间的主带小行星、海王星轨道外部区域的柯伊伯带天体、木星拉格朗日 L4 点和 L5 点附近的特洛伊小行星。此外还有少数小行星分布在不稳定的区域，例如近地小行星和半人马天体。近地小行星在火星轨道以内，受火星和地球引力的影响，轨道不稳定且存在与地球相撞的风险；半人马天体整个轨道在海王星轨道之内，近日点在木星轨道之外，容易受到大行星的摄动影响。小行星的结构形态有多种类型，最常见的是均一型小行星，也有聚集型小行星、岩石"舰队"小行星群和固体核心型小行星，如图 2-13 所示。

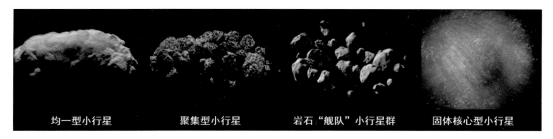

| 均一型小行星 | 聚集型小行星 | 岩石"舰队"小行星群 | 固体核心型小行星 |

图 2-13　小行星的形态类型

彗星由冰冻物质和尘埃组成,当靠近太阳时彗星上的物质蒸发,在冰核周围形成朦胧的彗发和一条明亮稀疏的彗尾。由于太阳风压力的作用,彗尾总是指向背离太阳的方向(见图 2-14)。早在公元前 613 年,我国《春秋》中记载有:"秋七月,有星孛入于北斗。"这是首次关于哈雷彗星的确切记录。直到 1577 年丹麦天文学家第谷才第一次完成了详细的彗星观测。目前地面望远镜每年可以观测到40～50 颗彗星,而位于太空中的"太阳和太阳圈探测器"(Solar and Heliospheric Observatory,SOHO)平均每年可以观测到超过 100 颗彗星。彗星分为周期彗星和非周期彗星。周期彗星按照轨道可分为两种:轨道周期小于 200 年的短周期彗星(如著名的哈雷彗星)和轨道周期超过 200 年的长周期彗星(如百武彗星)。非周期彗星的轨道为抛物线或双曲线,它们是来自太阳系外的过客,终生通常只能接近太阳一次,一旦离去,永不复返。

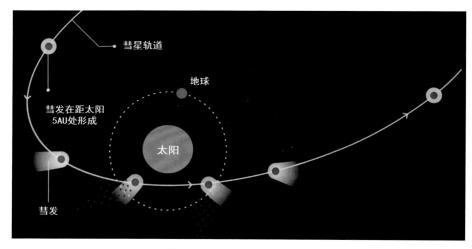

图 2-14　彗星的基本形态

冥王星被发现之后,人们推测在海王星之外可能还存在两个孕育彗星的区域:一个和小行星带相似,即柯伊伯带;另一个是环绕着整个太阳系的巨大云团,即奥尔特云。柯伊伯带于 1992 年被发现,它被认为是太阳系彗星的温床,范围从海王星轨道(约 30AU)延伸到 50AU,由较大的矮行星(冥王星、妊神星、鸟神星等)以及其他不规则的天体组成,预计总质量是小行星带的 20～200 倍。奥尔特云则是在太阳系之外,由于距离过于遥远到目前为止尚未被观测到,依然是一个假说。据科学家推测,奥尔特云是一个球形区域,容纳了 10 亿～1000 亿个天体,总质量约是地球的 5 倍,其外边缘距离太阳约 100000AU。

二、太阳系天体的力学规律

1. 太阳系天体的轨道特征

环绕太阳运动的天体,都遵循开普勒行星运动三大定律。定律一:每一个天体都沿着各自的椭圆轨道环绕太阳运行,太阳处于椭圆的一个焦点处。定律二:在相等的时间内,太阳与运动中天体的连线所扫过的面积相等。如图 2-15 所示,天体从 A 运行到 B 和从 C 运行到 D,经历了相同的时间,两块蓝色的区域面积相等。这也可以得出推论:当天体越靠近太阳时,它的运行速度越快。定律三:各天体绕太阳公转周期的平方和它们椭圆轨道半长轴的立方成正比。也就是说,绕太阳公转一周的时间 T 的平方和轨道半长轴 r 的三次方的比值是个常数。科学家们根据已知的地球轨道周期和地球到太阳的距离,就可以计算出这一常数;在得知其他行星的轨道周期后,根据开普勒第三定律就能算出它们到太阳的平均距离。太阳系行星轨道的偏心率均很小,都非常接近圆。但许多彗星、小行星和柯伊伯带天体的轨道椭圆度则很大。

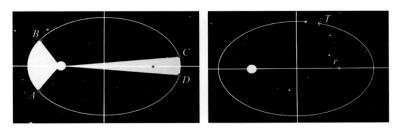

图 2-15　开普勒行星运动定律示意图

行星公转轨道中最靠近太阳的位置称为近日点,距离最远的位置称为远日点。一般来说,距离太阳越远的行星或环带与前一个行星或环带之间的距离也会更远。金星在水星之外约 0.33AU 的距离上,火星在地球之外 0.52AU 处,而土星与木星轨道间的距离是 4.3AU,海王星又在天王星之外 10.5AU 处。地球绕太阳公转的轨道平面是黄道面,太阳系总动量矩(包括公转和自转)的垂直平面称为不变平面,黄道面与不变平面的夹角为 1.6°(见图 2-16)。太阳系内各大行星的轨道都在不变平面附近,除水星的公转轨道与不变平面的夹角为 6.3°左右以外,其他行星的公转轨道的夹角都小于 2.2°。而彗星和柯伊伯带天体通常都有比较明显的倾斜角度。由天球北极向下鸟瞰太阳系,所有行星和绝大部分其他天体都以逆时针方向绕太阳公转;除金星和天王星外,绝大多数行星的自转方向也是逆时针的。绝大多数天体的自转轴与黄道面法向夹角小于 30°,基本垂直于黄道面,其中水星约为 0°,金星 2.64°,地球 23.44°,月球 5.15°,火星 25.19°,木星 3.13°,土星 26.73°,海王星 28.32°,只有天王星较为特殊,夹角为 97.77°,几乎是躺在黄道面上转动。

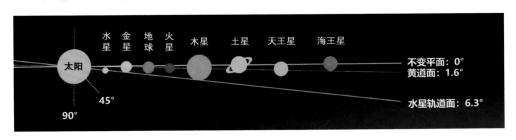

图 2-16　太阳系天体轨道平面关系

1766年，德国中学教师提丢斯提出了一个描述太阳系行星轨道半径的简单规则，后来被柏林天文台台长波得归纳成了一个经验公式。这个公式被称为"提丢斯-波得定则"，它描述了行星到太阳的平均距离，按天文单位 AU 来计算可以表达为

$$a_n = 0.4 + 0.3 \times 2^n \quad （单位：AU） \tag{2-1}$$

式中：n 为行星序号，$n=-\infty$（水星），0（金星），1（地球），2（火星），……

这个公式在建立之时，对于水星 $n=-\infty$、金星 $n=0$、地球 $n=1$、火星 $n=2$，以及木星和土星的 n 分别为4和5，均得到了圆满的解释。但是在 $n=3$ 的地方缺一颗行星，后来通过天文观测在该轨道附近发现大量的小行星，存在一个小行星带；在后来的观测中，在 $n=6$ 的位置上发现了天王星，在约相当于 $n=7$ 的位置上发现了海王星，进一步证实了"提丢斯-波得定则"的正确性。

2. 拉格朗日引力平衡点

1772年，法国科学家拉格朗日推断出，两个质量悬殊的天体，在同一个平面上有5个特殊引力平衡点，在这5个点上的物体所受的引力和它运动所产生的离心力相等，后来人们把这5个点叫作拉格朗日点，也称为平动点，太阳-地球的5个拉格朗日点 L1～L5 如图2-17所示。

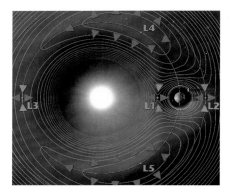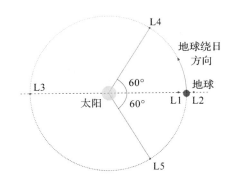

图 2-17　日地系统的 5 个拉格朗日点的位置

质量较小的物体处在拉格朗日点上时，受力基本平衡，可以保持相对稳定的状态。以太阳、地球系统为例，假设把太阳和地球用一根直线连接起来，那么在这根连线上距地球大约 1.5×10^6 km 的地方就是 L1 点；而 L2 点则在这根连线的延长线上，距地球也是 1.5×10^6 km 处；同样地，L3 点在这根连线的反向延长线上，只不过是在以太阳为中心，与地球对称的点上；L4 点和 L5 点分别位于与地球和太阳呈等边三角形的位置上。

2-6　拉格朗日点

1978年，美国将国际日地探测卫星3号成功发射到日地拉格朗日 L1 点，拉开了运用拉格朗日点进行深空探测活动的序幕。随着世界各国空间探测活动的日益频繁，拉格朗日点的应用逐渐成为国际深空探测的热点。现在拉格朗日点已经成为观测和研究空间天气、太空环境和宇宙起源的最佳位置，多颗深空探测器相继被成功发射到环绕日地拉格朗日点的运行轨道上。

在日地拉格朗日 L1 点的位置方便对太阳的观测，NASA 和欧洲空间局于1995年12月联合发射的"太阳和太阳圈探测器"（SOHO）即运行于此。这是迄今为止最为成功的太阳探测器之一，为天文学和空间天气学的发展作出了重要贡献。运行于日地拉格朗日 L2 点上的航天器可以保持背向太阳和地球的方位，方便观测仪器的保护和校准，是对太阳以外其他天体进行天文观测的理想位置。欧洲空间局于2009年5月14日发射的"科学及宇宙辐射探测器"（PLANK）就位于日地拉格朗日 L2 点上。2021年12月25日发射的"哈勃空间望远镜"的接班人——"詹姆斯·韦伯望远镜"也运行于

该位置上。2011 年 8 月,中国第二颗月球探测器"嫦娥二号"受控从 3.8×10^5 km 外的环月轨道上出发,精确进入离地球 1.5×10^6 km 的日地拉格朗日 L2 点环绕轨道。这是我国在航天领域取得的又一重要跨越,成为世界上继美国和欧洲空间局之后,第三个将深空探测器运行在日地拉格朗日 L2 点的国家(组织)。

三、行星际空间

行星际空间是指太阳系内围绕着太阳、行星直至太阳系边际的空间。该空间区域内不仅充满着行星际介质(Interplanetary Medium),而且还存在着由太阳产生、与太阳风一起从太阳向外运动的磁场。行星际介质主要是指太阳风等离子体、宇宙线和行星际尘埃。

行星际空间的范围从太阳表面向外一直延伸到日球层顶(Heliopause)。日球层顶是太阳风的边界,太阳风的动压与星际压力在该边界处达到平衡。日球层顶的位置与太阳活动,特别是太阳风的特性有关,一般来说其距离地球 110~160AU。日球层顶以内的区域叫作日球层(Heliosphere)。

1. 太阳风与星际磁场

在宇宙空间所有的天体中,太阳与人类的命运关系最密切。正是太阳的光和热温暖着地球,维持着人类及一切生命生存所必需的环境。但是太阳除了向外辐射光与电磁波以外,还辐射一种通常被称为太阳风的超声速等离子体。太阳电磁辐射能量和太阳风携带的电离辐射能量,分别占太阳释放能量的 95% 和 5%。太阳风由超声速

2-7 太阳风

等离子体流及随等离子体流流动并蔓延至星际空间的太阳磁场组成。太阳风是由太阳日冕和行星际空间的巨大压力差造成的,尽管存在太阳引力的抑制,这个压力差还是驱使太阳日冕等离子体向外流动。

早在 20 世纪 50 年代就有人提出太阳风的概念,因为观测表明地球磁场的一些扰动和地磁活动也是与太阳活动相关的。例如,地球某些地磁活动具有 27 天的周期特性,而从地球观测到的太阳自转周期恰好也是 27 天。另外,空间物理学家在 20 世纪上半叶就普遍认为极光是由来自太阳的电子所引起的。如果这一观点成立,那必然会有相当数量的离子相伴运动,否则电子流就会中断。这个想法构成了行星际空间存在等离子体即太阳风的最初概念。

更形象的太阳风观测证据来自对彗星的观测。当彗星在太阳系中运动时,总是拖着一个长长的彗尾,且总是近似地拖向远离太阳的一侧(见图 2-18)。原来以为是太阳光的辐射把彗星气体压向背离太阳的一侧,但是计算表明光辐射的压强不足以改变彗尾方向。因此,人们拿地面的风向标类比,猜测彗尾可能是被来自太阳的风吹导致,这个结论不久得到了证实。当人类进入航天时代后,苏联和美国空间探测器的原位观测结果都清晰地表明了太阳风的存在,并证实了它在控制地磁活动和极光中的重要作用。

虽然深空探测器搭载的科学仪器已对太阳风进行了详细探测,对太阳风的特性有了基本了解。但是直到今天,太阳风一直是科学家持续感兴趣的对象。这主要基于以下两方面原因。

• 太阳风对地球人类的生存环境和最终命运起着重要的作用。太阳活动控制着太阳风的特性,并通过太阳风与地球空间环境的相互作用,影响着航天器、航空飞行器和一些关键地面设施的运行安全。所以对太阳风在空间传播过程、作用机理的深入了解,将使我们能够更加精确地预报地球空间环境对太阳活动的响应。

· 太阳风的起源和加速过程一直是一个尚未完全解析的科学问题。空间探测表明,太阳风并不完全是由太阳热压而向外均匀膨胀所形成,其详细的形成和加速过程尚有待于进一步的探测积累和理论推演。

太阳表面具有不同强度的磁场,例如太阳黑子就是太阳表面的强磁场区域,其磁场强度高达几千高斯。同时太阳也有大尺度全球性磁场,这个磁场在日冕高度上也达到几高斯。根据磁流体力学理论,磁场和等离子体是"冻结"在一起的。当日冕等离子体向外运动形成太阳风时,其磁力线一端固定在太阳表面,另一端随太阳风拉向行星际空间。由于太阳大气围绕垂直黄道面的轴自转,固定在太阳表面的磁力线一端随着太阳自转,被带入行星际空间的磁力线在越远离太阳的地方变得越弯曲,在地球轨道附近的磁场矢量与太阳到地球连线的角度接近45°,并几乎平行于黄道面(见图2-19)。

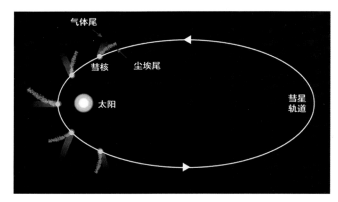

图2-18　彗星的彗尾在太阳风作用下的形态

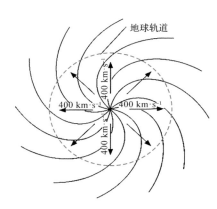

图2-19　太阳磁力线与地球轨道

表2-2列出了距离太阳一个天文单位的地球轨道附近的太阳风等离子体和磁场的一些物理性质。总体来看,吹过地球的太阳风是热而稀薄的快速等离子体,主要是由氢离子、电子,及少量的氦离子和其他更重的离子构成。

表 2-2　地球轨道上(1AU)观测到的太阳风性质

序号	物理参数	数据	序号	物理参数	数据
1	质子密度	$6.6 g/cm^3$	5	质子温度	$1.2 \times 10^5 K$
2	电子密度	$7.1 g/cm^3$	6	电子温度	$1.4 \times 10^5 K$
3	He^{2+}密度	$0.25 g/cm^3$	7	磁场	$1.4 \times 10^{-9} T$
4	径向流速	$450 km/s$			

2. 宇 宙 线

在行星际观测到的极高能量带电和不带电的粒子称为宇宙线,部分高能粒子还可以穿过地球大气达到地面。宇宙线中能量高的部分起源于太阳系之外,被称为银河宇宙线;能量较低的部分起源于太阳系内,被称太阳宇宙线,主要由太阳耀斑或日冕物质抛射激波加速所产生。

太阳宇宙线粒子的主要成分是质子,其能量一般为十几兆电子伏特到几十千兆电子伏特。由太阳耀斑产生的高能质子通量增加事件,经常被称为太阳质子事件。能量高于0.5GeV的太阳宇宙线,被称为相对论性太阳宇宙线事件。在1989年9月29日的特大太阳宇宙线事件中,苏联利用地下宇宙线观测仪，证实该事件中甚至存在有能量高于 150GeV 的太阳宇宙线。太阳宇宙线的强度具有随时间变化的特性。在地球轨道附近观测到的太阳宇宙线事件中，宇宙线强度常常在太阳耀斑发生后几十分钟急剧增加，在经过很短的上升时间后达到极大值，然后按照指数规律下降。

银河宇宙线是来自太阳系以外的高能带电粒子。由于星际空间中高能带电粒子的能量分布是连续的，因此很难从能谱中区别太阳宇宙线和银河宇宙线。但是由于在太阳质子事件中很少检测到能量高于 10GeV 的质子，因此高于 10GeV 的宇宙线一般可被认为是银河宇宙线。银河宇宙线的主要成分也是质子，约占总数的 84.3%，其次是约占 14.4% 的氦核，其他综合成分约占 1.3%。银河宇宙线几乎包含了元素周期表中所有元素，像较轻的锂、铍等在宇宙天体中并不多见的元素，在宇宙线中却存在很多。银河宇宙线的强度变化周期基本是 11 年，这与太阳活动周期相关。太阳活动高年银河宇宙线强度最小，太阳活动低年宇宙线强度最大。这主要是由于行星际磁场和激波阻止和调制了银河宇宙线进入太阳系空间。这种调制还与宇宙线的能量相关，较高能量的粒子受到的影响较小，较低能量的粒子受到的影响较大。当能量低于 10GeV 时，太阳活动高年和低年的银河宇宙线的能谱有明显差异。

3. 行星际尘埃

行星际尘埃是宇宙尘埃的一种，观测数据表明它主要来自短周期彗星，这些彗星多次绕太阳飞行后，部分物质进入行星轨道就形成了行星际尘埃。在太阳系演化历史中，行星际尘埃的分布发生过一些变化，图 2-20 中红色区域表示尘埃，颜色越浅代表浓度越高。

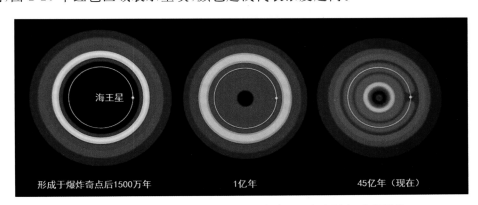

图 2-20　行星际尘埃的演化（图片来源：宇宙认知大百科）

太阳系中有大量的尘埃颗粒，它们并不是和太阳系同时形成的。这些尘埃与太阳光相互作用时会损失角动量，从而会缓慢地呈螺旋状朝着太阳方向下落，因此无法像行星那样永远沿着轨道长时间运行。人们一直认为这些细小的颗粒起源于小行星带，是小行星之间相互碰撞所造成。而最新研究表明，行星际尘埃实际上是来自短周期彗星。在没有月亮的夜晚，地球上可见的大部分自然光就来源于行星际尘埃反射的太阳光。在太阳附近和黄道面上，行星际尘埃的反射光亮度较强而容易被观测到，因此常被称为黄道光。

行星际尘埃的颗粒直径不超过 100 微米，在其中发现了氧、碳、氮和氢等元素，这表明它们中存在有机化合物。行星际尘埃从太阳附近一直延伸到土星，中间被小行星带所隔断。

4. 太阳圈

太阳不断向太阳系星际空间的四面八方发出由质子和其他带电粒子流组成的太阳风，当太阳风遇到星际空间的氢和氦时,会形成一个巨大的球体。因为有星际磁场的约束,形成的球形呈近乎完美的形状(见图 2-21)。太阳风粒子在距太阳 80～100AU 的地方会突然减速到亚音速,这个区域就是"终端激波"的位置。当太阳风粒子的速度最终降到零时,就到了"日球顶层"——太阳风可触及的"太阳圈",在距太阳 110～160AU 的位置。介于"终端激波"和"日球顶层"的区域被称为"日鞘",日鞘在太阳系绕银河系公转方向温度更高。

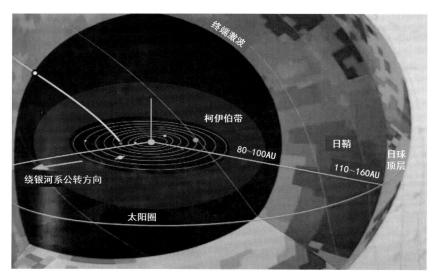

图 2-21　太阳圈结构

NASA 著名的"旅行者 1 号"是人类第一个飞出太阳系的深空探测器,它于 2012 年 8 月 25 日越过了太阳圈,进入了广袤的太阳系外空间。

§2-3　太阳

2-8　太阳

一、概况

在广袤浩瀚的繁星世界里,太阳是距离地球最近、与人类关系最为密切的一颗恒星。它的存在为地球上一切生命的生长和繁衍提供了最基础、最重要的能量条件。同时,太阳的活动与周期性变化,影响并调节着地球上的环境、气候与天气。从世界各地的历史和宗教文化记载中,我们能够感受到太阳在人类生活与文化中扮演着重要角色。

我们从地球上观测到的是太阳表面,由内到外依次是光球层、色球层和日冕层(见图 2-22)。光球层是太阳大气中最低的一层,是肉眼可观测到的太阳表面,其平均厚度只有 500km 左右。太阳直径是以光球层边界来定义的,大约是 1.392×10^6 km(约地球直径的 109 倍)。色球层的平均厚度为 2000km,密度比光球层低,但温度却比光球层高,发出的光只有光球层的 1‰。日冕层是太阳大气的最外层,气体更为稀薄却更为炽热,很不规则,延伸范围很广,无明显的边界。太阳质量约占太阳系总质量的 99.86%。其巨大的质量吸引着太阳系中的行星和其他天体围绕其运动。

(a) 光球　　　　　　　　(b) 色球　　　　　　　　(c) 日冕

图 2-22　太阳(图片来源:NASA)

太阳的形状接近理想的球体,极直径和赤道直径的差别不到 10km。由于太阳并不是一个实心球体,而是一个等离子体超热带电"气球",因此它在自转的过程中赤道(自转周期 25.6 天)转得比极区(自转周期 36 天)快,这种现象称作差异自转。其原因是从太阳核心向外伸展的温度变化,引发了太阳物质的内部对流运动,这些物质携带着一部分从黄道北极看是逆时钟的太阳角动量,因而重新分配了角速度。由于地球也在环绕太阳转动,所以从地球上观察太阳赤道部分的自转周期大约是 27 天。

地球围绕太阳公转的轨道平均距离是 1.496 亿 km(1 天文单位 AU),光从太阳发射到达地球大约需 8 分 19 秒。太阳光中的能量通过光合作用等方式支持着地球上所有生物的生长,也影响着地球上的气候和天气。人类从史前时代就一直认为太阳对地球有巨大影响,有许多文化将太阳当成神来崇拜。太阳自诞生至今已经 46 亿～50 亿年,太阳的核心压力与热度仍在增加中,而现有的燃料预计还可以燃烧至少 60 亿年之久。人类对太阳的认识与理解一直在不断深入中,还有大量有关太阳活动机制方面的未解之谜等待破解。

和银河系中的其他恒星相比,太阳的基本化学成分、质量、体积或其他参数并不突出,是一颗相当普通的恒星,与宇宙中大质量的恒星相比,它只能算是中等。太阳的绝对星等是 +4.83,但是由于其非常靠近地球,因此从地球上看来,它是天空中最亮的天体,视星等达到 -26.74。太阳外部的高温日冕持续地向太空中拓展,创造的太阳风延伸到日球层顶。太阳的基本参数如表 2-3 所示。

表 2-3　太阳的主要参数

物理参数			
赤道半径	696300km(109 倍于地球)	赤道表面重力加速度	274m/s²(28 倍于地球)
赤道圆周	4.379×10^6 km(109 倍于地球)	逃逸速度(自表面)	617.7km/s(55 倍于第二宇宙速度)
扁率	9×10^{-6}	温度	中心(理想值):1.57×10^7 K;光球层(有效值):5772K;日冕 $\approx 5 \times 10^6$ K
表面积	6.09×10^{12} km²(12000 倍于地球)	光度(L_{sol})	3.828×10^{26} W $\approx 3.75 \times 10^{28}$ lm $\approx$ 98lm/W 光视效能
体积	1.41×10^{18} km³(1300000 倍于地球)	色指数(B−V)	0.63
质量	1.9885×10^{30} kg(333000 倍于地球)	平均辐射率(I_{sol})	2.009×10^7 W/(m² · sr)
平均密度	1.408g/cm³(0.255 倍于地球)	年龄	46 亿～50 亿年
中心密度(理想值)	162.2g/cm³(12.4 倍于地球)		

续表

观测参数			
视星等	-26.74	金属量	$Z=0.0122$
绝对星等	4.83	角直径	$31.6'\sim 32.7'$
恒星光谱	G2V		
轨道参数			
平均距银河系中心距离	25800 光年	平均离地距离	$1\text{AU}\approx 1.496\times 10^8\,\text{km}$
绕银河系中心公转周期	$(2.25\sim 2.50)\times 10^8$ 年		
转动参数			
倾斜角	$7.25°$(对黄道),$67.23°$(对银河平面)	自转周期(极点)	34.4 天
自转周期(赤道)	25.05 天	旋转速度(赤道)	$7.189\times 10^3\,\text{km/h}$

太阳的恒星光谱分类为 G2V。其中 G2 表示其表面温度大约是 5778K(5505℃),V 则表示太阳像其他大多数的恒星一样,是一颗主序星。太阳不是第一代主序星,而是后代主序星,它的核心每秒钟消耗 6.2 亿吨氢来进行核聚变反应并生成氦。但它还含有大量宇宙大爆炸初期无法生成而在恒星内部合成的重元素。太阳中的氢、氦等轻元素起源于宇宙大爆炸初期的聚变过程(见图 2-23),而重元素则源于前代恒星内部的核合成过程。

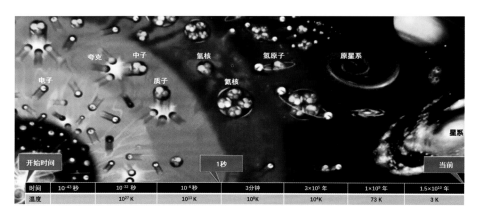

图 2-23 太阳主要元素的起源过程

太阳通过对流引起物质交换,其内部区域的化学组成与太阳大气基本一致。太阳大气的化学组成可以通过分析太阳光谱而获得:其基本成分为氢和氦,按质量计各占 73.9% 和 24.9%;其余元素的含量仅为 1.2%,主要为氧、碳和金属元素,如表 2-4 所示。

表 2-4 太阳主要元素的丰度

排序	元素	丰度	合计
1	氢 H	73.9%	98.8%
2	氦 He	24.9%	

续表

排序	元素	丰度	合计
3	氧 O	0.6%	
4	碳 C	0.2%	
5	铁 Fe	0.1%	
6	硅 Si	0.1%	1.2%
7	氮 N	0.1%	
8	氖 Ne	0.05%	
9	镁 Mg	0.05%	
10	其他微量元素	—	

二、太阳结构

太阳没有像固态行星一样有明确的表面界线,其外部的气体密度随着中心距离的增加呈指数下降。一般定义太阳的半径是从中心到光球边缘的距离。光球是太阳结构中温度最低的一个薄层,能够辐射出大量可见光,因此成为肉眼最容易看见的太阳表面。

太阳内部的物质密度和温度条件非常极端,对电磁辐射不透明,无法直接通过观察来了解太阳的内部结构。天文学家通过多普勒效应探测技术,发现了太阳表面有振幅近 10km 的上下振动,周期可由数分钟到数小时不等。类似地质学家利用地震波在地球内部反射与传递来推测地球的内部结构,日震学家也是利用日震现象来推演太阳的内部结构,当然也可以通过数字建模等理论工具来研究太阳的内部构造。目前,科学家推演的太阳内部结构如图 2-24 所示。

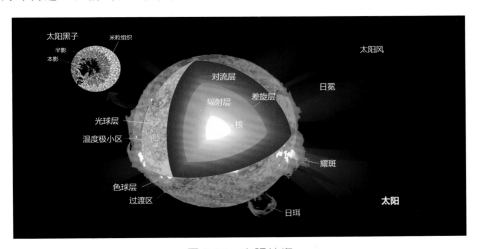

图 2-24　太阳结构

1. 内部结构

（1）核心

太阳核心是指从太阳中心点到 0.2～0.25 太阳半径的区域。核心内部的物质密度高达 $150g/cm^3$,温度接近 $1.57 \times 10^7 K$。根据现有太阳探测器所获得的资料分析,太阳核心的自转速率比辐射层等其他区域要快。核心内的核聚变能量是经过质子-质子链反应的一系列过程而产生,该过程中四个自由的质子合成一个氢原子核。太阳核心部位大约提供了太阳能量的99.2%,其中的99%能量产生在0.24太阳半径内。而到了0.3太阳半径处,核聚变反应几乎完全停止。太阳的外层只是被从核心传出的能量加热,核心产生的能量由内到外需穿过相互接连的多层结构区域,才能到达光球层,然后转化为光波或粒子的动能,扩散到宇宙空间去。

（2）辐射层

太阳的辐射层是从核心区外侧到大约0.7太阳半径的范围。在该区域中没有热对流,能量通过热辐射的方式向外传递。距离太阳中心越远,温度和密度都逐渐减小,温度从 7×10^6 K 下降到 2×10^6 K,密度从 $20g/cm^3$ 下降到 $0.2g/cm^3$。据推测,辐射层的光子平均自由行程仅有几厘米,也就是说每个光子平均前进几厘米就会与其他物质粒子碰撞而改变方向。尽管光子以光速传播,但穿越辐射层要经历上百万年。

（3）差旋层

太阳差旋层是辐射层和对流层之间形成的一个过渡层。差旋层外侧的对流层像是一般的流体,极区自转较慢,赤道区域自转较快;内侧的辐射层则表现出刚体的性质,各纬度自转速率大致相等。太阳的自转速率在差旋层中快速变化,造成了辐射层与对流层之间的错位滑动。依据现有的理论推测,太阳磁场正是由差旋层自转错位滑动所激发。

（4）对流层

对流层是指距离太阳中心0.7太阳半径以外到光球层的范围。在对流层中,等离子体的密度和温度已经不足以使其通过辐射作用将太阳内部的热量有效向外传递;而是产生了对流电流,并通过对流循环将内部的能量传输至太阳表面。

物质在对流层底部受热膨胀,密度降低,从而上升,并将热量携带至太阳光球层的下方;在冷却后物质密度又会增加,在对流层中下沉,并在底部再次吸热继续形成对流循环。对流层中的高温物质上升会在太阳表面形成印记,这些印记被称为太阳米粒组织。

2. 大气层

太阳光球层及以外部分统称为太阳大气层。从微波、可见光到伽马射线,在整个电磁波频谱范围内都能观测到太阳大气层。在光球层和色球层之间存在一个温度极小的区域,其温度比内侧的光球层和外侧的色球层、过渡区和日冕都要低。目前人类尚不能解释出现这种现象的科学机理。

（1）光球层

光球层是太阳大气的最内层,是太阳的可见表面,厚度约为500km,透明度比地球上的空气稍差。光球层内侧温度已低于6000K,密度仅为 $0.2g/m^3$,对可见光是不透明。在这一层产生的光子透过其上方的太阳大气离开太阳,成为太阳辐射,即人类所看到的太阳光;其光谱是接近于5777K的黑体,并散布着来自光球层上方的原子吸收线。在光球层中,能够吸收可见光的氢离子（H⁻）减少,透明度增加;而我们看到的光子是电子与氢原子作用产生 H⁻ 时生成的。光球层的上部比下部温度低,所以太阳光球图像看起来中心比边缘更亮,这种现象称为边缘昏暗,如图2-22（a）所示。

（2）温度极小区

温度极小区是太阳上温度最低的一层,大约在光球上方500km处,温度大约是4100K。这部分区域的温度足够低,可以维持简单的分子如一氧化碳和水,并且能够检测出相应的吸收谱线。

（3）色球层

色球层指温度极小区之上大约2000km厚的范围，主导着发射和吸收谱线。因在日全食的开始和结束时可以看见彩色的闪光，因此被称为色球层。色球层的温度随着高度从底部逐步向上提升，接近顶端的温度大约在$2×10^4$K。在色球层的顶部区域，氢开始被部分电离。

（4）过渡区

在色球层之上是过渡区，厚度仅约200km，温度从色球层顶端大约$2×10^4$K上升至接近10^6K的日冕温度。因为氢的完全电离急剧减少了辐射冷却，所以过渡区的温度快速上升。过渡区没有明确的高度边界，它形成一种环绕着色球层的光环，外形类似针状体和暗条，并处于持续不断的随机运动之中。从地球表面很难看到过渡区，但在太空中通过极紫外光谱仪就很容易观察到。

（5）日冕

日冕是太阳向外扩展的大气层，它的体积比太阳本身大很多。不断扩展的日冕在太空中形成太阳风，充满了整个太阳系。日冕的低层非常靠近太阳的表面，粒子密度在$10^{15}～10^{16}$ m^{-3}之间，日冕和太阳风的平均温度是$(1～2)×10^6$K，而在最高温度的区域是$(8～20)×10^6$K。日冕的温度虽然很高，但密度很低，因此所含的热量很少。虽然还没有完整的理论可以说明日冕的温度分布模型，但已经知道有一部分热是来自磁重联，即太阳磁能转化成了粒子的动能、热能和辐射能。

（6）太阳圈（日球层）

太阳圈是太阳风吹入星际物质空间中形成的气泡。太阳圈的范围很广，大约从20太阳半径开始，直到太阳系的边缘。太阳圈内充满了随太阳风离开太阳的等离子体。其内侧边界是太阳风成为超阿尔文波的位置，即流体速度超过了阿尔文波。阿尔文波是等离子体中的一种沿磁场方向传播的波，这种波的频率远低于等离子体的回旋频率，是一种线偏振的低频横波。太阳风源源不断地进入太阳圈之中并向外吹拂，使得太阳的磁场形成螺旋的形状（见图2-19），直到在距离太阳超过80～100AU之外撞击到日鞘为止。

三、太阳活动

太阳的活动现象是指发生在太阳外层大气中的自然现象。太阳活动的形式多样，时空尺度大小不一，主要包括太阳黑子、耀斑、日珥和日冕物质抛射。

1. 太阳黑子

太阳黑子是光球层上的临时现象，在可见光谱范围内表现为比周围区域更暗的斑点。黑子产生的原因是高密度的磁性活动抑制了对流，在光球层表面形成了较低温度的区域。太阳黑子的温度约为4500K，而周围的光球层物质温度大约为5780K。依据黑体辐射的基本原理，即辐射强度与温度的四次方成正比，黑子区域的辐射强度要远远低于周围的光球层物质，因此看起来相对暗淡一些，但它们的实际亮度其实会超过电弧。黑子在太阳表面移动时会发生膨胀和收缩，有时其直径可以达到8万km，此时在地球上用肉眼也可以直接观察到黑子。太阳黑子有两个主要结构：位于中央的本影和环绕本影的半影。本影区是太阳黑子最黑暗的区域，是磁场最强且与太阳表面或光球层大致垂直的地方，并被稍亮的半影区域包围或部分包围。半影由一种叫作半影细丝的径向细长结构组成，该区域中的磁场方向倾斜于光球层。在太阳黑子群中，多个本影可能被一个连续的半影包围（见图2-25）。

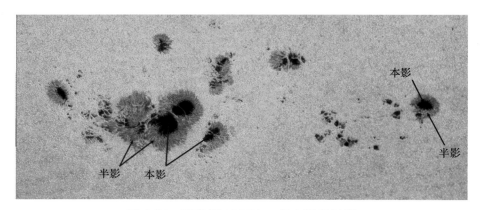

图 2-25　跨度约 32 万 km 的太阳黑子群

太阳黑子很少单独活动,通常成群出现。经过 100 多年来的长期观测,科学家们发现太阳黑子活动的周期约为 11.2 年。图 2-26 展示了从 1870 年以来对太阳黑子观测记录的统计数据。黑子活跃时会对地球的磁场产生影响,主要表现有使地球南北极和赤道的大气环流做径向流动,引发恶劣天气,使气候转冷等。严重时会对各类飞行中的航天器、飞机、地面电力设施、通信系统甚至电子产品等造成损害。

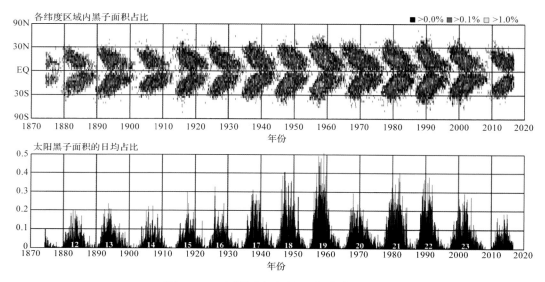

图 2-26　太阳周期中黑子的分布规律

2. 太阳耀斑

太阳耀斑实际上就是发生在太阳大气中的电磁辐射爆发,是太阳表面局部区域突然和大规模的能量释放过程(见图 2-27)。一次太阳耀斑释放的能量可高达 6×10^{25} 焦耳(J),相当于太阳 6 秒钟释放的总能量。耀斑通常发生在太阳黑子周围的活跃区域,在那里强磁场穿透光球层,将日冕与太阳内部联系起来。耀斑发生时,等离子体介质被加热到数千万开尔文(K)的高温,电子与等离子体物质进行相互作用,发生磁重联现象,储存在日冕中的磁能突然释放,使带电粒子被加速到接近光速。耀斑有时会伴随着日冕物质抛射等现象出现。

耀斑产生的电磁辐射波长覆盖范围很广,其中以氢的 Hα 线(波长 656.3nm,颜色为橙红色)和电离钙的 H、K 线(波长分别为 396.8nm 和 393.4nm)最为突出,但大部分能量分布在可见光谱之外的频率上,需用特殊的仪器才能观察到。耀斑发出的电磁辐射,如紫外线和 X 射线等大部分会被地球大气所吸收,对生活在地球表面的人类没有直接危害。但这种高能电磁辐射会使地球外层大气升温和膨胀,增加对地球低轨卫星的阻力,影响卫星寿命;太阳耀斑辐射也会对在空间站或是月球表面活动的宇航员造成损伤,必须通过物理或磁屏蔽措施予以保护。

3.日珥

日珥是一种从太阳表面向外延伸的大而明亮的气态结构,通常呈环形。日珥固定在光球层中的太阳表面,并向外延伸到日冕中(见图2-27)。日冕由极热的等离子体组成,不会发出太多可见光,而日珥包含的等离子体温度要低得多,其成分与色球层相似,发出的可见光成分要少于光球层,多于日冕。日珥等离子体的亮度和密度通常是日冕等离子体的100倍。

当日珥结构垂直于观测方向时,由于日珥辐射要弱于日轮背景,在日轮中的投影是较暗的,所以有时也被称为暗条。日珥通常能在一天内形成,在日冕中持续数周至数月,并在太空中延伸几十万千米。日珥破裂时可能引起日冕物质抛射(见图2-28)。

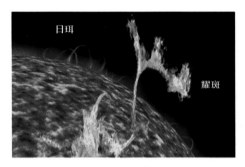

图2-27 日珥与耀斑

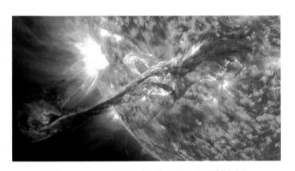

图2-28 日珥引起的日冕物质抛射

4.日冕物质抛射

日冕物质抛射是等离子体和磁场从太阳日冕向太阳风的大规模爆发,表现为在几分钟至几小时内从太阳向外抛射一团日冕物质(速度为20~1000km/s),使很大范围的日冕受到扰动,从而剧烈地改变了白光日冕的宏观形态和磁场位形。日冕物质抛射是太阳释放能量的另一种形式,通常与太阳耀斑和其他形式的太阳活动有关。在太阳最活跃时,大约每天发生三次日冕物质抛射,而最平静时大约五天发生一次。当日冕物质抛射撞击地球磁场时,会引起地磁风暴,使地球磁场暂时变形,并引发感应电流。具体体现在影响了指南针的指向,并在地球背日侧引发极光。

§2-4 月球

2-9 月球

一、概况

月球是距离地球最近的天体,也是地球唯一的天然卫星。在中国古代,月球也被称为太阴、婵娟或望舒等。月球是被人类观测和研究最多的天体,现代文明之前人们用肉眼赏月,到后来利用望远镜等天文工具进行观测,再到向月球发射探测器进行近距离探测,直至1969年美国"阿波罗11号"成功实现载人登月,人类对于月球的探索从未停止过。

据科学家们推测,月球形成于约46亿年前,它的直径约为3476km,大约是地球的3/11、太阳的

1/400。地月平均距离约为 $3.844 \times 10^5 \mathrm{km}$，也恰好是日地距离的 1/400，因此从地球上观测月球和太阳的视张角非常接近。在日食出现时，月球可以完全遮住太阳形成日全食（月球近地点时）；或是遮住太阳中心的绝大部分形成日环食（月球远地点时）。更详细的月球基本参数如表 2-5 所示。

表 2-5 月球的主要参数

轨道参数		物理特征	
近地点距离	$3.631 \times 10^5 \mathrm{km}$	直径	3476km
远地点距离	$4.057 \times 10^5 \mathrm{km}$	表面积	$3.800 \times 10^7 \mathrm{km}^2$
轨道半长轴	$3.844 \times 10^5 \mathrm{km}$	体积	$2.196 \times 10^{10} \mathrm{km}^3$
轨道离心率	0.0549	质量	$7.350 \times 10^{22} \mathrm{kg}$
轨道倾角	5.145°（对黄道）	平均密度	$3.346 \mathrm{g/cm}^3$
自转周期	27.323 天	表面重力加速度	$1.62 \mathrm{m/s}^2$
公转周期	27.323 天	反照率	0.136
卫星个数	0	视星等	$-2.5 \sim -12.9$，满月时平均为 -12.7

从表 2-5 中我们不难发现，月球的自转周期和它绕地球进行的公转周期相等，这使得月球几乎永远用以一面朝向地球，我们无法看到月球的背面，这种现象被称为潮汐锁定。人们习惯将月球朝向地球的这一面称为正面，另一侧则称为背面。如图 2-29 所示，月球正面比较平坦，整体地势较低，主要分布着风暴洋和多个大大小小的月海；月球的背面除南半球的艾肯特盆地外整体地势较高，层层叠叠地分布着多个由陨石撞击而产生的环形山。

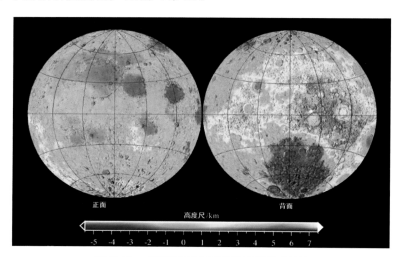

图 2-29 月球正面与背面的整体地形

月球可以反射太阳光，但是它本身并不能发光，它的亮度随着地月距离和日月距离的变化而变化。月球的反照率很低，平均只有 13.6% 左右，其中高地和环形山的反照率相对较高，约为 17%；月海的反照率较低，仅有 6% 左右，这就导致观测时高地比月海要明亮一些。同时，满月时的亮度也比上弦月或下弦月时要大得多。满月时的视星等平均为 -12.7，给大地的照度平均为 0.22Lux，相当于 100W 电灯在距离 21m 处的照度。

目前测得的月球大气极为稀薄，其大气压平均只有地球的 10^{-14}，可以说是真空中的真空。科学家们推测:在太阳系行星及其卫星早期形成过程中,岩浆喷发均产生了大量二氧化碳、水、甲烷、氢、氦、氨等气体,月球也和其他天体一样曾经存在原始大气。但是由于月球质量过小,其逃逸速度仅为2.38km/s,且月球白天的表面温度过高,平均可达107℃,这足以使绝大多数气体剧烈运动、相互碰撞,并最终全部逃逸出月球的引力圈。

近月空间的主要辐射源包括:太阳电磁辐射、太阳风、太阳宇宙线和银河宇宙线。太阳电磁辐射中主要包含有 γ 射线、X 射线、紫外线、可见光、无线电波辐射,到达月球附近的平均能量强度为1360W/m²。太阳风是挣脱太阳引力向外发射的稀薄热等离子体,95%是电子、质子,4.8%是重离子成分(氦核),速度可达 200~9002.38km/s,粒子平均密度为 10^6 个/m³。太阳风侵蚀着月表,是月球极稀薄大气和月表不稳定元素的来源。太阳宇宙线是爆发太阳耀斑时产生的间歇性高能带电粒子强流,约 10 小时到达地月空间,能量为 20~80MeV,对月球探测器的材料、元器件造成危害。银河宇宙线是来自太阳系以外银河系的高能粒子,其特点是能量极高、通量很低,轰击在电子设备上有可能会引发单粒子事件。

月球表面的昼夜温差巨大,白天太阳直射的地方温度可以达到 127℃,到了晚上则会下降到 -183℃。2019 年 3 月,中国"嫦娥四号"探测器在月球背面艾特肯盆地的冯·卡门坑(S44.45°,E176.25°)中测到月夜最低温度为 -190℃。月球表面不同区域的温度变化如表 2-6 所示。

表 2-6　月球表面不同区域温度变化　　　　　　　　　　　　单位:K/℃

区域	极低撞击坑阴影区	极区	赤道区域			典型中纬度区域
			正面	背面	两侧	
平均温度	40/-233	155/-118	254/-19	256/-17	255/-18	220~255/-53~-18
变化温度	—	±75	±140	±140	±140	±110

除极区温度变化较小以外,月球绝大部分区域的温度变化均超过了 ±110℃。这主要是由于月球表面没有大气进行保温且月表物质比热容和热导率都很低所导致。深层月壤的温度基本保持恒定,没有太大的变化。

月球没有全球性的磁场,但时常能够检测到一些局部性的小区域磁场。在取回的月球样品中,年龄在 32 亿~38 亿年之间的岩石剩余磁场强度极为明显,而更老或更年轻的月球岩石却缺乏剩余磁场。

月球的结构和地球类似,从外表向中心主要分为壳、幔和核三层。月壳的平均厚度约为 60km,深度 60~1000km 的部分为月幔,剩下的部分为月核。据推测月核不大,只占月球总体积 20%,主要由熔融的铁、镍、硫和榴辉岩物质构成,内部温度可能高达 1000℃左右。

二、月球运动

1.公转

月球以椭圆轨道围绕地球进行公转,公转周期为 27.323 天。该轨道平面被称为"白道",它与地球绕太阳旋转的轨道平面"黄道"的交角(黄白交角)在 4°57'~5°19' 之间变化,平均值约为 5°9',变化周期约为 173 天。月球的自转轴是几乎垂直于黄道面的,偏差只有 1°32'(见图 2-30),这就意味着月球南北极区域的光线几乎是平行于月球表面入射的,因此造成了月球南北极存在永久阴影坑的现象。月球每天的"东升西落"反映了地球自转的特性。前后两天我们在同一时刻看月球时,月球东移了约 13°,这是月球公转造成的。因此地球要再自转约 50 分钟才能追上前一天的月球位置。

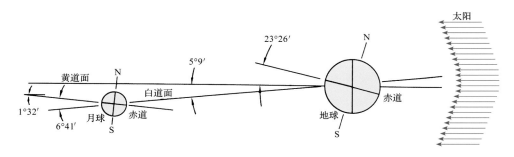

图 2-30　地月公转轨道面与自转轴的几何关系

2. 自转

月球在围绕地球进行公转的同时还在进行自转,且自转周期与公转周期相同,均为 27.323 天,恰好为一个恒星月。这种同步是地球与月球引力的潮汐作用的演化后果。潮汐引力将月球密度更大的一侧锚定,并且将它固定朝向地球。这也说明了月球的质心并不在它的几何中心,而是在更靠近面向地球、主要地貌特征为月海的月球正面。月球背面绝不是黑暗的一面,也同样有月圆月缺的时候。实际上当从地球上看到的月相为新月时,即月球正面的大部分是黑暗时,月球背面的大部分会被太阳照亮。

3. 天平动

由于月球自转和公转的周期完全相同,因此从地球上只能观测到月球的正面,但实际上我们能观测到的月球面积约占总面积的 59%,这正是由于月球的天平动。天平动是由于观测者和月球之间的相对位置发生了些许变化而产生的,分为纬度天平动、经度天平动、周日天平动和物理天平动。纬度天平动指的是月球在绕地球公转的过程中在南北方向上摆动,约为 6°57′。经度天平动指的是月球在东西方向上摆动,约为 7°54′。周日天平动是由地球自转造成的,即一天中的早晨可多看见一些月球的东侧,晚上可多看见一些月球的西侧,影响较小。物理天平动则是月球本身真正在摆动,幅度小于 2.4′。由于月球的三条主惯性轴长度不等,加上椭圆轨道造成的距离改变,在地球引力作用下会出现平均位置偏移的情况。物理天平动相对于其他天平动来说小得多,所以一般都忽略不计。

4. 地月作用

月球在围绕地球运转时,月球引力也给地球带来了很多的改变。首先,最常见的潮汐现象是由于月球在围绕地球公转时,月球引力吸引着地球上海洋江河中的水和它一起运动,由此形成了涨潮和落潮。据科学家推测,潮汐的出现在很大程度上推动了水生生物走上陆地。其次,月球对海水的引力使得地球的自转和公转速度逐渐降低并趋于合理,在这之后地球的温差也逐渐减小,四季开始出现,环境逐渐变得适宜人类和其他生物生存。此外,月球的存在似乎对地球上的生命活动周期也具有一定的影响。人类的情绪波动、女性的月经周期等也与月球运行规律有一定的关系。

三、月球地形地貌

月球表面是一片荒凉的景象,深灰色的整体色调中几乎看不到其他的颜色。然而月球上有各种各样的地形存在,有开阔的平地、高原,有笔直陡峻的崖壁和幽深的沟壑,还有大大小小的撞击坑。月球地形地貌大致可以分为亮区和暗区。亮区的地形为高地,因为反照率较高,看起来更为明亮;暗区则主要包括平原和盆地等较低的地形。早期的天文学家在无法看清月面的情况下,凭借丰富的想象力将暗区地貌取名为月海。月海主要分布在月球的正面,在北半球有澄海、雨海、危海、冷海等,在南半球有知海、酒海、云海、湿海等,在赤道附近有静海、丰富海等,还有月球上最大的平坦地形——风暴洋。此外,由小天体或陨石撞击后形成的环形山(撞击坑)也是最为常见的地形之一,它们是一种环形隆起的低洼地形。赤道附近的哥白尼撞击坑和南半球的第谷撞击坑是月球正面的重要地形特征点。在月球背面的高地上,也分布着大大小小由天体撞击形成的环形山,较为著名的有门捷列夫环形山、科罗廖夫环形山、阿波罗环形山等(见图 2-31)。

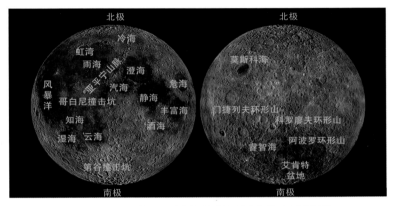

图 2-31　月球正面(左)和背面(右)的主要地形

1.高地

高地一般指月球上海拔相对较高、反照率较高的地区。一般高地的海拔相较于月海地区会高 2～3km,用天文望远镜进行观测时看起来更为明亮。高地的主要成分是斜长岩,而月海的主要成分则是玄武岩,因此高地比月海古老得多,是月球上最古老的地形。

2.月海

月海一般指月球上广阔的平原和盆地,月球正面的月海和高地面积相当,但月球背面的月海面积则远小于高地。构成大面积月海的是低反照率的玄武岩,月球形成初期的火山熔岩浆流入与撞击盆地相连接的洼地,形成了月海。月海具有熔岩流和熔岩管造成的塌陷特征。利用放射性定年法与撞击坑计数法可以分别测得月海最古老年龄为 42 亿年,最年轻年龄为 10 亿年。大多数月海玄武岩从体积上看形成于 35 亿～30 亿年前。月球正面最大的月海是"风暴洋",面积为 400 万～500 万 km^2。

3.环形山/撞击坑

环形山是月球上最显著的地形之一,整个月球都布满了大大小小的环形山。关于环形山的形成,历史上主要有撞击说和火山说,两种学说争论不休。撞击说认为月球上的环形山是由其他行星或陨石撞击形成的,而火山说则认为环形山是由月球上的火山爆发后形成的。直到 20 世纪 40 年代,科学界才普遍接受月球环形山是由天体撞击产生的,因此也被叫作撞击坑,图 2-32 是其中三个著名的月球撞击坑。如果一个环形山或它的溅射物质覆盖了其他环形山,则前者更为年轻,由此可以整理出月球的撞击史。

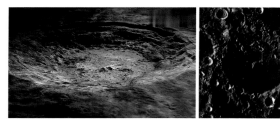  

(a) 阿里斯塔克斯坑　　　　　(b) 冯·卡门坑　　　　　(c) 沙克尔顿坑

图 2-32　环形山/撞击坑

月球表面大的环形山直径可达近 300km，而一些小型的环形山有的直径只有几十厘米。环形山的具体类型如表 2-7 所示。

表 2-7　环形山的类型

类型名称	特点
克拉维型	较为古老，地形特征不明显，有时在环形山的中央会出现新的环形山，覆盖了原本的地貌
哥白尼型	较为年轻，常有"辐射纹"，内壁带有同心圆状的段丘，中间有中央峰
阿基米德型	可能是从哥白尼型演变而来，环壁较低
碗形和酒窝形	一般指直径小于 3m 的小型环形山

4. 山脉、月谷和月溪

月球表面除了犬牙交错的撞击坑外，也存在着一些与地球上相似的山脉。其中最长的山脉为月球正面的亚平宁山脉（见图 2-31），绵延 1000km，但高度不过比月海水准面高 3000～4000m。月球上的山脉有一普遍特征：两边的坡度很不对称，面向月海的一侧坡度甚大，有时为断崖状，另一侧则相当平缓。这是由于小天体高速撞击月面时，强大的撞击能量使月球表面的岩石气化、熔融、破碎并溅射，形成一个巨大的撞击坑或撞击盆地。同时巨大的撞击能量使撞击坑底部产生断层和裂缝，导致玄武岩浆的喷发和溢出而形成月海盆地。被撞击抛射出的各种溅射物质降落在月海外围的不同距离内，形成了月海外侧平缓的坡度。月球山脉上也有些陡峻山峰，大多数山峰高度与地球山峰高度相仿。1994 年美国克莱门汀月球探测器曾得出月球最高点为 8000m 的结论。根据中国"嫦娥一号"获得的数据测算，月球南极附近的莱布尼茨山脉最高峰高达 9840m［见图 2-33(a)］。

月球表面蜿蜒几百乃至上千千米的黑色裂缝被称为月谷。月谷的宽度从几千米到几十千米不等，大型的月谷一般出现在较为平坦的地区。阿尔卑斯月谷［见图 2-33(b)］是月球上最著名的月谷之一，长约 130km，宽约 12km，月球上的阿尔卑斯山就是被它拦腰截断的。月球上也存在一些狭长而弯曲的地形结构，被称作月溪。它们中有些是断层在下沉中产生的，更多的是产生自古老的地表熔岩流或者坍塌的地下熔岩管，例如亚平宁山脉附近的哈德利月溪［见图 2-33(c)］。

  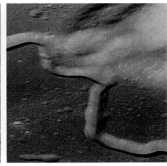

(a) 莱布尼茨山脉　　　　　(b) 阿尔卑斯月谷　　　　　(c) 哈德利月溪

图 2-33　月球上的山脉、月谷和月溪

四、月球资源

1. 水冰

月壤水冰是指月壤中包含的固态水。近月空间几乎处于真空状态,太阳光长驱直入,白天月表上温度高达 $130\sim150℃$,因此在月表不可能有液态水的存在。然而在月球历史中肯定出现过水,主要来源于彗星(含水大于 70%)或小天体撞击、太阳风中的氢原子与月壤月岩中的氧化铁发生还原反应等。在月球的南北两极,太阳不会上升超过地平线 $1.6°$,因此极地的撞击坑内普遍具有永久阴影区,常年温度在 $-230\sim-180℃$ 之间。月球历史上出现的水,如果是处于永久阴影区中与月壤混合,则会以水冰的形式保留下来。

20 世纪 90 年代的月球探测表明,月球南北极撞击坑的永久阴影区内氢离子的含量很高,可能存在着水冰。2010 年 3 月,美国航天局进一步探明了月球北极有 40 多个充满水冰的陨石坑,估计至少有 6 亿吨水冰;而月球南极也存在类似情况,那里的永久阴影坑内也含有大量水冰。最新测定的月球的最低含水量为百万分之五,不再是过去估计的十亿分之六十四。这在一定程度上颠覆了人们认为月球是干燥的观念。

水冰是月球的重要资源,为人类建设月球基地提供了可能性。大规模开采出来以后,水冰可以变成月球基地的饮用水和封闭生态圈中的水资源;也可将水冰电解分离生成氧气和氢气,为宇航员提供呼吸气体,或成为返回地球或飞向深空的火箭燃料。

2. 氦-3

氦-3 是一种氦的同位素气体,具有无色、无味、无臭稳定的特点,化学符号 ^3He。氦-3 在地球上的蕴藏量很少,人类已知的容易取用的氦-3 全球不足 4000 吨(主要在大气之中)。而初步探测结果表明,月球地壳的浅层内竟含有 100 万~500 万吨氦-3。如此丰富的核燃料,足够地球人使用上万年。

氦-3 是一种如今已被世界公认的高效、清洁、安全、廉价的核聚变发电燃料。氦-3 核聚变的主反应式为

$$D + {}^3He \longrightarrow P(14.7MeV) + \alpha(3.7MeV) \qquad (2-2)$$

式中:D——氘; ^3He——氦-3;P——质子; α——阿尔法粒子;MeV——兆电子伏特。

运用月球上氦-3 发电的基本设想是:从月壤中提取氦-3,用货运飞船运回地球。开采 22000 吨

月壤通过加热分离、分馏提纯后可以得到 1 千克氦-3。从地球海洋中提取氘,氘在地球上的储量丰富、技术成熟、成本低廉;并在地面构建氘和氦-3(D-³He)核聚变发电站。D-³He 聚变与氘和氚(D-T)聚变电站比较,具有明显的优势。首先,D-³He 聚变产物主要是高能带电粒子,可高效实现直接能量转换(电能转换效率约 80%);其次,D-³He 聚变反应主要释放质子,质子功率、穿透力弱得多。因此 D-³He 反应堆冷却、屏蔽结构简单,寿命长,维护成本低。科学统计表明,10 吨氦-3 就能满足近年来我国全国一年所有的能源需求,100 吨氦-3 便能提供全球使用一年的能源总量。

3. 矿产

月球土壤中的各种元素和各类月球岩石与矿物是可供人类开发利用的主要资源。

月壤含氧量为 40%,从中可提取用作火箭推进剂的氧,也可补给轨道上的飞船或合成水供宇航员使用。月壤含硅量为 20%,可用于制作太阳能电池。此外,月壤中还蕴藏着铝(14%)、铁(4%)、钙及少量的钛、锰、镁、铬等,月球上的天然玻璃物质经物理处理后可制成高强度的结构用复合材料。

月球的主要岩石种类包括:高地斜长岩、月海玄武岩、克里普岩、角砾岩。根据化学成分分类,月球矿物可以分为:硅酸盐矿物、氧化物矿物、硫化物矿物、自然金属矿物、磷酸盐矿物。月海玄武岩中含钛铁矿 15000 亿吨,而地球上的储量仅为 7 亿吨;月球风暴洋区域的克里普岩中的稀土元素储量估计在 2250 亿～4500 亿吨之间,而地球储量仅为 1.2 亿吨。月球上的钛与铁含量分布如图 2-34 所示。

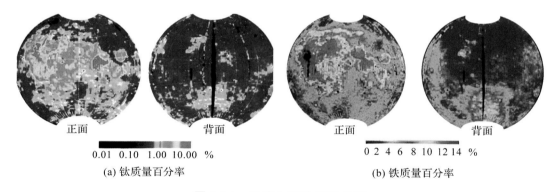

正面　　　　背面　　　　　　　正面　　　　背面

0.01　0.10　1.00　10.00　%　　　　0 2 4 6 8 10 12 14 %
(a) 钛质量百分率　　　　　　　　(b) 铁质量百分率

图 2-34　月球上的钛与铁含量

五、月球成因假说

关于月球的起源与形成,历史上大致出现过四种假说:分裂说、俘获说、同源说和大碰撞分裂说。而近期科学家们结合对月球地质结构与成分的新研究结果而新形成了"大碰撞分裂说"。

1. 分裂说

这是最早解释月球起源的一种假设。著名生物学家达尔文的儿子乔治·达尔文在 1898 年发表的《太阳系中的潮汐和类似效应》一文中指出:月球本是地球的一部分,后来由于地球转速太快,把地球上一部分物质抛了出去,这些物质脱离地球后形成了月球,而遗留在地球上的大坑,就是太平洋。这一观点与现代力学理论和已经探明的地月地质情况不符,很快就受到了一些学者的反对。

2. 俘获说

这一假设认为,月球本来只是太阳系中的一颗约为地球 1/3 大小的小行星,因为偶然的原因运行到地球附近,被地球的引力所俘获,从此再也没有离开过地球。还有一种接近俘获说的观点认为,地球不断把进入自己轨道的物质吸积到一起,久而久之,吸积的东西越来越多,最终形成了月球。但也有学者指出,像月球这样大的天体,地球恐怕没有那么大的力量能够将它俘获。

3. 同源说

这一假设认为,地球和月球都是太阳系中同一区域内的星云物质,经过旋转和吸积,同时形成两个大小不同的天体。在吸积过程中,地球比月球相对要快一点,因此成为"哥哥"。这一假设也受到了后续对月球探测中所获得的部分研究结论的挑战。对"阿波罗"飞船从月球上带回来的岩石样本的化验分析表明,地球和月球的平均化学成分差别较大,月球的岩石也要比地球的岩石古老得多。

4. 大碰撞分裂说

这一假设认为,太阳系演化早期曾形成了大量的"星子",星子通过互相碰撞、吸积而逐渐增大,在相距不远处形成一个原始地球和一个比地球小一些的天体。这两个天体在各自演化过程中,分别形成了以铁为主的金属核和由硅酸盐构成的幔和壳。一次偶然的机会,小天体与原始地球发生了碰撞。剧烈的碰撞不仅使地球的自转轴倾斜,而且还使那个小天体被撞击破裂,硅酸盐壳和幔受热蒸发,膨胀的气体以极大的速度携带大量尘埃飞离地球。在撞击体破裂时与幔分离的金属核,因受膨胀飞离的气体所阻而减速,被吸积到地球上。飞离地球的气体和尘埃,并没有完全脱离地球的引力控制,通过相互吸积而结合起来,先是形成一个环,再逐渐吸积形成一个部分熔融的月球,如图 2-35 所示。

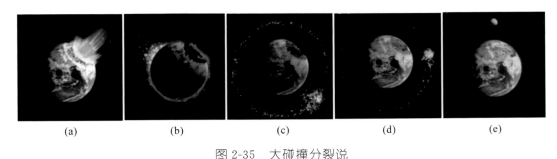

| (a) | (b) | (c) | (d) | (e) |

图 2-35　大碰撞分裂说

这个假说较好地解释了月球平均成分相对贫铁、不易挥发,月球的密度比地球低,地球和月球都具有相似比例的氧、铬、钛、铁、钨、硅等元素的同位素组成,也较好地解释了地月系的角动量和速度分布,因此被科学家普遍认可。

§2-5　火星

2-10　火星

一、概况

火星是太阳系里四颗类地行星之一,是离太阳第四近的行星。英语中的火星是以罗马神话中的战神玛尔斯(Mars)命名,通常也被称为"红色星球";中国古代则因为它荧荧如火,位置、亮度时常变动而让人无法捉摸,因此称之为"荧惑之星"。

火星与太阳的平均距离为 1.52AU,公转周期为 687 地球日(1.88 地球年)、668.6 火星日。平均火星日为 24 小时 39 分 35.244 秒(1.0275 地球日)。火星自转轴倾角为 25.19°,和地球的自转倾角相近。因此火星上也有春夏秋冬,季节长度约为地球的两倍。由于火星轨道离心率(0.093)比地球的离心率(0.017)大,使得火星各季节长度不一致,又因远日点接近北半球夏至,北半球春夏比秋冬各长约 40 天。从地球上观测火星的最高视星等可达−2.91,仅次于金星、月球和太阳;但在大部分时间里火星比木星要暗一些。火星在视觉上呈现为橘红色,在肉眼可见的天体中独具一格,因此通常被称为"红色星球"。这是因为火星地表广泛分布的氧化铁使之呈现出一种红色的外观。更详细的火星基本参数如表 2-8 所示。

表 2-8　火星的主要参数

轨道参数			
远日点	2.492×10^8 km(1.666AU)	平均轨道速度	24.13km/s
近日点	2.066×10^8 km(1.381AU)	平近点角	19.412°
半长轴	2.279×10^8 km(1.524AU)	轨道倾角	1.851°(对黄道),5.652°(对太阳赤道)
离心率	0.093	升交点经度	49.579°
轨道周期	686.98 地球日(1.88 年),668.60 火星日	已知天然卫星数量	2 颗
会合周期	779.94 日(2.135 年)		
物理参数			
平均半径	3389.5km(0.532 倍于地球)	逃逸速度	5.02km/s
赤道半径	3396.2km(0.532 倍于地球)	自转周期	1.026 天(24.623 小时)
极半径	3376.2km(0.531 倍于地球)	赤道自转速度	868.22km/h
表面积	1.441×10^8 km²(0.282 倍于地球)	转轴倾角	25.19°
体积	1.632×10^{11} km³(0.151 倍于地球)	表面温度	最低 130K,最高 308K,平均 210K
质量	6.419×10^{23} kg(0.107 倍于地球)	视星等	最大−2.91,平均−2.0
平均密度	3.934g/cm³	角直径	3.5″~25.1″
表面重力加速度	3.693m/s²(0.377 倍于地球)		

火星距离地球最近时可达 5500 万 km,最远时距离则超过 4 亿 km。太阳、地球和火星排成一条直线的时刻称为火星冲,约每 2 年 2 个月发生一次。这时地球与火星的距离是一个火星年中最近的,同时太阳照射到火星表面的光被反射回地球方向的总量也达到一个火星年中的最大,此时在地球观测火星也会特别明亮。火星冲期间是人类发射探测器飞向火星的最佳时机。2018 年火星冲地火间距离为 5760 万 km;根据推算到 2287 年 8 月 28 日,两者距离可接近到 5569 万 km。

火星大气以二氧化碳为主(95.3%),既稀薄又寒冷。火星表面有撞击坑、山谷、沙漠、砾石,南北两极具有极地冰盖,没有稳定的液态水。火星探测器最新的观测证据表明,火星具有类似地下水涌出的现象,南极冰冠有部分退缩,雷达数据显示两极和中纬度地表下存在大量的水冰。火星南半球是古老、充满陨石坑的高地,北半球则是较年轻的平原。奥林匹斯山是火星上最大的火山,也是太阳系天体中最高的山峰,水手峡谷是火星上最大的峡谷(见图 2-36)。

图 2-36　火星及其卫星

火星有两个天然卫星：火卫一（福布斯）和火卫二（戴莫斯）。火卫一呈土豆形状，平均直径为 22.2km，距火星平均距离约 9378km，一日围绕火星 3 圈。它是火星的两颗卫星中较大也是离火星较近的一颗。火卫一与火星之间的距离也是太阳系中所有卫星与其主星的距离中最近的，从火星表面算起只有 6000km。它是太阳系中最小的卫星之一，也是太阳系中反照率最低的天体之一。火卫二是火星较小和较外侧的已知卫星，平均直径为 12.5km，与火星的距离是 23460km，以 30.3 小时的周期环绕火星。

由于火星位于太阳系的宜居带，同时有更多证据证明火星曾拥有类似地球的环境及丰富的资源，故此火星成为全球各航天大国探测与研究的重点。

二、火星物理特征与空间环境

1. 物理特征

火星直径约为地球的一半，质量约为地球的 10.7%、表面重力加速度约为地球的 38%，体积约为地球的 15%，表面积略小于地球陆地面积。火星有类似地球主要板块划分的构造特点，南半球地势比北半球高，北极的盆地表明火星曾遭受撞击。目前的观点认为火星在约 45 亿年前遭到一个冥王星大小的天体撞击之后，形成了火卫一和火卫二，同时使内核的热能散溢出上地幔。从此以后，火星内部慢慢降温、岩浆搅拌逐渐停止、无法持续对流，因此也无法以发电机原理的方式生成全球性磁场。由于火星比地球小，火星内核冷却得也比地球快，磁场和板块运动消逝，地质活动趋缓。太阳风带走了大部分火星大气，导致大气变得稀薄、气压偏低，进而造成液态水在低温环境中就会沸腾、无法在火星表面稳定存在。

尽管火星没有像地球这样的全球磁场，但详细的遥感探测发现火星南半球一些区域的地壳是高度磁化的，且磁化情况与地球海底的交替磁化带相当。因此有一种理论认为这些磁化带是火星表面具有板块结构，并在形成初期具有板块运动的证据。

2. 空间环境

(1)高能辐射

地火转移轨道和火星轨道辐射环境的主要来源是太阳质子活动和银河宇宙线。人类火星探测器的电子系统在这两种高能辐射环境中会受到辐射损伤，包括总剂量效应、单粒子时间效应、位移损伤和非电离能量损失效应。

太阳活动是火星探测最主要的辐射环境,辐射危害主要来自太阳耀斑发生时发射出的高能带电粒子流,即太阳质子活动。粒子流中大部分是质子,其次是 α 粒子,产生的等离子能量大多在几十到几百 MeV 之间。太阳耀斑爆发事件的持续时间通常是几天,其间太阳高能粒子的通量会比背景增加几个数量级。剧烈的太阳质子事件会造成总剂量效应和单粒子效应的短期增强,是造成航天器电子系统异常或故障的主要原因之一。

(2)流星体环境

由于火星与木星之间存在一个太阳系中小行星最密集的区域(小行星带),98.5% 的小行星都在此处被发现,目前已经被编号的有 12 万余颗,因此火星周围的小天体数量明显比地球多。目前尚缺乏足够的天体动力学研究来确定这些流星体在地火轨道间的具体位置,但理论分析表明,火星遭遇彗星的次数大约是地球的两倍。尽管如此,通常认为探测器遭遇流星体的概率还是非常小的。

1967 年 9 月中旬,"水手 4 号"探测器在距离太阳 1.273AU 的位置遭遇流星群,其位置大约在地火转移轨道的中段。探测器上的尘埃探测器测得流星群通量在大约 45 分钟的时间内比背景值增加了 1000 倍。在此过程中,探测器滚动轴产生了扭转,并且隔热层发生了破裂。该事件很好地体现了流星群的特征:在宽度约 2×10^6 km 范围内的粒子密度比平时多 3~4 个数量级。

(3)太阳辐照和热环境

空间物体受太阳光直接照射的强度与其到太阳距离的平方成反比(1AU 处大约为 1367W/m^2)。火星大气直接被太阳照射的太阳辐射常数在 493W/m^2(远日点)与 717W/m^2(近日点)之间变化。火星的行星际反照率平均值约为 0.25,两极为 0.6,其余部分在 0.1~0.4 之间变化,全球性的大型沙尘暴会引起火星的行星际反照率增加。

由于火星轨道呈椭圆形,在接受太阳照射的火星表面的近日点和远日点之间的温差将近 160℃。这对火星的气候产生巨大的影响。火星上的平均温度大约为 218K(−55℃),但却具有从冬天的 140K(−133℃)到夏日白天的将近 300K(27℃)的跨度。火星对外长波红外辐射能量的范围也在 20~350 W/m^2 之间变化。

三、火星结构与地质

1. 内部结构

与太阳系其他岩石类天体一样,火星内部也具有层状结构,从内到外分别是:核、幔、壳。一般认为火星核半径为 1700km,主要由铁、镍等高密度金属物质和 16%~17% 硫组成,还含有一些较轻的元素,比如氢和氧。这种铁硫化物核的轻质元素含量是地球的两倍,这也是火星相对于其他固态行星密度较低的原因。2021 年,美国"洞察号"(InSight)着陆器探测到 11 次低频火星地震。数据分析表明火星的核心确实是液体,且半径为(1830±40)km,温度为 1900~2000K。也就是说,火星核半径超过整个火星半径的一半,这比原本预测的要大一些。

火星核外包裹着一层硅酸盐熔岩地幔,厚度约 1400km,它比地球的地幔更稠些。最外层是一层薄薄的火星地壳,其中除了硅和氧外最丰富的元素是铁、镁、铝、钙和钾。火星地壳的平均厚度约为 50km,最大厚度为 125km(地球地壳的平均厚度为 40km)。

如同水星和月球一样,火星也缺乏活跃的板块运动。没有迹象表明火星发生过能造成像地球般如此多褶皱山系的地壳平移活动。由于没有横向的移动,在地壳下的巨热地带相对于表面是处于静止的状态。在由陨石撞击、地震等事件引发的应力释放过程中,会造成地壳凸起并形成巨大的火山。火星的历史上可能曾发生过很多火山活动,但目前未发现有活火山喷发的迹象。火星上的地震很活跃,InSight 着陆器在 2019 年记录了超过 450 次火星地震和相关事件。

2.地形地貌

火星地形地貌的特征体现在南北半球的明显差别(见图 2-37):南半球表面整体地形较高、较平坦,陨击坑较多,年龄较老;北半球则较低(平均比南半球约低 3km)、较年轻,陨击坑较少,巨大火山熔岩流和塌陷较广。两极皆有主要由水冰组成的极冠,上面覆盖的干冰会随季节消长。火星地貌较月球、水星复杂,与地球也有差别,如高原和盾状火山较地球上的规模要大。火星的地貌和构造主要分为四类:古老单元、火山单元、已改造单元和极区单元。

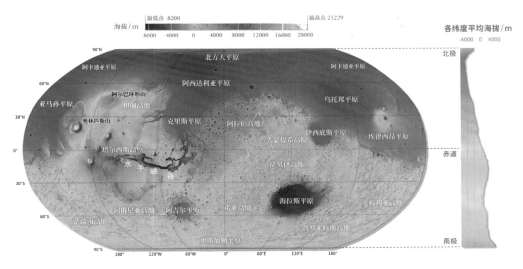

图 2-37　火星全球地形图

火星地表形貌大部分于远古较活跃的时期形成,有密布的陨石坑、火山与峡谷。火星上也有很多地形是由于受到风的长期作用而逐步改变至今的,其中有吹蚀、磨蚀等风蚀作用,也有沙尘遇地形阻碍而填积、侵积等风积作用。分布于梅杜莎槽沟层的风蚀脊是因风蚀形成地形的典型例子;大瑟提希高原上撞击坑下风处的沙尘堆积,以及撞击坑中常见的沙丘是由风积作用所造成的地形(见图 2-38)。

(a) 风蚀地貌　　(b) 沙尘堆积地貌　　(c) 撞击坑中的沙丘

图 2-38　火星表面的典型地貌

火星上的火山分布是以热点为主,不像地球有火环的构造,主要分布于塔尔西斯高原、埃律西昂平原和零星分布于南方高原上。如图 2-37 所示,在火星西半球耸立着一个醒目的特征,中央即为塔尔西斯高原,高约 9km,宽度超过 3000km。该区域伴随着火山作用的遗迹,包含五座大盾状火山:奥林匹斯山、艾斯克雷尔斯山、帕弗尼斯山、阿尔西亚山和亚拔山,以体积和占地面积来看是太阳系中最大的火山群。奥林匹斯山在地表上的高度有 27km,是太阳系中最高的山脉。它的基座直径超过 600km,中心的火山口直径超过 80km,并由一座高达 6km 的悬崖环绕着(见图 2-39)。火星上的峡谷可能是由洪水短时间冲刷而成,或是由流水长期侵蚀而成,或是由冰川滑动侵蚀而成,也可能是火山喷发的熔岩流所造成的熔岩渠道,还有可能是由地壳张裂所造成,如水手峡谷(见图 2-40)。

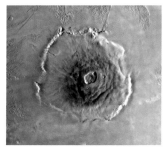

图 2-39 奥林匹斯山

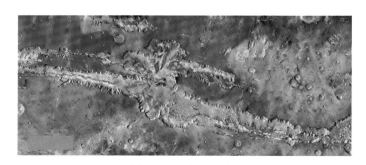

图 2-40 水手峡谷

奥尔库斯陨石坑(Orcus Patera)是一个狭长形陨坑,长约 380km,宽约 140km,位于火星赤道附近,看上去如同火星表面的一道"伤疤",如图 2-41 所示。火星表面有巨型火山喷发的遗迹,留下了各种火山口地形。图 2-42(a)是莫雷克斯火山口,看上去有些变形和凌乱,其深色墙壁呈脊状、波纹状和斑驳状,中心具有突出的簇状"峰"。科学家推测这是由火山口地板上的物料在受到初始冲击后反弹并向上升所形成的。图 2-42(b)是一个发现于火星北部高地的火山口,长 40km,宽 30km,深度达 1750m,其规模可与地球上的黄石火山相当。科学家认为它可能由 30 亿年前的火山喷发形成。

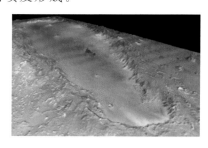
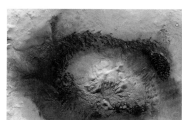
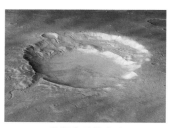

(a) 莫雷克斯火山口　　　　(b) 北部高地的火山口

图 2-41 奥尔库斯陨石坑　　　　图 2-42 火山口

科学家通过基于撞击坑密度的撞击坑计数法可以推断出太阳系天体的地表年龄,即撞击坑大而密集处,地质年代较早,反之则较年轻。火星的地质年代可分为四个阶段:前诺亚纪、诺亚纪、赫斯珀利亚纪和亚马逊纪。在前诺亚纪(46 亿～41 亿年前),火星没有留下实质地表,此时地形南北差异形成,有全球性磁层;在诺亚纪(41 亿～37 亿年前),有大量陨石撞击火星,火山活动旺盛,可能有温暖潮湿的大气、河流和海洋,侵蚀旺盛,但到末期这些活动已减弱很多;在赫斯珀利亚纪(37 亿～30 亿年前),火星的火山活动仍然继续;到了亚马逊纪(30 亿年前～现在),火星大气则变得稀薄干燥,以冰为主要活动,如极冠、冰冻层、冰河,并有周期性变迁,沟壑也是这时期形成,火山活动趋缓并集中在塔尔西斯高原与埃律西昂平原。

3. 土壤

火星土壤基本由火星岩石受风化后产生的碎屑物质所形成,它们的化学成分主要是:O(50%)、Si(15%～30%)、Fe(12%～16%)、Mg(5%)、Ca(3%～8%)、S(3%～4%)、Al(2%～7%)、K(0.24%)、Al_2O_3(5.6%)、FeO(18.4%)、SO_2(8.6%)、MgO(8.5%)、CaO(5.6%)。

火星土壤呈微碱性,基本 pH 值为7.7,较地球土壤含铁高,尤以 FeO 含量甚高,并有镁硫酸盐、氧化铁、碳酸盐。火星土壤硫含量为地球的100倍,钾含量仅为地球的1/5,含有镁、钠、钾和氯等植物生长的必要营养物质,同时也含有0.6%对人类有害的高氯酸盐,基本没有有机物。

火星土壤的元素丰度与任何已知火星上的单一矿物或岩石类型不同,代表了它是多种矿物的混合物。火星表面的黄褐色是由表土含有较为丰富的磁赤铁矿($γ$-Fe_2O_3)所导致。这也表明了火星表面是一种氧化环境,说明火星过去曾有过丰富的水,而且化学风化作用至今仍在进行。

4. 水资源

2008年6月20日,"凤凰号"火星探测器在火星北极附近挖掘发现了八个白色颗粒,四天后这些颗粒就凭空消失,这些物质一定是升华了,由此可以判定这些白色颗粒是冰而不是盐。随后"凤凰号"在火星上加热土壤样本时鉴别出有水蒸气产生,这是火星存在水的直接证据。

火星南北极有明显的极冠(见图2-43),目前的探测表明其中绝大部分为水冰,只有表面一层为干冰。火星北极冠宽达1100km,厚达2km,体积$8.21×10^5 km^3$;南极冠宽达1400km,最厚达3.7km,体积约$1.60×10^6 km^3$。而极冠表面的干冰在北极约1m厚,在南极则约8m厚,在冬季时凝结而成,到夏季则再度升华进入大气。夏季仍存在的部分称为永久极冠,而整体构造称作极地层状沉积,与地球的南极洲和格陵兰冰层一样为一层层的沉积构造。火星两极冰冠皆有独特的螺旋状凹谷,科学家猜测这主要是由光照与夏季接近升华点的温度使沟槽两侧水冰在融解和凝结过程中存在差异而逐渐形成的。近年来的研究表明,如果火星南极冠的冰全部融化,可覆盖整个星球;科学家进一步推测,有更大量的水冻在厚厚的地下冰层,只有当火山活动时才有可能释放出来。

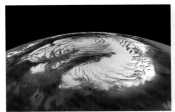 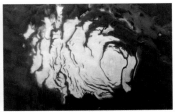

(a) 北极冬季冰盖　　　　　　(b) 南极仲夏冰盖

图 2-43　火星的极冠

火星地表遍布着许多年代久远的流水遗迹[见图2-44(a)],有些是洪水刻画而成,有些则是降雨或地下水流动而形成。冲蚀沟则是另一类规模较小的地形,形成年代距今较近,常分布于撞击坑壁且形态多样。冲蚀沟成因有两种解释:一种观点认为由流动的水造成,另一种观点则认为是凹处累积的干冰促使了松软物质滑动所致。火星的水资源还以水冰的形式储藏在地下和陨石坑中[见图2-44(b)(e)]。

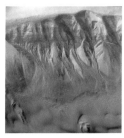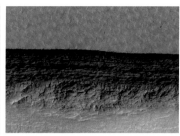

|（a）季节性河道|（b）地下水冰层（蓝色部分）|（c）具有水冰的陨石坑|

图 2-44　火星上存在水的证据

2013 年 9 月 26 日，"好奇号"火星车发现火星土壤含有丰富水分，重量占比为 1.5%～3%。近年来，科学家发现火星表面除了位于两极、已经凝固成冰的水之外，还存在只会在温暖季节才出现的流动液态水。同时火星内部也存在庞大的水资源，酷似巨型"地下水库"，某些地方的水资源储量甚至与地球内部相当。2018 年 7 月 25 日，意大利科学家通过对"火星地下及电离层高级探测雷达"探测数据的分析，首度发现在火星南极冰层下有一个地下液态水湖。该湖位于地下 1.5km 处，直径约为 20km，温度至少为 −10℃。

近年来通过对火星地形地貌的深入研究与分析，有迹象表明火星表面曾经一度被海洋覆盖过，有一部分科学家甚至认为这个海洋有可能覆盖了火星 1/3 的面积（见图 2-45）。科学家们已经掌握了更多在数十亿年前火星表面曾经存在过广阔海洋的证据，并推测可能是由于小行星和彗星连环撞击带来了水，或是撞击事件使早期火星的地下水涌到了表面，但是这在火星地质历史上仅存在过一瞬间。火星上也发现了因河流侵蚀作用形成的山谷、冲积平原等地形地貌，表明在数十亿年前火星大地上还拥有稳定的江河水流（见图 2-46）。

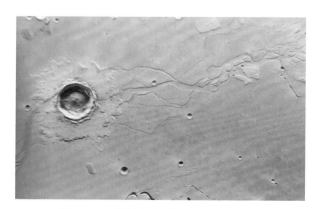

图 2-45　火星古海洋假想图　　　　　图 2-46　河流侵蚀作用形成的地形

四、火星大气与气候

火星大气以二氧化碳为主，既稀薄又寒冷，平均地表气压只有 636Pa，相当于地球上 35km 高的气压，约为地球表面气压的 0.6%。因此声音在火星上传播的距离只有在地球上的 1.5%。随着季节的变化，火星气压变化可达 20%。火星大气层按高度可分为低层大气、中层大气、上层大气和外气层。其中，低层大气相对温暖，这是由气悬微尘与地表热所造成的；中层大气中存在高速气流；上层大气（或热气层）温度较高，大气分子也不再像下层那样分布均匀；外气层高度在 200km 以上，大气渐渐过渡到外太空,无明显外层边界。

火星大气成分中二氧化碳约占 95％,氮气占 2.7％,氩气占 1.6％,其他还有少量的氧气、水汽等(见表 2-9),还含有很多会吸收蓝光的悬浮尘埃,使天空看起来呈黄褐色。在火星大气的局部区域中探测到了甲烷气体,据估计火星每年产生约 150 吨甲烷气体。由于甲烷易被紫外线分解,火星上现存的甲烷表明现在或者最近几百年内在火星上存在产生甲烷的来源,如火山喷发、地质作用、彗星或小行星撞击甚至可能来源于生物的生长与繁衍过程。但是目前尚不清楚这些甲烷气体具体是因哪种原因而产生的。

表 2-9 火星大气参数

大气压	636Pa(平均);40～870Pa(随季节变化)	
大气元素含量	二氧化碳:95.32％	氖:2.5ppm
	氮气:2.7％	氪:300ppb
	氩气:1.6％	甲醛:130ppb
	氧气:0.13％	氙:80ppb
	一氧化碳:0.08％	臭氧:30ppb
	水蒸气:210ppm	甲烷:10ppb
	一氧化氮:100ppm	

由于火星比地球离太阳远,日照量较少,因此表面温度较低,理论计算值约为 210K(−63℃)。但实际观测到的火星地表平均温度为 240K(−33℃),明显高于理论值。这是由于大气中大量的二氧化碳造成了温室效应所致。由于火星大气层很稀薄,无法保留太多热量,造成地表昼夜温差可达100℃。某些地区地表温度白天可达 20℃,夜晚低至 −80℃,并存在明显的季节性差异。火星大气环流主要为单胞环流,热空气在赤道处上升,飘至极区下沉,再沿表面回到赤道。另外,在火星北半球的夏季,极冠中的二氧化碳升华进入大气,使气压升高;而此时处于冬季的南半球由于二氧化碳凝结使气压下降。由于进出大气的二氧化碳量高达 25％,造成了南北方向的压力差,空气便倾向由高压的夏半球流向低压的冬半球,形成了另一个随季节而变向的环流。因此火星的天气系统趋向是全球性的。火星天气的重复性较高,比地球容易预测。如果一个气象事件在一年的特定时间中发生,则很可能在下一年几乎同一个时期再发生,误差最多一个星期。

在火星南半球的夏季,当火星距离太阳最近的时候,赤道和南极的温差十分明显。火星上希腊平原在这个季节气压极低,风速可以达到 100km/s。风暴卷携着红褐色尘土直冲天空,并以极高的速度将沙尘带到各处,形成全球性的沙尘暴。

五、火星生命

生命能够存活的条件范围其实比人类想象的要宽泛得多。火星到太阳的平均距离为 1.52AU,正好位于太阳系宜居带范围(0.87～1.67AU)之间。目前已经证明了火星上曾经有过大量的水,在北半球可能有过海洋。现在火星两极的极冠中和地下土壤中仍有大量的冰冻水,甚至有可能存在地下水。美国"火星勘测轨道器"拍摄的海尔环形山河道的彩色合成图像中[见图 2-47(a)],深色的线条由季节性流水造成,长度略大于 100 米。人类有理由认为火星具备了孕育微生物或是嗜极生物的必要条件,探索火星过去或现在生命存在的痕迹成为现代火星探测的主要科学目标。

2000年，一块编号为ALH84001的碳酸盐火星陨石在南极洲被发现。科学家称在这块陨石上发现了一些类似微生物"躯体"的化石结构[见图2-47(b)]。有人认为这可能是生命存在的证据，但有人认为这只是自然生成的矿物晶体。美国"海盗号"火星探测器曾经在火星土壤实验中检测到有可能存在微生物的迹象，但随后即被许多科学家所否定。冬季火星最北部的沙丘区域被干冰层所覆盖，干冰层在春天升华并形成间歇泉。泉水将山脊上的沙石冲走，并在大地上形成深色的线条，如图2-47(c)所示。有学者认为这些深色线条是嗜极生物产生的生物学结果。上述关于火星上存在过生命的观点仍然在学术争论之中。

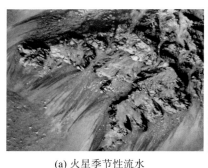 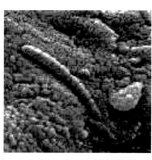 

（a）火星季节性流水　　　　（b）微生物"躯体"化石　　　（c）疑似嗜极生物的深色线条

图2-47　火星曾经存在过生命迹象的证据

火星大气中存在微量甲烷的解释之一是生物活动所致。2004年欧洲空间局的"火星快车"探测器发现火星大气中的甲烷分布和水汽分布相当一致，这一探测结果增加了火星甲烷来源于生物活动的可能性。不过生物如何在火星如此不友善的环境下生存仍然未知。如果要证明甲烷的分布与生物有关，还需要火星探测器携带质谱仪就地分析火星上碳-12与碳-14的比例（即放射性碳定年法），以辨别出是生物还是非生物产生了火星甲烷。2022年9月，NASA"毅力号"火星探测器在勘查火星上一个远古三角洲区域时，可能采集到迄今为止含有最高浓度有机分子（被认为是生命组成部分的含碳分子）的岩石样本，这可能是数十亿年前生命存在的潜在迹象。这些物质的发现或使火星干涸的河流三角洲地区成为寻找生命的理想之地。

§2-6　金星与水星

2-11　金星

一、金星

金星是太阳系八大行星中距离太阳第二近的行星，由于金星的体积和质量与地球十分接近，且金星还是距离地球最近的行星，所以人们常将二者称为"姊妹行星"。金星的视星等在－2.98～－4.92之间，是天空中最亮的行星。在中国古代，金星常被称为"启明星""长庚星""太白星"，直到西汉时期《史记》作者司马迁在实际的观测中发现这颗行星呈白色，将之与"五行"相联系，才正式命名为金星。在西方，金星则被冠以爱与美的女神维纳斯（Venus）。

金星和地球有诸多相似之处：金星半径约为6052km，是地球半径的95%；质量约为4.869×10^{24}kg，是地球质量的81%；平均密度约为5.25g/cm³，体积是地球的88%左右；表面重力加速度是

8.78m/s²,约为地球的 90％,如表 2-10 所示。但是金星也有很多和地球大相径庭的物理特征:金星的公转周期约为 225 天,自转周期约为 243 天,即金星"一天"的时间比"一年"还长;金星大气中的二氧化碳含量高达 96％,含氮量 3％,强烈的温室效应也使得其表面的平均温度高达 740K(467℃),是非常不适宜生物居住的;金星没有天然卫星环绕,并且其自转方向与公转方向相反,因此表现为逆行,和太阳系其他七颗行星均相反,所以在金星上看到的太阳是"西升东落"。

表 2-10　金星的主要参数

轨道参数		物理参数	
近日点	1.075×10^8 km(0.718AU)	直径	(12103.6±1.0)km(0.95 倍于地球)
远日点	1.089×10^8 km(0.728AU)	表面积	4.6×10^8 km²
公转半径	1.082×10^8 km(0.723AU)	质量	4.869×10^{24} kg(0.81 倍于地球)
公转周期	224.7 天	平均密度	5.25g/cm³
平均轨道速度	35km/s	表面重力加速度	8.78m/s²
会合周期	584 天	逃逸速度	10.36km/s
离心率	0.006	表面大气压	9322kPa(92 倍于地球)
轨道倾角	3.39°	平均表面温度	740K(467℃)
平近点角	50.115°	反照率	0.76(球面),0.689(几何)
自转周期	243 天	视星等	−2.98～−4.92
自转轴倾角	2.64°		

金星轨道更靠近太阳,是在地球轨道的内侧。以地球为观测点分别连接太阳和金星的张角是一个锐角,即使在最大时也只有 48.5°。因此我们看到金星的时间不是在清晨太阳升起之前的东方,就是在傍晚太阳落山之后的西方。当金星正好处于地球与太阳之间的时候,就会看到金星凌日的现象(见图 2-48)。金星凌日是开展对金星大气层探测、计算日地距离等科学活动的宝贵机会。借助于小型天文望远镜,我们可以看到金星也和月球一样具有周期性的相位变化(圆缺变化)。

(a) 金星外貌（图片来源：NASA）

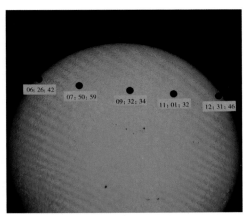

(b) 金星凌日（2012年深圳西涌天文台观测）

图 2-48　金星

1. 金星大气与环境

(1) 大气组成与温室效应

金星表面的大气压强高达 93bar，比地球大气（1.01325bar）浓密得多。其中 CO_2 的浓度高达 96.5%，剩下 3.5% 是 N_2（氮气总量是地球的 3 倍），以及少量 SO_2、Ar 和 H_2O 等，大气具体成分如表 2-11 所示。

表 2-11　金星的大气成分

成分	70km 处	40km 处	成分	70km 处	40km 处
CO_2	96.5%	96.5%	CO	5170μg/g	45μg/g
N_2	3.5%	3.5%	H_2O	$\leqslant$1μg/g	45μg/g
He	$\approx$12μg/g	$\approx$12μg/g	SO_2	0.05μg/g	$\approx$100μg/g
Ne	7μg/g	7μg/g	H_2S	—	1μg/g
Ar	70μg/g	70μg/g	HCl	0.4μg/g	0.5μg/g
Kr	$\approx$0.2μg/g	$\approx$0.2μg/g	O_2	<0.1μg/g	0~20μg/g

正是因为 CO_2 的浓度如此之高，使得金星表面的温室效应相比地球而言要大得多，环境十分恶劣。金星表面的平均气温高达 740K（467℃），一年内的温度差异不会超过 20℃。CO_2 对可见光和紫外辐射是透明的，但是对红外辐射来说却难以穿透。金星表面浓重的 CO_2 使得其吸收的可见光和紫外辐射的能量不能以红外辐射的形式再返回到宇宙（见图 2-49），就像给星体裹了个巨大的"棉被"，人类也无法使用近红外光谱仪从外太空对金星表面进行探测。这么高的温度注定了金星表面不可能存在液态水，再加上极高的大气压和极低的氧气含量，导致金星上难以出现任何可能的生命。

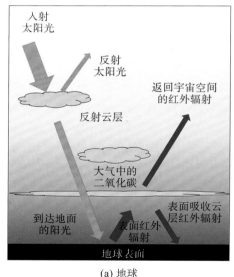

(a) 地球

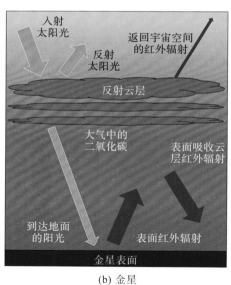

(b) 金星

图 2-49　地球与金星大气能量辐射与传输对比

（2）大气结构与环流

金星的大气结构从里到外可分为对流层、平流层和电离层，如图 2-50 所示。

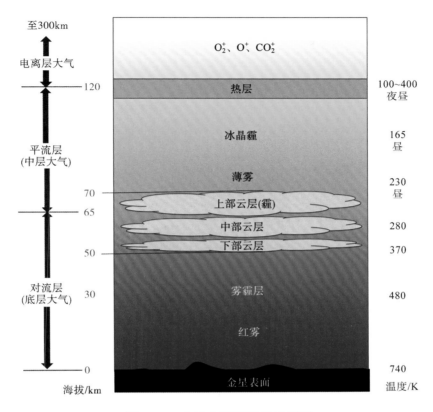

图 2-50　金星大气和云层结构图

对流层（底层大气）一般指金星表面到 65km 左右处的大气层。主要成分包括二氧化碳、二氧化硫和水蒸气等，是造成金星表面温室效应的主要原因。对流层大气温度随高度的增大而逐渐减小。对流层大气中的 D/H 值（氢同位素组成）是地球的 150 倍，明显富集重氢。由此科学家推测，金星大气中曾含有大量的 H_2O，其在高温条件下逐渐被分解，大量的氢离子逃逸至行星际空间。

平流层（中层大气）是从 65km 延伸到 120km 处的大气层。其中，较低一层在 65～73km 之间，昼半球温度大约是 230K（−43℃），并与云盖顶部相接；较高一层则在 73～95km 之间，昼半球温度约为 165K（−108℃），这是金星昼半球大气层最低温处；中层大气和热层交界的高度在 95～120km 之间，昼半球温度上升至 300～400K（27～127℃）。金星夜半球的热层是金星温度最低之处，只有 100K（−173℃）。

电离层大气的高度范围一般在 120～300km 之间，电离层的主要组成粒子包括 O_2^+、O^+、CO_2^+ 等。由于金星没有内禀磁场，行星际磁场会对各种离子产生作用。向日面的电离层会被太阳风强烈轰击，电离层中的等离子体在昼间会发生太阳光电离，到了夜间离子和电子又重新结合，夜半球的电子含量几乎为零。由太阳风延伸的太阳磁场会在金星外层大气产生诱发磁层。

浓密的黄色云层是金星区别于其他类地行星最令人瞩目的特征之一，从最底层的 50km 左右一直延伸到最上层的 70km 处。最上部的云层（其实是霾）可以从地球直接观测到，颗粒直径大约为 1μm；中部云层的颗粒直径大约为 2μm；下部云层的颗粒直径可以达到 6μm 左右。云层中颗粒的沉降速度与其直径平方成正比。虽然云层的组成颗粒有大有小，但是其主要成分均为二氧化硫和硫酸。金星云层呈现黄色的原因是大气中的硫元素或是位于云层底部的三氯化铁。金星云层的反射率比其他行星都要高，达到了 75％，大量的太阳辐射被反射回宇宙中。

金星大气层中的环流遵循所谓的旋衡近似，即底层大气的气流在赤道上升、在极圈附近下降形成哈德莱环流，而云层顶部的气流则形成从昼半球上升、到夜半球下降的大环流（见图 2-51）。金星大气中的风速受到气压梯度和离心力作用，除南北两极处的大气存在小规模的极地旋涡外，其他区域的大气在几乎纯粹的纬向气流中形成平衡。低于纬度 50° 区域的大气运动速度在 70km 高度的云层顶部附近高达 100m/s，而在距地面 5～10km 处则下降到了零。上部云层以上的大气运动速度目前还没有相关的测量结果，推测在 100km 附近的运动速度约为 100m/s。金星大气在经线方向上的速度分量是非常小的，在 20km 附近的角动量达到最大。迄今为止，虽然科学界对金星的大气环流运动作出了很多的理论假设和研究，但暂时还没有统一的认识和解释。

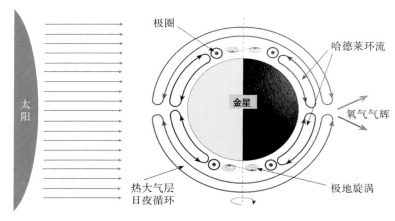

图 2-51　金星大气环流示意图

（3）大气形成与演化

作为地球的"姊妹星"，金星的大气起源和地球十分相似。金星的原始大气来自原始星云中的气体，之后由于金星和太阳相距较近，原始大气被电离殆尽，散逸到宇宙空间。现存的金星大气则是在后来十几亿年的演化过程中由火山爆发释放出的气体形成的，其中可能还夹杂着其他星体撞击金星后留下的挥发性物质。火山喷发也是水蒸气和二氧化硫的重要来源，两者可以吸收红外辐射导致金星的温室效应加重。除此之外，这两种物质反应生成的硫酸也是大气的主要成分之一，不仅进一步加重了温室效应，还导致了金星大气反射率的增高。

由于金星的自转速度很慢，其液态铁质地核因旋转而产生的电磁效应较弱，导致金星本身的磁场与太阳系其他行星相比是非常弱的。太阳风就可以毫无缓冲地撞击金星上层大气。严重的温室效应、强烈的太阳辐射都导致了金星大气中的水蒸气含量远低于地球。金星大气中极高的 D/H 值表明，就算原始金星地表存在海洋等液态水，也在高温中被蒸发成了气态，然后在极高的辐射环境中逐渐被电离成了氢和氧。其中氢离子因为质量小逃逸至宇宙中，而氧离子则逐渐沉淀并与其他金星地表物质发生反应，因而在大气中没有氧气。

2. 金星地形地貌

（1）地形

根据 1990—1994 年美国"麦哲伦号"轨道器在金星上的雷达扫描结果，金星表面的地形地貌总体而言非常平坦。除了少数的高原，金星地表的高程差很小，60％ 的地表高程差小于 500m，只有 2％

的高程差大于 2km。但是金星的南北半球差距较为显著,北半球多为山脉纵横的高原,而南半球则大部分是辽阔平坦的平原。金星表面最低洼处为位于南纬 0°～25°、东经 150°～180°区域的狄安娜峡谷,高度为－2km;最高的山峰是位于北极圈附近伊斯塔高原上的麦克斯韦山,高度为 10.6km。

金星的地形根据高度大致可以分为三种。第一种为高原,高度一般为 1km 以上,约占地表面积的 8%,包括位于北极附近的伊斯塔高原、赤道附近的阿夫罗狄特高原等;第二种为丘陵山地,高度一般在 0～1km 之间,占地表面积的 65%;第三种为低洼平原,高度范围为－2～0km,所占面积不到金星地表面积的 27%,包括位于北半球的爱塔兰塔平原和格纳维尔平原、南半球的拉维尼亚平原等(见图 2-52)。

图 2-52　金星全球地形图

金星表面总体来说都是较为年轻的,最老的地貌特征也只有 8 亿年左右,其余 90%的地表特征都是由新近凝固的玄武岩构成的。

(2)火山

火山是金星地表极具特色的地貌特征之一。金星是太阳系中拥有火山最多的行星,85%表面是火山岩,已发现的大型火山和火山特征有 1600 多处。直径大于 100km 的大型火山都位于金星地表的隆起区域,包括阿尔法区、贝塔区和斯密斯区等。热红外探测显示,金星上存在许多活火山,如图 2-53(a)所示。马阿特蒙斯火山是金星上目前探测到的最高的火山[见图 2-53(b)],其直径长达 400km,高度超过 9km。金星表面最常见的火山为盾状火山,它们一般坡度平坦,呈长长的放射状熔岩流(疑似玄武岩)状态,直径为 100～600km,高度从 0.3km 到 5km 不等。

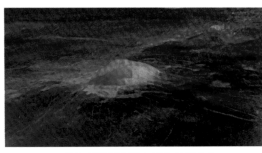
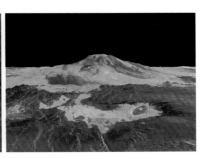

(a) 热红外探测显示金星上的活火山　　　　(b) 马阿特蒙斯火山

图 2-53　金星上的火山

金星表面还有 10 万多个直径大小为 5～50km 的小火山,其中有些火山的山顶具有火山口和放射状岩浆痕迹,与地球上的火山十分类似。同时,还有一些火山的外形近似饼状的平顶和盾隆的火山穹,高度一般小于 1km,据推测是由富含硅元素、黏性大的熔岩喷发而形成。另外,金星表面还有上千个直径小于 5km 的盾状和锥状火山,它们的熔岩流可供近 1/7 的平原火山沉积。金星没有板块构造,没有像地球一样的线性火山链,大部分金星火山喷发时只是流淌出熔岩流,没有剧烈爆发和喷射火山灰的迹象。

（3）撞击坑

陨石撞击坑作为一种重要的行星地质形态,在太阳系天体地表普遍存在。科学家过去一直认为由于金星浓厚的大气让流星等天体在到达金星表面之前会烧蚀并减速,所以金星上的撞击坑不会很多且直径不会很大。但是美国"麦哲伦号"探测器的雷达成像数据结果表明,金星历史上经历过频繁而强烈的星外天体的撞击。依据目前的探测数据,金星地表约有 900 个陨石撞击坑,直径大小从 3km 到 300km 不等,多数包含共生的偏心西向暗边缘,如艾瑞莉娅坑(32km)、珍妮坑(19.5km)和艾迪瓦坑(30km)等,如图 2-54 所示。

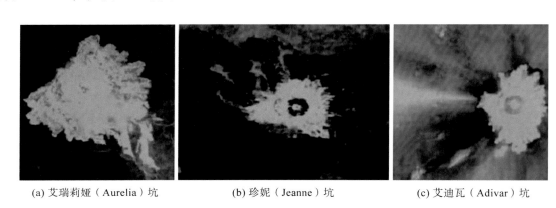

(a) 艾瑞莉娅（Aurelia）坑　　　(b) 珍妮（Jeanne）坑　　　(c) 艾迪瓦（Adivar）坑

图 2-54　金星表面的撞击坑

金星地表的陨击坑有两个有趣的特征:一是陨击坑分布具有随机性;二是大部分的陨击坑(约占 83%)被火山运动或构造活动改造过。由此表明,金星在地质上具有活跃性,近 10 亿年内完全更新了其地表,并且仍处于不断更新的过程中。

（4）其他典型地貌

金星的表面总体平坦,在高地之间有许多广阔的平原,大多数地区由较为年轻的玄武岩熔岩形成,最古老的特征仅有 8 亿年历史。金星表面的岩石中缺水,因此比地球上的更坚硬,从而形成了更陡峭的山脉、悬崖峭壁和其他地貌。早期形成的地貌大多经历了火山的冲刷,形成了一些具有特色的构造地形和地貌景观,如风成纹地貌、雅丹地貌、褶脊平原、断裂分布平原等,如图 2-55 所示。

除了上述在其他行星上也很常见的地貌,金星还有很多其他奇特的地形地貌特征,如镶嵌地块、大峡谷、各类脊带、褶皱脊系、断裂特征和多角形等,其中很多地形的成因还有待人们去探索和解释。

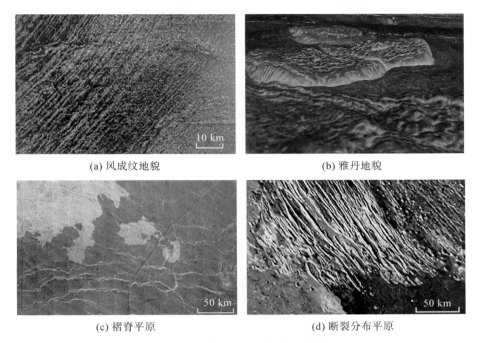

(a) 风成纹地貌　　　　　　　　(b) 雅丹地貌

(c) 褶脊平原　　　　　　　　　(d) 断裂分布平原

图 2-55　金星表面的典型地貌

3. 金星地质

(1) 地表物质成分

金星的化学组成和地球具有相似性。金星表面由大量岩石构成，其成分和地球上的玄武岩十分接近，只不过硅含量相对较低。科学家在对多次金星探测任务获取到的信息进行分析后得知，金星地表物质含量排在前三位的分别是二氧化硅（45%）、氧化铝（16%）和氧化镁（11%），具体的金星表面物质主要成分含量如表 2-12 所示。

表 2-12　金星地质成分

成分含量排序	成分	含量/%（各金星探器的探测数据）		
		"金星 13 号"	"金星 14 号"	"维加 2 号"
1	SiO_2	45.1±3.0	48.7±3.6	45.6±3.2
2	Al_2O_3	15.8±3.0	17.9±2.6	16.0±1.8
3	MgO	11.4±6.2	8.1±3.3	11.5±3.7
4	FeO	9.3±2.2	8.8±1.8	7.74±1.1
5	CaO	7.1±0.96	10.3±1.2	7.5±0.7
6	K_2O	4.0±0.63	0.2±0.07	0.1±0.08
7	TiO_2	1.59±0.45	1.25±0.41	0.2±10.1
8	S	0.65±0.4	0.35±0.31	1.9±0.6
9	MnO	0.2±0.1	0.16±0.08	0.14±0.12

除了常见的元素之外，金星表面还有放射性元素的存在，如铀、钍和钾。

（2）地质构造与内部结构

从金星探测器获取的数据表明,金星地壳厚度比地球要厚且十分坚硬。由此可以得知,金星地质构造和地球有所不同。金星表面由于没有像地球一样有大面积的海洋且地壳十分坚硬,因此可以推测:金星内部没有大面积板块构造及板块运动和消亡的过程。金星如今的表面地质结构是大量的火山喷发所塑造的。这也解释了金星地形总体上趋于平坦、没有线性火山链存在的原因。但是金星地壳中局部的挤压、拉伸还是存在的,这也是金星地表存在大量峡谷、具有数量众多随机分布火山的原因之一。

由于至今为止尚没有直接的探测数据来确切地证明金星的内部构造,科学家只能在金星和地球具有相似性这一前提下,对金星的内部构造进行合理的推测和建模。以地球的内部结构为基本原型,结合金星的平均密度、体积和地球相似等条件,科学家认为金星内部也大致分为壳、幔和核三部分(见图2-56)。金星的地壳主要由硅化合物构成,最初被认为是很薄的一层(100～200km),但是"麦哲伦号"探测器的重力探测结果证明金星的地壳比之前预估的更厚、更坚硬。金星的幔主要由硅、氧、铁、镁等元素组成,厚度较大,虽然是熔融状态,但是没有对流和软流圈,与之前金星没有大面积板块运动的推理相符合。金星的核略小于地核,半径约为3100km,组成物质主要是铁和镍。

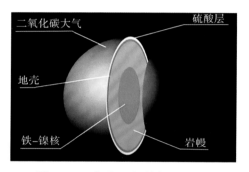

图 2-56　金星内部结构示意图

二、水星

水星是太阳系八大行星中最小的、距离太阳最近的行星,并且没有天然卫星。在中国古代,人们常在清晨地平线附近看到水星,故称之为"辰星"或"晨星"。西汉时期,司马迁在实际观测中发现这颗行星呈灰色,联系五行学说中黑色与水对应,从而正式把它命名为"水星"。在西方,人们观测到水星的公转速度非常快,远超太阳系的其他星球,故以罗马神话中的信使之神墨丘利(Mercury)为名。

2-12　水星

水星直径约为4879km,体积和质量都仅有地球的5%左右,约为6.083×10^{10} km³和3.302×10^{23} kg。它的公转周期(87.969天)恰好是自转周期(58.646天)的1.5倍,即水星绕太阳公转两周后也恰好完成了三周自转。水星的公转轨道为椭圆形,其轨道离心率(0.206)和轨道倾角(7.004°)均是太阳系八大行星中最大的。水星的自转轴倾角仅为约0.034°,是太阳系所有行星中最小的。水星在远日点的距离大约是在近日点的1.5倍。也正是由于轨道和周期的独特性,导致在水星上的特定时刻和位置观察太阳时,可以在一个水星日内看到两次日升日落,其中第一次日落是太阳升到半空中又逆行落下。水星的视星等平均为−1.9,其反射特征和月球类似,球面反照率约为0.068。水星的基本参数具体如表2-13所示。

表 2-13　水星的主要参数

轨道参数		物理特征	
近日点距离	4.600×10^7 km(0.307AU)	直径	4879km(0.38 倍于地球)
远日点距离	6.982×10^7 km(0.467AU)	表面积	7.48×10^7 km^2(0.18 倍于地球)
轨道半长轴	5.791×10^7 km(0.387AU)	体积	6.083×10^{10} km^3(0.054 倍于地球)
轨道离心率	0.206	质量	3.302×10^{23} kg(0.055 倍于地球)
轨道倾角	7.004°	平均密度	5.427g/cm^3(0.98 倍于地球)
公转周期	87.969 天	表面重力加速度	3.7m/s^2(0.38 倍于地球)
平近点角	174.796°	逃逸速度	4.25km/s
升交点经度	48.331°	表面温度	$-190 \sim 428$℃
自转周期	58.646 天	反照率	0.068(球面),0.106(几何)
转轴倾角	0.034°	视星等	$-2.48 \sim 7.25$
会合周期	115.88 日	角直径	$4.5'' \sim 13''$

由于水星轨道是在地球轨道的内侧,比金星更靠近太阳,因此从地球上观测水星的运动角度比金星更小,即使在最大时也只有约 28°。水星也和金星一样会出现凌日的现象(见图 2-57)。

(a) 水星外貌　　　　　　　　(b) 水星凌日

图 2-57　水星(图片来源:NASA)

1. 水星环境与大气

(1)磁场

水星和地球磁场相似,具有稳定的全球性磁场,但是其强度比地球磁场弱很多。水星磁场的磁轴与自转轴并不重合,其交角小于 10°,这意味着水星磁极与地理极点不在同一个位置上。在磁场的作用下,水星向阳面形成了一个弓形激波,在此位置上的磁场强度较大。水星磁层顶的规模较小,仅仅为地球磁层顶的 1/20。向阳面的磁顶层和弓形激波的位置分别约为 1.35 倍和 1.9 倍的水星半径,而背阳面在太阳风的作用下拖出长长的磁尾(见图 2-58)。水星周围接近磁套空间的磁场强度为 25nT,接近水星时增强为 100nT,表面磁场强度为 200~500nT,仅为地球磁场强度的 1‰,极区磁场分布与地球相似。

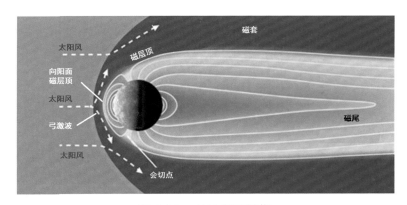

图 2-58　水星磁场结构

但是,由于水星没有粒子层和带电粒子俘获区,目前尚不能对水星磁场产生机制给出定论。发电机理论认为水星磁场产生的原因是:水星内核是一固态金属核,外核没有完全凝固而呈熔融液态状,并绕着内核流转产生电磁场。通过高分辨率雷达测量水星天平动强度,其结果显示,水星幔和固态内核之间具有明显的间断,从而证实了中间存在一层熔融液态的外核。

（2）表面温度

水星虽然是距离太阳最近的行星,但是它的表面温度却没有金星高,这主要是由于水星不像金星那样具有强烈的温室效应。水星的大气层极为稀薄,无法有效保存热量。水星是太阳系中表面昼夜温差最大的行星,在近日点的赤道地区,表面温度最高能达到 740K（467℃）;而到了夜晚,星体表面温度则会下降到只有 90K（-183℃）左右。由于水星几乎垂直于轨道平面自转,且轨道倾角为 7°,在南北两极许多较深的陨石撞击坑内终年照射不到阳光而成为永久阴影坑,温度常年维持在 102K（-171℃）以下。

20 世纪 90 年代早期的观测结果显示,水星南北极均有雷达亮区,天文学家推测是远低于水星平均温度的水冰对雷达信号造成了强烈的反射。2012 年,"信使号"探测器发现在水星北极永远晒不到太阳的阴暗坑洞内存在大量冻冰,重量约达 10^{12} 吨。目前还不清楚这些水冰的来源,它们可能是从水星内部排放出来的,也可能是由彗星撞击带来的,并和月球一样在南北两极的永久阴影坑内沉积下来。

（3）大气

水星的大气层极其稀薄,气压仅为地球大气压的 10^{-12}。这主要是由于水星体积小、温度高,它的引力不足以长期留住大气层。水星大气层中包含着氢、氦、氧、硫、钙、钾、钠等元素。其中氢和氦主要来源是太阳风,氧来自高能粒子与地表矿物的相互作用及水汽的分解,钠、钾和钙大部分来自水星地表物质,其含量昼夜变化比较显著,夜晚仅为白天的 1/5。水星的大气层本质上就是逃逸层,大气中的原子会不断失去,再由其他不同来源的元素补充。具体的大气组分如表 2-14 所示。

表 2-14　水星大气组成

组分	含量百分比	组分	含量百分比
K	31.7%	O_2	5.6%
Na	24.9%	N	5.2%
O	9.5%	CO_2	3.6%
Ar	7.0%	H_2O	3.4%
He	5.9%	H	3.2%

2.水星地形地貌

水星拥有山脊、高地、山脉、平原、悬崖和谷地等地形,南北两极区域的地势总体比较平坦,高地和山脉多出现在中低纬度区域,分布总体比较均衡(见图2-59)。水星地貌与月球非常相似,全球随机布满了大大小小的陨石撞击坑。

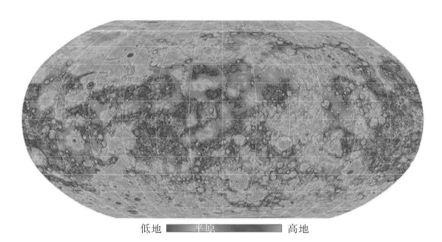

低地　　平原　　高地

图2-59　水星全球地形地貌

科学家推测,水星在46亿~38亿年前形成时,曾经经历过彗星和小行星短暂的轮番轰击;由于缺乏大气层来减缓撞击,整个水星表面都被陨石坑覆盖。水星在此期间具有火山的活动,部分撞击坑被来自星体内部的岩浆覆盖形成盆地,低洼地区形成如同在月球上发现的月海一样的平原。

(1)撞击坑和盆地

水星上的主要地形是环形撞击坑,大小从10km到300km不等,是陨石撞击后留下的地形构造。直径小于10km的小型撞击坑多呈碗形[见图2-60(a)],大型的撞击坑内壁多为阶梯状,边缘呈圆齿状,有中央峰或内环[见图2-60(b)],这些撞击坑的平均深度和直径的比值约为1/10。直径大于10km的往往会出现中央峰,其中有一些直径跨越数百千米的撞击坑则进一步会有多同心环的现象。水星的撞击坑与月球的相比喷发物的覆盖区域要小得多,这可能与水星质量较大、表面重力加速度较大有关(约为月球的2倍)。

(a) 碗形撞击坑　　　　　　　　(b) 有中央峰的复杂撞击坑

图2-60　碗形撞击坑和有中央峰的复杂撞击坑

人类在水星上共识别出了 22 个多环盆地，其中最壮观的就是卡洛里斯盆地（见图 2-61）。它是在 36 亿年以前一颗直径为 100km 左右的小行星撞击所形成的直径 1300km 的陨石坑。撞击过程中造成火山熔岩喷发，并留下了高度 2km 以上的同心环围绕着该盆地。经过推算，盆地下方的岩石圈厚度约为 100km，约为月球岩石圈厚度的 2 倍，并且沿辐射方向分布着大量的断裂和隆起，其中断裂是发育形成的地堑，而隆起则是由收缩形成的。

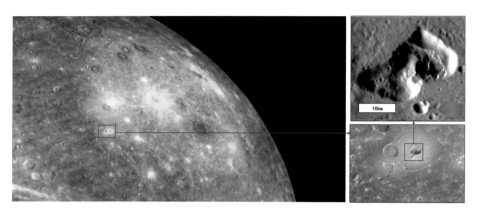

图 2-61　卡洛里斯（Caloris）盆地全貌与局部放大图

在卡洛里斯盆地的对趾点（球心对称点）区域有大片多丘陵和线性构造地形，它们是和卡洛里斯盆地同时形成的。常见的丘陵宽 5～10km，高 0.1～1.8km，扩张形成的断裂穿过已经存在的撞击坑和盆地，构成了水星地表复杂的地貌特征。

关于这种地形起源，其中一种假说认为，撞击出卡洛里斯盆地的激震波环绕着水星，最终汇聚在了盆地的对趾点，结果造成了高应力的裂缝表面；而另一种说法则认为，这类地形是撞击后产生的溅射物直接汇聚在卡洛里斯盆地对趾点的结果。

（2）平原地貌

水星有两种地质显著不同的平原，分别为坑际平原和熔岩平原（见图 2-62）。

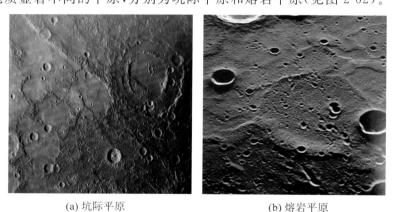

(a) 坑际平原　　　　　　　　　　(b) 熔岩平原

图 2-62　水星平原地貌

坑际平原大致均匀地分布在整个水星表面，是水星表面最广阔、最古老的平坦区域。据推测，位于坑穴之间且起伏平缓、多丘陵的坑际平原是 38 亿年前由大型撞击事件的溅射物所造成。强烈的撞击使得岩石破损变细，溅射到整个水星表面，掩埋了许多更早期的陨石坑，也使得目前人类探测器在水星表面看到的撞击坑要远少于月球。也有科学家认为有些坑际平原可能是与火山喷发有关，但应该是39亿年前的早期火山活动。因为在这些平坦区域中没有发现较近期的火山活动迹象或者与火山喷发相关的物质存在。水星上直径小于40km的撞击坑很少，其原因就是大量小型的撞击坑被掩埋在了坑际平原之下。

熔岩平原也称为平坦平原，是另一种在水星上常见的平坦地形，是由火山喷发的岩浆凝固后所形成。它们的存在往往和大型撞击盆地相关，比如最大的平坦平原就环绕在卡洛里斯盆地的周围。熔岩平原中布满了各种大大小小的凹陷，形状和月海非常相似。但是与月海不同的是，熔岩平原和埋藏着陨石坑的坑际平原有着相同的反照率。尽管缺乏明确的火山特征，但其中不规则形状的凹陷（平台、圆角和分裂的形状）却能够证明这些平原起源于火山。值得注意的是，通过比较卡洛里斯盆地内部撞击坑密度和周边平原上撞击坑的密度可知，水星上熔岩平原的形成都晚于卡洛里斯盆地。

美国"信使号"探测器在水星北极地区发现了水星上最大的火山平原开阔区之一，覆盖面积约400万 km²，深度几千米。它帮助确认了火山活动在水星历史的大多数时间里对于塑造其地壳起到了关键作用。

（3）其他地形构造特征

除了撞击坑和平原地貌外，水星地表还分布着一系列独特的叶状陡崖和其他线性构造。图2-63(a)中的一个陡崖穿过了撞击坑，图2-63(b)中是卡洛里斯盆地内的放射状线性构造辐射纹。科学家推测这些特征是由水星内部的冷却收缩使得表面变形所致，这些地貌形成的时间较陨石撞击时期要晚得多。类似这样的峭壁或皱褶在平原表面纵横交错，凹陷也在坑穴底部和平滑的高原顶部等其他地形中存在。科学家同时发现水星的表面也会被太阳扭曲，这是由于太阳对水星的潮汐力比月球或是地球的要强17倍。

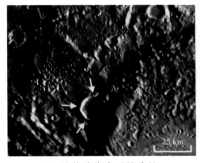 

(a) 叶状陡崖穿过撞击坑　　　　　(b) 卡洛里斯盆地内的放射状线性构造

图 2-63　水星表面的线性构造地形

3. 水星地质

（1）表面物质组成

迄今为止人类对水星的探测活动十分有限，获得的数据尚不全面，也没有采集到水星岩石样本，因此对水星表面物质组成的研究大多是结合遥感探测结果的合理推演。如果与地球、金星、火星、月球等岩质星体一样，水星上的坑际平原和熔岩平原也是由撞击溅射物和火山喷发熔岩堆积而成，那么水星地表的主要成分应当为玄武岩。月球高地（亮区）和月海（暗区）的反照率比值为2，而水星上的反照率比值为1.4，这种反照率的差异反映了水星和月球物质组成存在一定差异。

依据科学家目前估计,在熔岩平原的物质中氧化亚铁含量约为 6%,和其他区域的含量趋于一致,其上覆盖的火山岩可能是低铁的碱性玄武岩。由此便可以进一步推测水星幔(玄武岩发源地)也是由同样的低铁物质组成的,这也和含铁量较高的水星内核形成了鲜明的对比。除此之外,根据探测器拍摄到的水星表面的暗色光谱特征,可以证明对应区域中富含的暗色矿物可能为火山碎屑岩。水星地表硅酸盐岩中氧化亚铁的含量远低于月球,仅为 2%~3%。存在这种差异说明了水星和月球等星体的地表物质成分并不完全一致,水星上的玄武岩成分不同于月海玄武岩,是一种富含碱性元素的玄武岩。

(2)内部结构与演化

水星在太阳系八大行星中虽然体积最小,但是密度却仅次于地球排第二。据推测,水星主要是由 70% 的金属和 30% 的硅酸盐材料组成。水星的内部结构大致可以分为三部分(见图 2-64):距离星体表面 100~300km 为水星壳,300~900km 为水星幔,壳与幔均以硅酸盐成分为主。水星核富含铁,半径约为 1800km,占水星体积 42%,是八大行星中核的比例最大的。越来越多的证据表明,水星核包括中心的固态内核和一个熔融状态的外核。

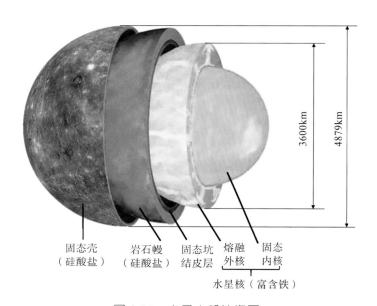

固态壳　　岩石幔　　固态坑　熔融　固态
(硅酸盐)　(硅酸盐)　结皮层　外核　内核
　　　　　　　　　　　　水星核(富含铁)

图 2-64　水星内部结构图

据推测,在太阳系早期,水星可能遭到过一颗直径数百千米、质量高达其 1/6 的小行星撞击。这次撞击剥离了原始水星大部分的地壳和地幔,留下的水星核就成为组成中较大的部分。约 45 亿年前,水星经历了冷却、收缩、挤压的过程,逐渐形成了各种地形地貌。38 亿~39 亿年前,灾难性撞击事件接连发生,在水星地表形成了大量的陨石撞击坑,破坏了水星原本的古老地貌。约 30 亿年前,内核开始形成。

火山活动一直以来都被认为是塑造水星地表的重要因素和水星不断收缩的真正原因。科学家从水星探测器传回的不同角度的地表图像中,证明了水星曾经发生过很多火山活动。据推测早在 40 亿年前,水星就发生过一场大型的火山喷发,在水星地表留下了大量的痕迹,数量远超月球。火山喷发的熔岩流还填平了一些撞击坑,重塑了水星地貌。最直接的证据是美国"信使号"探测器拍摄到了卡洛里斯盆地里有一处直径长达 95km 的大型盾状火山。

§2-7　巨行星

巨行星是指体积和质量很大的行星。它们通常是由低沸点的气体和液体物质构成，而非由岩石或其他固体物质组成。目前科学家发现许多恒星系中都有巨行星环绕运行，太阳系有 4 颗巨行星：木星、土星、天王星与海王星。

太阳系中的巨行星有时也被称为"类木行星"，代指太阳系中木星外侧的巨行星。也有科学家认为"类木行星"只适用于木星和土星，因为木星和土星的主要成分都是氢气和氦气，而天王星和海王星虽然主要成分也是氢、氦，但与木星和土星不相同的是主要以冰的形态存在，因此天王星和海王星常常被称为"冰巨星"。

巨行星没有固体的表面，构成星体的气体只是随着与行星中心距离的增大而越来越稀薄，最终变得与星际物质难以区分。通常以 1 个大气压（$1bar = 1.013 \times 10^5 Pa$）的位置来定义巨行星的"表面"和体积大小。

一、木星

2-13　木星

木星是距离太阳第五近的行星，也是太阳系中体积和质量最大的行星，其质量是太阳的 1‰。从地球上观察木星的视星等最大可以达到 −2.94，木星是夜空中第三亮的天体，仅次于月球和金星。中国古代人们发现木星绕地球一周的时间与地支数量相符，约为 12 年，故称木星为岁星，还发明了岁星纪年法。西汉时期，《史记》作者司马迁观测发现岁星呈青色，依据五行学说，把它正式命名为木星。古罗马人以众神之王朱庇特（Jupiter）命名这颗行星。

木星是一颗巨大的气液态行星，主要成分是氢气和氦气，没有固体表面。木星的自转速度是太阳系行星中最快的，赤道上的线速度达到 12.58km/s。这导致了木星两极地区的自转周期比赤道地区的自转周期稍慢一些，也使得极半径比赤道半径约小 4600km。木星的详细参数如表 2-15 所示。

表 2-15　木星的主要参数

轨道参数			
远日点	8.165×10^8 km（5.458AU）	会合周期	398.88 日
近日点	7.406×10^8 km（4.950AU）	平均轨道速度	13.07km/s
半长轴	7.779×10^8 km（5.204AU）	平近点角	18.818°
离心率	0.049	轨道倾角	1.305°（对黄道），6.09°（对太阳赤道）
轨道周期	4332.59 地球日（11.86 年），10475.8 木星日	升交点经度	100.492°
已知天然卫星数量	95 颗		
物理参数			
赤道半径	7.149×10^4 km（11.209 倍于地球）	逃逸速度	59.5km/s
极半径	6.685×10^4 km（10.517 倍于地球）	自转周期	9 小时 55 分 30 秒
表面积	6.142×10^{10} km²（122 倍于地球）	赤道自转速度	4.530×10^4 km/h
平均半径	6.991×10^4 km（10.973 倍于地球）		

续表

物理参数			
体积	$1.431 \times 10^{15} \, \text{km}^3$ (1316倍于地球)	转轴倾角	$3.13°$
质量	$1.898 \times 10^{27} \, \text{kg}$ (317.8倍于地球)	反照率	0.343(球面),0.52(几何)
平均密度	$1.326 \, \text{g/cm}^3$	视星等	$-1.6 \sim -2.94$
表面重力加速度	$24.79 \, \text{m/s}^2$ (2.528倍于地球)	角直径	$29.8'' \sim 50.1''$

木星外面的大气层依纬度形成五彩斑斓的不同区与带,在彼此的交界处存在湍流和风暴,如图2-65所示。17世纪,科学家第一次通过望远镜观察到了木星上的大红斑,这个比地球还大的反气旋风暴至今仍在旋转。木星具有强大的磁场,还有微弱的行星环。1610年,意大利天文学家伽利略用自制的望远镜发现了4颗木星的卫星(后被称为伽利略卫星),其中木卫三是最大的一颗,直径甚至超过了水星。据2023年2月3日的最新报道,天文学家在木星周围又发现了12颗新卫星,使木星卫星总数达到了95颗。

图2-65　木星及其四颗伽利略卫星

木星的质量是太阳系中所有其他行星总和的2.5倍,以至于它是太阳系中唯一与太阳的综合质心位于太阳外的行星,该质心距离太阳中心约1.068太阳半径。天文观测表明,木星正在向宇宙空间释放巨大能量,所放出的能量是木星所获得太阳辐射能量的2倍。这说明木星释放能量的一半来自它的内部热源,这个热源可能是木星形成时由引力势能转变而来,并通过木星内部液态氢的大规模对流传递到表面。木星不断地向外释放能量,造成星体以每年2cm的速度缩小。据科学家估计:木星刚形成时的直径大约是现在的2倍。

1.木星物质组成与结构

(1)大气与物质组成

木星有着太阳系内最厚的行星大气层,跨越的高度超过5000km。木星大气在垂直方向从里到外依次可分为对流层、平流层、增温层(或称热成层)和外逸层。

木星大气压为$1.013 \times 10^5 \, \text{Pa}$(1bar)处被定义为木星"表面",此处高度为0km。对流层的高度范围是从－90km 到＋50km,气压从 10bar 减小到 0.1bar,跨越了人为定义的木星"表面"。木星对流层中充满了密集而活跃的云系,各种色彩的云层像波浪一样激烈翻腾。对流层的垂直温度变化与地球大气层相似,温度随着高度升高而降低。对流层底部的温度约为 340K(67℃),顶部(与平流层的交界处)的温度则降到了最低的 110K(－163℃)。

平流层在对流层之外,其底部与平流层顶部交界。平流层顶部在约 320km 高度上,气压为 1×10^{-6}bar,温度为 200K(－73℃),高于和对流层交界处的温度。平流层之上是增温层(或称热成层)。热成层的底部能展现气辉现象、极区的极光和 X 射线的辐射,它的内部还有数层电子和离子数量增高的电离层。热成层的温度升高,顶部约在 1000km 的高度上,气压为 1×10^{-9}bar。如同地球一样,木星大气层的最高处是外逸层。外逸层的顶端没有明确的界限,密度梯度逐渐降低,直到平稳地转入星际物质之中,这大约是在木星"表面"上 5000km 的高度。

按体积占比来计算,木星大气层中 88%～92% 是氢、8%～12% 是氦,如表 2-16 所示。从质量占比来看,大约 75% 的质量是氢,24% 的质量是氦,剩余的 1% 是其他元素。木星大气中还含有微量的甲烷、水蒸气、氨和硅基化合物,也有微量的碳、乙烷、硫化氢、氖、氧、磷化氢和硫,最外层的大气还含有结晶的氨。通过红外和紫外波段的探测,还监测到了微量的苯和其他烃类。

表 2-16　木星大气参数

表面气压	20～200kPa			
主要大气成分含量(按体积占比计算)	氢(H$_2$)＝89.8%±2.0%		重氢(HD)≈0.003%	
	氦(He)＝10.2%±2.0%		乙烷(C$_2$H$_6$)≈0.0006%	
	甲烷(CH$_4$)≈0.3%		水(H$_2$O)≈0.0004%	
	氨(NH$_3$)≈0.026%			

木星大气中氢和氦的比例接近理论上的原始太阳星云。但氖在大气层上层仅占百万分之二十,大约是太阳中丰度的 10%,氦的含量也只有太阳的 80% 左右,原因是这些元素沉降到了行星内部。据科学家推测,木星内部大约含有 71% 的氢、24% 的氦和 5% 其他元素。

(2)内部结构

从木星"表面"向内随着深度的增加,内部的温度和压力逐渐增大。对木星内部结构的研究还在不断深化之中,目前天文学家普遍认为,木星内部也是层状结构(见图 2-66),最外层是气态氢层。在木星"表面"下 10000km 深度处,在内部高压作用下的氢更可能以液态形式存在(液态氢层)。随着深度的继续增加,氦和氖会像雨滴一样通过低层气体向下沉淀,形成氦-氖雨层。再接下去是厚厚的液态金属氢层,是木星大部分物质的集结地,主要是以液态金属氢(由离子化的质子与电子组成)的形式存在。该区域具有 40 亿 Pa 压强,厚度达到木星半径的 50%。依据现有的理论模型,木星的中心应该有一个石质与铁质的内核,主要元素是铁和硅,半径约为木星半径的 30%。但是这个结论尚未完全得到观测数据的直接证实。

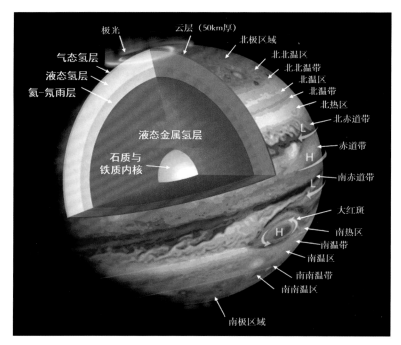

图 2-66　木星内部结构和外部云带(区)分布

2. 木星环境

(1)云层

由于木星的自转速度非常快,东西向的表面风速可达 130～150m/s,而南北向的风速却很小。处于对流层中的云形成了与赤道平行的彩色条带,并在不同纬度形成不同的区带。这些区带分为亮色调的区和深色调的带,彼此互不相容。亮区是向上运动的区域,暗带则是较低和较暗的云。如图 2-66 所示,木星全球可分为赤道带、南/北赤道带、南/北热区、南/北温带、南/北温区、南南/北北温带、南南/北北温区、南/北极区。环流间的交互作用导致了风暴和湍流,风速达到 100m/s 的纬向急流是很常见的。各区带的宽度、颜色和强度每年都不一致,但依然能被清晰地识别和区分。

木星云层大约有 50km 深,并且至少有两层:上层较薄且清晰,下层较厚。在氨云层的下面有薄薄的一层水云,能够驱使热量从内部不断上升,形成雷暴。木星云层的橙色和棕色是由于内部涌升的化合物暴露在紫外线下引起了颜色的改变。木星表面云层呈现多彩的颜色可能是由大气中化学成分的微妙差异及其作用造成的,虽然尚不完全清楚这些化合物的具体成分,但可能含有磷、硫或烃类。

木星 3.13° 的自转轴倾角意味着两极能接收到的太阳辐射远远少于赤道地区。而木星内部的对流输送了大量的能量到极区,使云层的温度能够保持全球平衡。由于木星有较强的内部能源,致使其赤道与两极温差不大(不超过 3℃)。

(2)气旋

木星最著名的特征是大红斑气旋(见图 2-67)。这是一个直径可以容得下 2～3 颗地球的反气旋风暴,位于木星赤道南侧约 22° 的位置,至少已经存在了 300 多年。据科学家推测,大红斑可能就是木星内部温度最高的部分呈柱状旋涡不断朝外喷射的地方,喷出的物质与大气中的甲烷、氨等物质产生化合作用,形成了橘红色的物质团。大红斑沿逆时针方向自转,周期大约是 6 天。自有观测记录以来,大红斑的尺寸已经显著减小:19世纪30年代的初步观测显示,大红斑的直径约为41000km;1979年测得约为23300km×13000km;1995年观测到的直径为20950km;2009年的观测结果显示,直径已经减小至17910km。2015年大红斑的大小已经缩减至16500km×10940km,其长度每年持续减少约930km。一些数学模型表明,大红斑还将继续稳定存在相当长的时间。2021年10月,"朱诺号"木星探测器测量到大红斑的深度为300~500km。

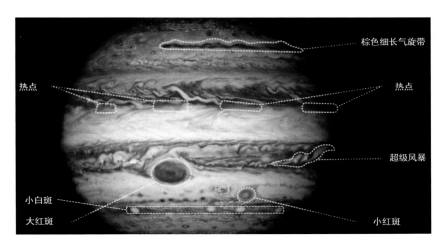

图 2-67　木星上的气旋

风暴通常都发生在巨行星大气层的湍流内,例如木星南赤道带上的超级风暴(见图2-67)。木星也有白色和棕色的鹅蛋形风暴,通常被称为小白斑和小红斑。白色风暴倾向于位于温度较低的上层大气,棕色风暴则位于温度稍高的普通云层。天文学家于2000年通过哈勃望远镜发现在大红斑以南生成了一串小白斑,2006年初观测发现它们在变大,而且颜色也在变红。在木星自转过程中,大红斑和小白斑每两年擦身而过一次,预计这些斑块未来将会合并。科学家通过对木星的红外、可见光、紫外图像的比对处理,在北赤道带发现了一系列热点,还在北温带发现了一条棕色细长的气旋带,被称为"棕色驳船"。

（3）磁场

木星是太阳系中除太阳黑子以外最强的磁场源,其磁场强度范围从赤道的0.32~0.42mT到两极的1.0~1.4mT,约是地球磁场强度的14倍。木星的磁矩达到$1.6×10^{10}$ T·m³,是地球磁矩的1.8万~2万倍。木星的磁轴与自转轴的夹角约为9.6°,木星巨大的磁场应该是由木星内部结构中的快速涡旋运动的液态金属氢所产生。

与地球、水星和土星相似,太阳风与木星磁场作用形成了木星磁层(见图2-68),木星磁层范围覆盖了距离木星140万~700万km之间的巨大空间,在背向太阳的方向上几乎到达土星的轨道。而地球的磁层只在距地心5万~7万km的范围。木星磁层动力学过程与地球磁层存在显著的区别。地球磁层活动的大部分能量来自太阳风,而木星磁层活动的主要能量来自木星系统本身。木星的五个大卫星(木卫一至木卫五)都被木星的磁层所覆盖,使之免遭太阳风的袭击。

木卫一上的火山释放出大量的二氧化硫,形成了沿着卫星轨道的气体环。这些气体在磁层内被电离,生成硫和氧的离子,与源自木星大气层的氢离子共同在木星的赤道平面形成等离子片。这些等离子片内的电流会在0.3~40MHz的频率范围内产生强大的无线电信号,使木星成为一个稳态的射电辐射源,在地球上使用商用短波无线电接收器就可以检测到。木星的两极也有极光现象(见

图 2-69），可能是由木卫一火山喷发物质沿木星磁力线进入木星大气所造成。

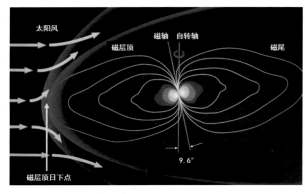

图 2-68　木星磁场

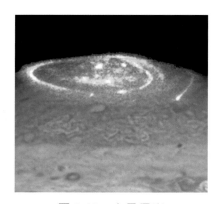

图 2-69　木星极光

3. 木星的卫星与木星环

在木星 95 颗卫星中，伽利略卫星（木卫一、木卫二、木卫三、木卫四）是最早被发现的大卫星，它们的自转周期均被木星强大的引力潮汐锁定而与其公转周期相等。木星也与土星一样具有行星环系统。木星环由大量尘埃和碎石组成，只是比土星环要暗淡得多。

（1）木卫一

木卫一艾奥（Io）是最靠近木星的卫星，也是木星的第三大卫星，直径比月球稍大，其公转轨道距离木星 422000km。木卫一的组成与类地行星类似，有一个半径至少为 900km 的铁质内核，地表主要由炽热的硅酸盐岩石构成。

木卫一表面有非常多的活火山，是太阳系火山最集中的地方。正在喷发中的大型火山将气体和固体物质喷到 300km 以上的高度，火山喷发的强度比地球上大得多。有的火山活动区直径可达 200km。木卫一的地形多种多样，有连绵的山脉、数千米深的火山口、炽热的硫湖，还有流淌着数百千米长的黏稠液体（硫的某种形式）。木卫一表面颜色也是丰富多彩，主要是富含硫磺及其相关化合物所致。

木卫一具有稀薄的大气，主要由火山喷发出来的二氧化硫与其他气体组成，基本上没有可供呼吸的空气，也几乎没有水。木卫一还有一个红色的极冠，附近有氢云和钠云，射电天文学家还观测到木星的射电强度同木卫一在轨道上的位置有密切联系。

（2）木卫二

木卫二欧罗巴（Europa）是木星第四大卫星，比月球略小一点，离木星第二近，距离木星 670900km。木卫二的组成也与类地行星相似，主要由硅酸盐岩石组成，内部具有分层结构，并可能有一个小型金属内核，是太阳系中最明亮的一颗卫星。

木卫二是太阳系中一颗与众不同的卫星。它之所以显得如此明亮是由于它表面有一层厚厚的冰壳，这层冰壳上布满了陨石撞击坑和纵横交错的条纹。在冰壳下面很可能隐藏了一个太阳系中除地球之外最大的液态水海洋。科学家推测冰壳厚度在 10～30km 之间，冰下的海洋可能深达 100km。在木星和木星其他卫星的引力牵引下，在木卫二上出现了潮汐摩擦力，使冰下的海水升温，从而使冰和液态水从木卫二表面喷发，形成非常壮观的场面（见图 2-70）。木卫二的内部很可能是非常活跃的，海底环境与地球海洋底部的"热液出口"具有极大的相似性。因此极有可能如同地球海底存在着许多生命形态一样，木卫二海底的"热液出口"处也可能存在着生命。

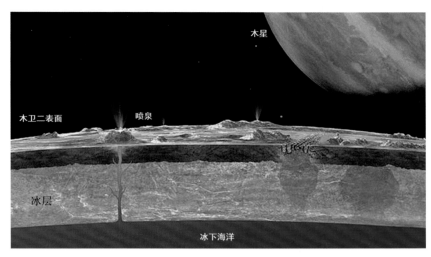

图 2-70　木卫二地表结构图

　　木卫二拥有微弱磁场,表面包裹着一层主要由氧构成的极其稀薄的大气(约 $1\times10^{-6}\,\mathrm{Pa}$)。木卫二南半球的两个不同区域有着过多的氢和氧,很可能是由于带电粒子的撞击和阳光中紫外线的照射,使表面冰层或是喷泉中的部分水分子分解成了氧和氢,氢因原子量小而很快逃逸,原子量相对较大的氧则被保留下来。

（3）木卫三

　　木卫三盖尼米德（Ganymede）是太阳系中最大的卫星,其直径大于水星,质量约为水星的一半,距离木星 1070000km,是太阳系中已知的唯一拥有全球性磁场的卫星。木卫三有三个层结构:一个小型的铁或铁硫化物内核,外面是硅酸盐岩石地幔,最外部是冰质外壳。木卫三的平均密度为 $1.936\mathrm{g/cm^3}$,表明它是由近乎等量的岩石和水所构成,水主要以水冰形式存在,质量占卫星总质量的 $46\%\sim50\%$。

　　木卫三的表面很粗糙,主要有两种地形。一种是非常古老的陨坑遍布的黑暗区,另一种是相对年轻的有着大片凹槽和山脊的较明亮地区。这两种地形上都有延伸的环形山,其中古老的环形山有时被凹槽所切断。陨石坑都较为平坦,缺少环状的山脉相围,中央洼地则通常与月球和水星上的相同。这可能是木卫三的冰质外壳较脆弱,使地质流动而缺少起伏的缘故。

　　木卫三存在以氧为主要成分的稀薄大气,大气压约为 $1\times10^{-6}\,\mathrm{Pa}$。但这种微量级的氧气浓度不足以维持生命存在,其来源可能是表面的水冰在辐射作用下分解为氢气和氧气的缘故。木卫三有一个独立于木星磁场之外的固有磁矩,比水星的磁矩大 3 倍。木卫三磁场和木星磁场的相互影响与太阳风和地球磁场的相互作用在很多方面十分类似。

　　2015 年,科学家通过哈勃太空望远镜观测到木卫三磁场产生的极光现象,并测量出木卫三冰层下方存在具有一定盐度的咸水海洋。

（4）木卫四

　　木卫四卡里斯托（Callisto）是木星的第二大卫星,体积比水星稍小一些,但质量是其 1/3,距木星 1883000km。木卫四平均密度约为 $1.83\mathrm{g/cm^3}$,由约 40% 的冰与 60% 的岩石或铁组成。

　　天文学家通过光谱测定得知,木卫四表面物质包括冰、二氧化碳、硅酸盐和各种有机物。内部可能存在一个较小的硅酸盐内核,同时在其表面下 100km 处可能存在一个液态水构成的地下海洋。

木卫三可能存在生物活动的概率要小于木卫二。

木卫四表面十分古老,到处都是环形山,就像月球和火星上的高原地形。木卫四是太阳系中所观察到的天体中最古老、环形山最多的地表;在漫长的 40 亿年中,除偶然的撞击之外只有很小的变动。

一些较大的环形山周围围绕着一串同心环,经过岁月的沧桑,水冰的缓慢运动,已使其表面平滑了不少。其中最大的一个被称作 Valhalla 的多环盆地,直径达 4000km,是被小天体猛烈撞击后产生的典型地貌。木卫四拥有一层非常稀薄的大气,主要由二氧化碳构成。

(5)木星环

木星有一个黯淡的行星环系统,由三个部分组成(见图 2-71)。最里面的内晕层由厚厚的粒子形成环面,被称为"光环";中间是一个相对光亮的而且特别薄的"主环";外部是既厚又暗淡、隐约可见的"薄纱环"。木星环可能来源于木星卫星的喷发物或是被陨石撞击的溅射物。这些物质正常应该落回卫星,但是由于受到木星强大引力的影响而改变方向,进入了环绕木星的轨道。

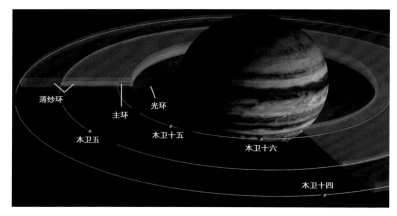

图 2-71　木星环系统

光环最靠近木星,也是最厚的环,其内部边界十分清晰地位于 1.4 倍土星半径处,宽度约为 30000km。光环越靠近木星的位置厚度越大。光环在可见光及近红外线下呈现灰色或蓝色。主环狭窄且薄,其内部边界位于 1.72 倍木星半径、外部边界位于 1.81 倍木星半径处,并与木卫十五(木星最细小的内部卫星)轨道吻合,宽度为 6500km,是木星环系统最光亮的部分。组成木星主环的尘埃反照率在可见光长波段较高,呈现出红色特征。主环的光度越接近木星越亮,并在环半径为 128000km 处达到最高光度。薄纱环是木星环中最暗淡的部分,有一个矩形横切面的结构,由 1.80 倍木星半径伸延至位于 3.11 倍木星半径的木卫十四轨道。薄纱环的厚度越接近木星就越薄,其光度在越接近木星时越亮。

二、土星

2-14　土星

土星在太阳系八大行星中距太阳第六远,体积则仅次于木星,并与木星同属气态巨行星。中国古代人们肉眼观测到黄色的星体颜色,并根据五行学说将此行星命名为土星,亦称之为镇星。土星的英文名称来自罗马神话中的农业之神萨图恩(Saturn)。

土星主要由氢和氦组成,没有明确的表面,具有密度低、转速高的特点,外形呈椭球状,赤道处相对凸出,赤道直径与两极直径相差接近 10%,是太阳系巨行星中凸出程度最大的。土星的质量是地球的 318 倍,内部的核心由岩石和冰组成,外围由数层金属氢和气体包覆着。土星是太阳系中唯一密度低于水的行星,虽然其固态岩石核心密度较高,但外围的液态层和大气层均非常厚。土星最外层大气看上去通常是比较平静的,不像木星大气中的云层五彩斑斓,但风速明显高于木星,最高可达 1800km/h。土星的基本参数如表 2-17 所示。

表 2-17　土星的主要参数

轨道参数			
远日点	15.145×10^8 km(10.124AU)	平均轨道速度	9.69km/s
近日点	13.526×10^8 km(9.041AU)	平近点角	317.020°
半长轴	14.335×10^8 km(9.583AU)	轨道倾角	2.485°(对黄道),5.51°(对太阳赤道)
离心率	0.057	升交点经度	113.642°
轨道周期	10759.22 地球日(29.457 年)	已知天然卫星数量	145 颗
会合周期	378.09 日		
物理参数			
平均半径	5.823×10^4 km(9.140 倍于地球)	逃逸速度	35.5km/s
赤道半径	6.027×10^4 km(9.449 倍于地球)	自转周期	10 小时 33 分 38 秒
极半径	5.436×10^4 km(8.552 倍于地球)	赤道自转速度	3.55×10^4 km/h
表面积	4.27×10^{10} km²(83.703 倍于地球)	转轴倾角	26.73°
体积	8.271×10^{14} km³(763.59 倍于地球)	反照率	0.342(球面),0.499(几何)
质量	5.685×10^{26} kg(95.152 倍于地球)	视星等	−0.4~1.3
平均密度	0.687g/cm³	角直径	14.5″~20.1″
表面重力加速度	10.44m/s²(1.065 倍于地球)		

土星到太阳的平均距离为 9.58AU,轨道上运行的平均速度是 9.69km/s,绕太阳公转一周相当于 29.457 地球年。土星自转周期为 10 小时 33 分 38 秒,大约是地球的半天时长。土星最显著的特征是有一个美丽的行星环系统(见图 2-72),主要成分是冰微粒和少量岩石残骸及尘土。土星是太阳系中卫星最多的行星,2023 年最新确认的土星卫星数量达 145 颗。其中,土卫六是土星最大的卫星,直径仅次于木卫三,也是太阳系仅有的拥有明显大气层的卫星;土卫二也是迄今为止太阳系中除地球外最有可能孕育生命的天体之一。

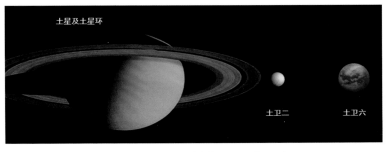

图 2-72　土星及其土卫二、土卫六

土星有一个形状基本对称的简单内禀磁场,在赤道的强度为 0.2 高斯(20μT),大约是木星磁场的 1/20,比地球磁场微弱一点。土星磁层产生的原因很有可能是与木星相似,即是由金属氢层中的电流引起的。土星磁层也会受到来自太阳风内的带电微粒的影响而产生偏转。土星在公转一次中会出现两次双极光现象,北极和南极的极光之间存在细微的差别——北极光的明亮椭圆形状区域比南极光区域略小且光线更强烈一些。这说明土星北极磁场比南极更强一些,当太阳风离子穿过北极大气层时,会加速形成能量更高一些的粒子流。

1. 土星结构

尽管土星的主要成分是氢与氦,但其质量中的大部分物质并不是处于气态。当密度大于 0.01 g/cm³ 时,氢气会变成非理想液体,而占据绝大部分土星质量(99.99%)的球体内部就达到了这个密度,并且在越接近土星核心的地方,温度、压力与密度越高,这会使深层的氢与氦转变成金属氢与氦。

科学家依据标准的行星模型推测土星的内部结构应该与木星相似,如图 2-73 所示。土星具有一个密度很高的岩石核心,估计质量是地球质量的 9~22 倍。在核心外侧首先是一层液体金属氢和

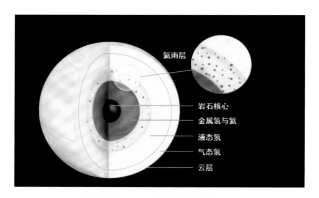

图 2-73 土星内部结构

氦,然后是氦雨层和液态氢,再往外随着压力的减小氢逐渐变成了气态,在最外层是厚达 1000km 的大气层(云层)。

土星内部的温度很高,其核心温度高达 11700℃,向太空辐射的能量是从太阳接收到的能量的 2.5 倍。土星发出的部分热能是由开尔文-亥姆霍兹机制所产生,即在土星表面冷却过程中造成的降压导致了星体整体收缩,加热了土星的内核。由于土星质量较小,开尔文-亥姆霍兹机制可能不足以解释土星产生的全部热能。另一种解释是土星内部深处的氦雨会穿过较低密度的金属氢,向更下层沉降,并通过摩擦释放热量。这些外层氦雨持续通过该过程聚集到核心外侧的金属氢与氦层中。

2. 土星大气

按体积占比计算,土星外层大气中含有 96.3% 的氢和 3.25% 的氦(见表 2-18)。土星大气中氦的含量与太阳相比非常低。如果假设土星大气成分比例与太阳系形成时的原始丰度相似,那么土星上比氦重的元素总质量估计是地球质量的 19~31 倍,且其中很大一部分估计是位于土星的核心区域。在土星大气中还能检测到少量的氨、乙炔、乙烷、丙烷、磷化氢和甲烷。

表 2-18 土星大气参数

表面气压	20~200kPa	
主要大气成分含量(按体积占比计算)	氢(H$_2$)≈96.3%	氨(NH$_3$)≈0.01%
	氦(He)≈3.25%	重氢(HD)≈0.01%
	甲烷(CH$_4$)≈0.4%	乙烷(C$_2$H$_6$)≈0.0007%

土星大气中的上层云由氨冰组成,温度为 100~160K(−173~−113℃),压力为 0.5~2bar。中层云为水冰云,从压力约为 2.5bar 开始,向下延伸至 9.5bar,温度为 185~270K(−88~−3℃)。在

这层云中还包含着一条硫化氢铵冰带,压力范围为 3～6bar,温度为 190～235K(-83～-38℃)。下层云的压力为 10～20bar,温度为 270～330K(-3～57℃),包含了一个氨水溶液液滴的区域。

土星大气看上去比较平静,偶尔会出现一些持续性的风暴特征(白斑),但实际上风速很快,可达 450m/s。1990 年观测到的大白斑(见图 2-74)是土星上超大风暴的一个例子,这是在每个土星年中,北半球夏至时发生的独特现象。之前在 1876 年、1903 年、1933 年和 1960 年分别有过对大白斑的观测记录,并且以 1933 年的大白斑最为著名。2012 年 7 月拍摄到的大白斑持续了约 200 天。

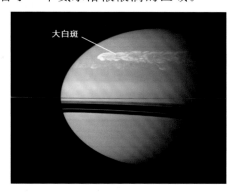

图 2-74　土星大气中的大白斑

围绕土星北极有一个持续了几百年的六边形旋涡,其每个边长约是 13800km,覆盖到北纬 78°附近,旋转周期与土星自转周期接近,旋涡风暴中心约 2000km,呈暗红色[见图 2-75(a)]。这个现象的起源及发展规律仍在猜测之中,多数天文学家认为这是大型自旋风暴在大气层中形成了某种形式的驻波。

来自美国"卡西尼号"探测器的图像显示,土星的北半球呈现出与天王星相似的明亮蓝色,可能是由瑞利散射所引起。但因为土星北半球被土星环遮蔽,所以从地球上无法看见这种蓝色。通过对红外图像的分析,天文学家发现极地旋涡是土星上温度最高的点,可达到-122℃,而土星上其他各处的温度仅为-185℃。这种特征在太阳系内是独一无二的。

2006 年 11 月,"卡西尼号"探测器在环绕土星的轨道上观测到一个位于土星南极上空 32km 处的风暴,其直径相当于地球的 2/3。该风暴形成的旋涡不像北极那样具有六边形的驻波形态,却像是一个神秘的眼睛结构[见图 2-75(b)]。风暴眼固定在土星的南极,暴风云中的风速高达 1800km/h。

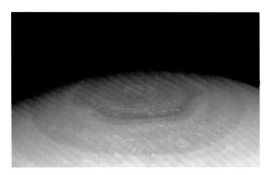

(a) 北极的六边形风暴　　　　　　　　(b) 南极的红眼风暴

图 2-75　土星南北极的风暴旋涡

3. 土星环与卫星

(1)土星环

土星是太阳系天体中最早被发现具有行星环的行星。1610 年 7 月,伽利略第一个用望远镜观察到了土星环。当时他并没有意识到这是一个环,而是将其描述为土星的附属物。1655 年,惠更斯观测到了完整的土星环,他发现土星环与土星并不接触,而是环绕关系。1675 年,卡西尼发现了土星环具有缝(后被称为卡西尼缝),并猜测土星环是由许多小环组成的。1859 年,麦克斯韦从理论上证明了土星环无法作为一个完整的固体稳定存在,而应该是由众多独立运行在围绕土星的轨道上、大小不一的颗粒物质所组成。

土星环在土星赤道平面上,最近距离土星中心 $6.69×10^4$ km,最远 $4.83×10^5$ km,平均厚度大约只有 20m,主要成分中 93% 是水冰、7% 是碳,还有一些尘埃和其他的化学物质。土星环由多个同心环组成,距离土星从近到远分别为 D、C、B、A、F、G 和 E 环,A 环是最早发现的外层亮环,厚度估计为 10~30m,A 到 G 的字母顺序是按照发现先后而命名的。B 环在所有环中最大且最亮,垂直厚度为 5~15m。A 环与 B 环之间是卡西尼缝,A 环在从外缘算起环宽度的 22% 处被恩克缝中断。卡西尼缝和恩克缝是土星环中最大的空隙(见图 2-76)。

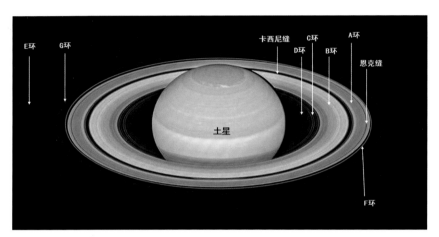

图 2-76 土星环结构

关于土星环的起源有两种主要的理论解释。一种是基于 19 世纪提出的洛希极限理论,该理论认为土星环起源于土星的一颗卫星,因为轨道的衰减而落入洛希极限的范围内,因自身结合不够紧密而被潮汐引力扯碎而致。这种理论又演变出该卫星是被小行星或彗星撞击而瓦解的解释。第二种理论认为土星环并非来自卫星,而是从形成土星的原始星云中直接形成。美国"旅行者 1 号"和"旅行者 2 号"探测器均发现土星环实际上是由数以万计稀薄的小环和空隙构成的复杂结构体。这些结构可能是由土星卫星的引力拉扯造成的,而其他更多的成因还有待人类继续去探索和发现。

(2)土星卫星

土星是太阳系中目前发现卫星数量最多的行星。在已被命名的卫星中,11 颗直径在 300km 以下,6 颗直径在 400~1500km 之间。

土卫六(泰坦,Titan)是土星最大的卫星,也是太阳系中仅次于木卫三的第二大卫星,直径达 5150km,距离土星 $1.22×10^6$ km。土卫六的质量与木卫三、木卫四、海卫一、冥王星大体类似。土卫六与月球类似,也被土星强大的引力潮汐锁定,其自转周期与公转周期相同。土卫六的组成物质中一半是水冰、一半是固体,表面温度为 −179.15℃。地表是由多个不同结晶状的冰层组成,厚度约为 3400m。再往下有一个固体核心,核心内部应该仍然炽热。

土卫六拥有浓厚的大气层(见图 2-77),主要成分是氮(98.4%),其余是甲烷(1.4%)和氢(0.1%~0.2%),还有微量的丙烯成分,其表面大气压约为地球的 1.5 倍。土卫六具有雷电风暴活动性的大气层,因此具备通过释放电量,从无机混合物中综合形成有机化合物,进而产生早期生命形式的可能性。土卫六也被认为是太阳系中除地球之外唯一存在液体的天体。科学家依据对"卡西尼号"探测器雷达数据的分析,认为土卫六的北半球具有甲烷和乙烷构成的大型海洋或湖泊。科学家也推测大气中的甲烷可能是生命体的基础,因此土卫六被高度怀疑存在生命体。

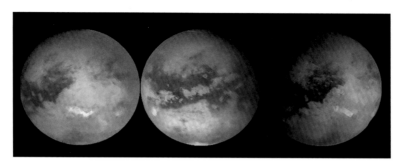

图 2-77 土卫六大气云层变化

土卫二(恩克拉多斯,Enceladus)是土星的第六大卫星,直径约为 500km,轨道半径为 2.38×10^5 km。土卫二是太阳系中最亮的卫星,其表面几乎能反射百分之百的阳光,其大气主要组成为:水汽 91%、氮 4%、二氧化碳 3.2%、甲烷 1.7%。

土卫二表面既存在古老的撞击坑构造,又有地质活动所造成的较为年轻的扭曲地形,一些地区的地质年代甚至只有 1 亿年。土卫二南极分布着一些被称作"虎纹"的平行条带状地貌,并有冰屑间歇泉喷出,科学家因此推测土卫二有一个"地下海"(见图 2-78)。

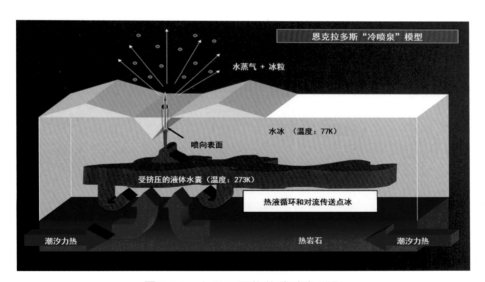

图 2-78 土卫二可能的冷喷泉模型

探测表明,土卫二是迄今为止外太阳系中观测到存在地质喷发活动的三个星体之一(另两个分别是木卫一和海卫一),而喷射的主要物质是星体表面下的液态水和冰屑,还包括二氧化碳、一氧化碳、氮气和甲烷等。科学家提供了土卫二当前热液活动的明显证据,并推测能量主要来源于土星的潮汐引力。因此土卫二成为太阳系内除地球之外唯一存在热水和地下交互反应的星球,具备了液态水、新陈代谢中的必需元素、生命体可用能源这三个孕育生命的基本条件。因此,天体生物学家普遍认为土卫二将是探索和发现地外生命活动的重要对象。

三、天王星

天王星是太阳系由内向外的第七颗行星,其体积在太阳系行星中排名第三,质量排名第四。其英文名称来自古希腊神话中的天空之神乌拉诺斯(Uranus)。天王星的亮度也是肉眼可见的,但由于其较为暗淡以及较长的公转周期、缓慢的绕行速度,因而被古代观测者误认为是一颗恒星。直到 1781 年 3 月 13 日,威廉·赫歇尔用

2-15 天王星

他自己设计的望远镜对这颗恒星做了一系列视差观察,发现其与背景恒星存在缓慢的移动,并通过变换望远镜放大倍率的观测,确定了这是一颗行星。天王星也是人类第一次使用望远镜发现的行星。

天王星每 84 个地球年环绕太阳公转一周,与太阳的平均距离大约 30 亿 km,太阳光照强度只有地球的 1/400。天王星大气的主要成分是氢、氦、甲烷和氘,与类木行星(木星和土星)接近,但是内部组成与结构却与木星、土星有较大差异。据推测,其内部可能含有丰富的重元素;其地幔由甲烷和氨冰组成,可能含有水;其内核由冰和岩石组成。天王星是太阳系内大气层最冷的行星,最低温度为49K(−224℃),被称为冰巨星。天王星的基本参数如表 2-19 所示。

表 2-19　天王星的主要参数

轨道参数	
远日点	30.044×10⁸ km(20.083AU)
近日点	27.489×10⁸ km(18.376AU)
半长轴	28.767×10⁸ km(19.229AU)
离心率	0.046
轨道周期	30686 地球日;84.0205 年
会合周期	369.66 日
平均轨道速度	6.81km/s
平近点角	142.955°
轨道倾角	0.773°(对黄道),6.48°(对太阳赤道)
升交点经度	74.006°
已知天然卫星数量	27 颗
物理参数	
平均半径	2.536×10⁴ km
赤道半径	2.556×10⁴ km(4.01 倍于地球)
极半径	2.497×10⁴ km(3.93 倍于地球)
体积	6.833×10¹³ km³(63.09 倍于地球)
质量	8.681×10²⁵ kg(14.53 倍于地球)
平均密度	1.270g/cm³
表面重力加速度	8.87m/s²(0.90 倍于地球)
逃逸速度	21.3km/s
自转周期	17 小时 14 分 24 秒
赤道自转速度	9.32×10³ km/h
转轴倾角	97.77°
反照率	0.300(球面),0.488(几何)
视星等	5.38～6.03
角直径	3.3″～4.1″

天王星最大特点是：自转轴倾斜的角度高达 97.8°，几乎是躺在轨道平面上打滚的运行状态，这使得天王星的季节变化完全不同于其他太阳系行星。当在夏至和冬至附近时，一个极点会持续地指向太阳，另一个极点则背向太阳；当运行到轨道的另一侧时，换成轴的另一极指向太阳。在每个公转周期中，天王星的南北极都会具有被太阳持续照射几十个地球年的极昼，而同时在另外一极则处于极夜。在接近春分和秋分时，太阳正对着天王星的赤道，此时天王星的日夜交替会和其他的行星相似。由于天王星独特的转轴倾角，所以从地球上观测，天王星和它的行星环看起来像是一个缓慢旋转的环形靶（见图 2-79）。

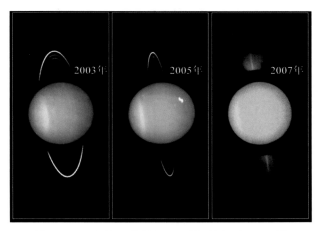

图 2-79　哈勃望远镜不同时间拍摄的天王星

1. 天王星物质组成与结构

天王星主要是由岩石与多种不同成分的冰物质所组成，其组成主要元素按体积比例计算分别为 83% 的氢和 15% 的氦，其密度是 1.29g/cm³，只比土星大一些。天王星岩石内核的体积占比很小，没有像土星与木星那样被巨大的金属氢化合物液态所包围，其质量较为平均地分布在整个星球。天王星的标准结构模型包括三个层面（见图 2-80）：在中心是硅酸盐和铁镍岩石组成的核，中层是冰质的地幔，主要成分是水、氨和甲烷，外层是由氢、氦和甲烷组成的大气，大气最外的顶中含有云层。天王星

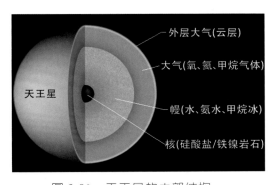

图 2-80　天王星的内部结构

的核非常小，半径不到星体的 20%，只有 0.55 倍地球质量；地幔则非常大，质量大约是地球的 13.4 倍；而最外面的大气层则相对不明确，大约占有剩余 20% 的半径，质量大约只有地球的 0.5 倍。

天王星的内热明显地比木星和土星要低，几乎没有多出来的热量被释放。天王星核的密度很高（约 9.0g/cm³），核和地幔交界处的压力为 8.00×10^6 bar、温度大约为 5000K（4727℃）。冰质的地幔实际上并不是由一般意义上的冰组成，而是由水、氨和其他挥发性物质组成的热且稠密的流体。这些流体具有高导电性，有时被称为水-氨海洋。在天王星和海王星的大部分结构中，冰的成分占比超过气体，与木星和土星有显著的区别。

2. 天王星大气与环境特征

天王星没有固体表面，气体的大气层是逐渐转变成内部的液体层，大气压力达到 1bar 之处被定义为行星"表面"。天王星的大气层看上去非常平静，主要成分是氢、氦、甲烷和氘。大气中的甲烷吸

收了大部分的红色光谱,所以其表面呈现浅蓝色。在天王星表面探测到的最低温度是49K(−224℃),比海王星还要冷,是太阳系表面温度最低的行星。

天王星的大气可以分为三层:对流层、平流层和热成层。对流层的高度范围是−300～50km,大气压为$1\times10^{7}\sim1\times10^{4}$Pa,是大气层最低和密度最高的部分,温度从底部的大约320K(47℃),降低至高度50km处的53K(−220℃)。对流层具有相对复杂的云系结构,是天王星大气层内生气蓬勃的部分,具有强风、明亮的云彩和季节性的变化。平流层的高度是50～4000km,气压为$1\times10^{4}\sim1\times10^{-5}$Pa,此处的温度随高度逐渐增加。平流层的温度提升来自甲烷和其他碳氢化合物吸收的太阳紫外线和红外线辐射。乙炔和乙烷等碳氢化合物在平流层内高度和温度较低的与对流层交界处形成数层霾云,这是天王星云带看上去不活跃的原因。热成层的高度为4000～50000km,有着均匀一致的温度,目前仍不了解支撑热成层温度的热量来源。

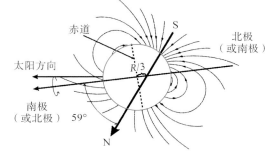

天王星的磁轴相对于自转轴倾斜了59°,且磁场中心不在星体的几何中心,往南极方向偏离达到行星半径的1/3(见图2-81)。这一异常的几何关系导致一个非常不对称的磁层,在南半球的表面,磁场强度低于1×10^{-5}T,而在北半球其强度高达1.1×10^{-4}T,表面平均强度是2.3×10^{-5}T。天王星的磁层结构不同于木星而比较像土星,磁层包含带电粒子:质子和电子,还有少量的H^{+}离子,但未曾探测到有重离子。天王星的偶极矩是地球的50倍,两个磁极附近存在高度活跃的极光现象。

图2-81　天王星的磁场

3. 天王星行星环与卫星

目前已经探知天王星拥有27颗天然卫星,其中有5颗规模较大,分别是天卫五(Miranda)、天卫一(Ariel)、天卫二(Umbriel)、天卫三(Titania)和天卫四(Oberon)。另外,天王星还有13条较为暗弱的行星环。

天王星五颗主要卫星的外形接近球体,质量之和占所有卫星质量的99.9%,但还不到海卫一(Triton)质量的一半。最大的天卫三半径为788.9km,比土星第二大的卫星土卫五(Rhea)稍大些。这些卫星主要由约50%的岩石和50%的冰组成,其中冰中也许包含氨和二氧化碳。主要卫星的反照率相对也较低,其中四颗主要卫星上显示出地质活动的痕迹,形成峡谷和火山喷发的地形。

天王星的行星环是太阳系中继土星环之后发现的第二个行星环系统,它像木星环一样暗淡,但又像土星环那样具有相当大的直径,由几毫米到几米大小的极度黑暗的颗粒状物质组成。目前天王星有13个已命名的行星环,其中最明亮的是ε环。动力学分析指出,天王星的行星环与天王星本身不是同时期形成的。环中的物质可能来自被高速撞击或潮汐力粉碎的卫星,因此该行星环相对行星来说非常年轻。

四、海王星

海王星是太阳系行星中距离太阳最远的一个,体积排名第四,质量排名第三。海王星以罗马神话中的海王尼普顿(Neptune)命名。海王星是太阳系中唯一通过数学预测而不是经验观察发现的行星。天文学家利用天王星轨道的摄动推测出海王星的存在及其可能的位置,并通过有针对性的搜索观测而得到证实。

2-16　海王星

海王星与太阳之间的平均距离约为30.1AU,轨道周期大约相当于164.9地球年,轨道倾角约为1.77°(见表2-20)。海王星的自转周期是16小时6分36秒,自转轴倾角为28.32°,与地球和火星的倾角相差不多。因此,海王星也具有与地球相似的季节变化。海王星的长轨道周期意味着它的每一个春夏秋冬季节都会持续约40个地球年。

表2-20 海王星的主要参数

轨道参数			
远日点	45.373×10⁸km(30.33AU)	会合周期	367.49日
近日点	44.595×10⁸km(29.81AU)	平均轨道速度	5.43km/s
半长轴	44.984×10⁸km(30.07AU)	平近点角	256.228°
离心率	0.008678	轨道倾角	1.768°(对黄道),6.43°(对太阳赤道)
轨道周期	60190地球日(164.9地球年)	升交点经度	131.794°
已知天然卫星数量	14颗		
物理参数			
平均半径	2.462×10⁴km	逃逸速度	23.5km/s
赤道半径	2.476×10⁴km(3.883倍于地球)	自转周期	16小时6分36秒
极半径	2.434×10⁴km(3.829倍于地球)	赤道自转速度	9660km/h
表面积	7.619×10⁹km²(14.98倍于地球)	转轴倾角	28.32°
体积	6.253×10¹³km³(57.74倍于地球)	反照率	0.290(球面),0.442(几何)
质量	1.024×10²⁶kg(17.15倍于地球)	视星等	7.67
平均密度	1.638g/cm³	角直径	2.2″~2.4″
表面重力加速度	11.15m/s²(1.14倍于地球)		

海王星质量约是地球质量的17倍、木星质量的1/18,正好介于地球和木星之间。海王星的质量稍大于天王星,密度稍大于天王星,而半径稍小于天王星,内部结构与天王星相近,表面温度为55K(−218℃),因此常常与天王星一起被归类为冰巨星。

因为海王星不是一个具有固体表面的行星,它的大气层会发生差速旋转。赤道带的自转周期约为18小时,极区的自转周期为12小时,磁场的自转周期为16.1小时。海王星的较差自转是太阳系中最明显的,它会导致强烈的纬向风切变。海王星有14颗已知的天然卫星。海卫一是仅有的一颗大型卫星(见图2-82)。

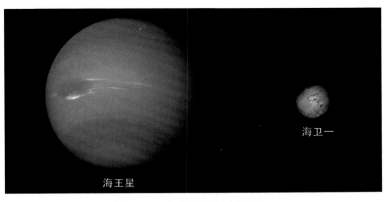

图2-82 海王星及其海卫一

1.海王星物质组成与结构

海王星表面温度为55K(−218℃),比天王星表面稍高一点,而由大气层顶端向内温度稳定上升。海王星表面的风速可达 2000km/h,远远超过了音速的气流形成了特异的气候现象,造就了太阳系行星系统中已知的最高速风暴。目前科学家尚完全不清楚海王星内部热量从何而来,对其内部热源有几种可能的解释,包括行星内核的放射热源,行星生成时吸积盘塌缩能量的散热,还有重力波对平流圈界面的扰动等。

海王星内部结构和天王星相似(见图 2-83),行星核是一个由铁镍、硅酸盐岩石和冰构成的混合体。核的体积不大,质量大约是地球的 1.2 倍,中心压力为 7Mbar(700GPa),大约是地球中心的 2 倍,温度可能为 5400K。海王星地幔厚度为 50%～60% 的行星半径,总质量相当于 10～15 个地球质量,富含水、氨、甲烷和其他成分的混合物。在行星学中这种混合物被叫作冰,其实是高度压缩的高电导过热流体,通常也被叫作水-氨海洋。大气层厚度约为 20% 的行星半径,主要由氢、氦和甲烷等组成。甲烷、氨和水的含量随高度降低而增加。大气底端温度更高,密度更大,进而逐渐和行星地幔的过热液体混为一体。海王星内核的压力是地球表面大气压的数百万倍。通过比较转速和扁率可知海王星的质量分布不如天王星集中。

2. 海王星大气与环境特征

海王星的大气层占其质量的 5%～10%,大气主要成分是氢(80%)、氦(19%)和微量甲烷。甲烷分子会吸收可见光中的红光(600nm),使海王星呈现柔和的蓝青色。但海王星与天王星的色调有所不同,说明还有一些未知的大气成分影响了海王星的颜色。海王星大气层可以细分为:低层的对流层、上端的平流层及外端的热成层和散逸层。对流层的温度随高度下降而降低,平流层的温度随着高度增加而提升,两层边界处的气压为 1×10^4 Pa,温度为 33K($-240℃$),是海王星温度最低的位置。当平流层在气压低于 1～10Pa 处就到了热成层,热成层的上端逐渐过渡为散逸层。

该模型表明海王星的云带取决于不同高度的成分。高海拔的云出现于气压低于 1bar 之处,该处的温度使甲烷可以凝结;压力在 1～5bar(100～500kPa)之间,被认为是氨和硫化氢的云可以形成的区域;压力在 5bar 以上的云中可能包含氨、硫化氨、硫化氢和水。更深处的水冰云可以在压力大约为 50bar(5MPa)处被发现,该处的温度达到 0℃。再往下面,可能会发现由氨和硫化氢组成的云。

海王星外层大气的云端活跃水平远超过天王星。1986 年美国"旅行者 2 号"飞经天王星时,该行星视觉上还相当平淡,而在 1989 年飞越期间,发现了海王星的著名天气现象——大黑斑,同时也观察到了伴随大黑斑的白色风暴以及南半球的小黑斑(见图 2-84)。大黑斑是一个剧烈的反气旋风暴,类似于木星上的大红斑,其跨度达到了 13000km×6600km。

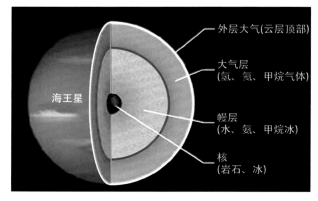

图 2-83 海王星的结构

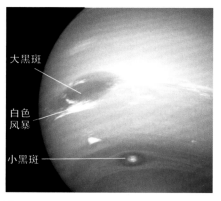

图 2-84 "旅行者 2 号"拍摄的大黑斑

然而到了1994年11月,哈勃空间望远镜没有在海王星上看到大黑斑,反而在北半球发现了一场新的类似风暴。图2-85是哈勃望远镜在不同年份拍摄的海王星风暴,说明海王星的云层风暴在不断的演变之中。

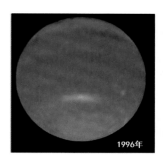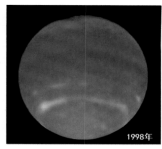

图2-85　哈勃望远镜在不同时间拍摄的海王星风暴

有一种观点认为,出现这种变化是由于来自行星核心的热传递扰乱了大气均衡并且打乱了之前的循环模式。目前大多数科学家认为,海王星上的黑斑出现在对流层中,其高度比较亮的云特征要低,可能在上层云层中以洞的形式出现。它们是可以持续数月的相对稳定的特征,因此应该是涡旋结构。通常与黑斑相关的是在对流层顶层周围形成的更明亮、持久的甲烷云(白斑)。这些伴生云的持续存在表明,一些以前的黑斑可能继续以气旋形态存在,只不过是不再表现出黑暗的特征罢了。当黑斑的运动轨迹离赤道太近时或出于其他原因,它们可能会消散。

海王星有着与天王星类似的磁层,它的磁场相对自转轴有着高达47°的倾斜,并且偏离核心至少0.55倍行星半径。科学家认为,这种极端的指向是行星内部流体特征的反映。海王星的磁场强度在磁赤道附近大约是1.4×10^{-5} T,在面向太阳的方向上具有弓形激波,在距离行星34.9倍半径处磁层开始减缓太阳风的速度,在23~26.5倍半径处磁层顶的压力抵消了太阳风;背向太阳的磁尾至少延伸到72倍海王星半径处,并且还会伸展至更远。

3.海王星行星环与卫星

从地球上观察,海王星的行星环十分暗淡,呈圆弧段而非完整的光环。海王星的行星环包括:在最外面的亚当斯环(Adams),其中有三段明显的圆弧段分别被命名为自由(Liberty)、平等(Equality)和友爱(Fraternity);向内其次是一个含有海卫六——伽拉忒亚(Galatea)的弧段,再往内是勒威耶环(Leverrier),它向外延伸的部分被分成拉塞尔(Lassell)和阿拉戈(Arago)弧段;最里面暗淡但很宽阔的环被命名为加勒(Galle)。这些弧段的内部具体结构仍然是未知数。

海卫一(Triton)是海王星卫星中唯一的大卫星,直径达2706km。它运行于逆行轨道,说明它是被海王星俘获的。科学家认为海卫一曾经是一个柯伊伯带天体,后被海王星的引力锁定在同步轨道上,并缓慢地经螺旋轨道接近海王星,当它到达洛希极限时最终将被海王星的引力撕碎。海卫一是太阳系中被测量到的最冷的天体,温度为-235℃(38K)。

海卫二(Nereid)的轨道是太阳系中离心率最大(0.742)的卫星轨道之一,海卫八(Proteus)以拥有在其密度下不会被自身的引力变成球体的最大体积(440km×416km×404km)而出名。最靠近海王星的四个卫星:海卫三(Naiad)、海卫四(Thalassa)、海卫五(Despina)和海卫六(Galatea),其轨道在海王星的行星环之内。

§2-8　小天体

太阳系中围绕太阳运行但体积和质量远小于行星的星体都被归类为小天体。小天体的基本种类有：小行星、彗星和矮行星。

一、小行星

"提丢斯-波得定则"［见式（2-1）］阐述了太阳系行星之间距离的规律，对于水星、金星、地球、火星、木星、土星，其序数 n 分别为 $-\infty$、0、1、2、4、5。1871 年赫歇尔发现了天王星，以 $n=6$ 代入，进一步证实了"提丢斯-波得定则"的正确性。但是唯一在 $n=3$ 处没有找到一颗行星。1801 年，西西里岛巴勒莫天文台的朱塞普·皮亚齐在金牛座里发现了一颗在星图上找不到的星，轨道就在 $n=3$ 附近，这颗星就是后来的谷神星（Ceres），是人类发现的第一颗小行星。随后的几年中，经过全球天文学家的不懈搜寻，在 $n=3$ 附近的轨道上又先后发现了智神星（Pallas）、婚神星（Juno）、灶神星（Vesta），后续的搜寻发现了更多更小的小行星。天文学家由此确定在火星与木星之间存在一个小行星带，在该轨道区域运行的小行星数量占当时已发现太阳系小行星的约 90%。

2-17 小行星

2001 年后，在海王星之外的柯伊伯带内发现了一些直径比谷神星更大的小行星，如创神星（Quaoar）、阋神星（Eris）等。2006 年国际天文学联合会对小行星进行了重新分类，将冥王星（Pluto）和其他一些大型的小行星定义为矮行星。美国 NASA 将直径在 1m～530km 之间的小天体称为小行星。截至 2021 年，已经发现的小行星数目高达 110 万颗（包括外太阳系小行星）。伴随着人类探测能力的提升，每月新发现小行星接近千颗。典型小行星的形貌如图 2-86 所示。

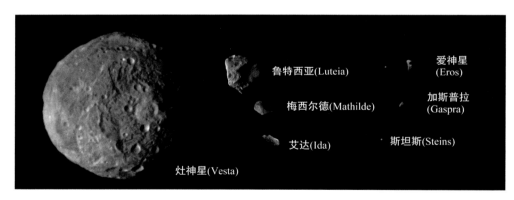

图 2-86　典型小行星的形貌（按比例大小）

1. 小行星基本参数

不同小行星之间的大小差别非常大，体积较大（直径>450km）的小行星比较接近球形，但其他多数小行星的形状并不规则。小行星的体积大小通常按三轴椭球体（见图 2-87）的模型来描述和计算，其模型可表述为

$$\frac{x^2}{a^2}+\frac{y^2}{b^2}+\frac{z^2}{c^2}=1 \tag{2-3}$$

式中:a、b、c 是三轴椭球体的三个轴长。

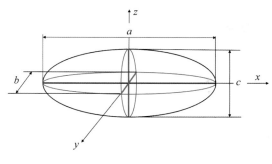

图 2-87 三轴椭球体

小行星的质量通常难以测定。对于体积较大的小行星,可以利用引力摄动效应间接地推算出它们的质量。这是基于目标小行星近距离飞越另外一颗大行星时,其轨道半长径、偏心率会发生变化,并导致其轨道周期和运动角幅产生变化的现象。如果目标小行星存在天然卫星,且能通过其他方法测得该卫星的轨道半长径和轨道周期,则可利用开普勒第三定律计算出两者质量之和。但是对于引力摄动效应非常小的其他小行星,需要探测器近距离飞越才能推算其质量。

小行星的平均密度 ρ 可以用下式计算:

$$\rho = 6m/(\pi abc) \tag{2-4}$$

式中:m 为小行星质量;a、b、c 为小行星椭球体的三轴长度。

小行星的自转周期可以通过其光变曲线进行推测,且与直径大小有明显的相关性。统计规律显示,直径小于 10km 的小行星自转周期小于直径大于 10km 的小行星。除此之外,小行星的自转轴指向需要"以北极为基准"来进行确定,经过统计发现自转轴指向的分布近似于随机。

在地球上对小行星进行观测主要依靠的是小行星反射的太阳光,因此与小行星的反照率和它距离太阳、距离地球的远近以及相位角的大小有关。在观测太阳系行星时,我们常用视星等对行星亮度进行定量评价;但在观测小行星时,我们常用绝对星等对它的真实反光能力进行描述。

视星等是指观测者用肉眼所看到的星体亮度,是公元前 2 世纪由古希腊天文学家喜帕恰斯提出。设 m_1 星等天体的视亮度为 E_1,m_2 星等天体的视亮度为 E_2,则两个天体的视星等关系可用如下公式来表示:

$$m_2 - m_1 = 2.5 \lg \frac{E_2}{E_1} \tag{2-5}$$

视星等越大,亮度越暗,每差 1 星等,视亮度差 2.5 倍,每差 0.1 星等,视亮度差约 10%,肉眼能看到的最暗星为 6 等星。对太阳系内星体的绝对星等定义为:星体距离地球为 1AU 且相位角为 0°时呈现的视星等。绝对星等值越小,则小行星的亮度越大,绝对星等值与小行星的大小和反照率有关。大多数小行星的绝对星等为 11～19 等,平均值为 16 等。

小行星的反照率通常用球面反照率和几何反照率来描述。球面反照率(也称邦德反照率)的定义是天体反射入太空的所有电磁辐射和入射的电磁辐射功率比例,它考虑到了所有相位角上的所有波长电磁辐射;几何反照率是指天体在相位角为 0°的实际光度(即光源)和相同横截面在完美平面上的完全漫反射(朗伯平面)的比例。反照率与小行星表面物质成分、颗粒大小和表面结构有关,但只能粗略反映其表面情况。若已知小行星的绝对星等和几何反照率,则可以估算出小行星的直径。

小行星上的温度分布受太阳辐射的影响较大,被太阳直射的半球温度高于处于阴影面的半球。

小行星的热辐射具有各向异性。向外辐射能量会对小行星自身产生一个微弱的反推力,这种反推力会造成它的轨道半长径的改变,这就是亚尔科夫斯基(Yarkovsky)效应。各向异性的表面辐射光子还会对小行星自身产生一个力矩作用,从而改变小行星的自转速率、自转倾角和进动速率,这种现象被称为约普(Yorp)效应。

2. 小行星轨道特征

根据小行星所处的轨道位置,大致可以将它们分为:近地小行星、主带小行星、特洛伊小行星、柯伊伯带小行星和半人马小行星。

(1)近地小行星

近地小行星指公转轨道和地球轨道相近的小行星,基本位于火星轨道以内。由于它们和地球之间的距离较近,所以探测起来相对容易,也成为人类小行星探测的首选目标。较近的距离也导致这类小行星具有更高的撞击地球的风险。人类已经发现3万多颗近地小行星,其中800多颗直径超过1km,有约1500颗小卫星可能对地球构成威胁。

近地小行星可以根据星群的不同分布而进一步细分为四类:阿波罗型(Apollos)、阿莫尔型(Amors)、阿登型(Atens)和阿迪娜型(Atiras)小行星。其轨道分布如图2-88所示,具体的分类定义如表2-21所示。

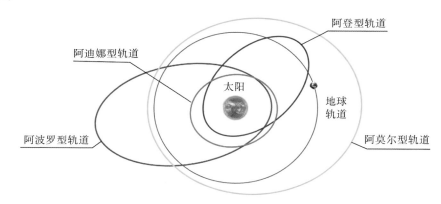

图2-88 四类近地小行星的轨道图

表2-21 近地小行星的分类定义

类别	定义
阿波罗型(Apollos)	轨道穿越地球、半轴大于地球的近地小行星
阿莫尔型(Amors)	轨道在地球轨道之外、火星轨道之内靠近地球的近地小行星
阿登型(Atens)	轨道穿越地球、半轴小于地球的近地小行星
阿迪娜型(Atiras)	轨道全部处于地球轨道内的近地小行星

其中,阿登型小行星和地球相撞的概率较大,比如2004年发现的阿波菲斯小行星就曾经被预测到可能于2036年和地球相撞。最新的观测数据和计算表明,阿波菲斯小行星将于2029年4月13日从距离地球表面2.945万km的上空飞过,从而创造最接近地球的纪录。这颗400m直径的阿波菲斯小行星将于2036年4月13日再次靠近地球,但是撞击地球的可能性已经从四万五千分之一下降到约一百万分之四。

科学家根据统计规律预计了小行星撞击地球所造成的灾难情况。如果小行星的直径小于30m,在高层大气中就破碎了,一般不会在地面造成人员伤亡;若直径在30～100m之间,则会在低层大气中燃烧破裂,对地面会产生局部的影响;若直径在 100～300m 之间,则能直接撞击到地球表面,产生直径为几千米的陨石坑,导致的灰尘笼罩会影响直径 10km 的区域;若直径为 300m～600m,则可造成大约 50 万人死亡,发生概率约为 0.4 次/万年;若直径为 600～1000m,则将造成约 500 万人死亡的中等级别的全球性灾难,时间间隔为 7 万年;若直径为 1000～5000m,则足以造成超过 10 亿人死亡的全球性危害,发生概率是 1 次/百万年。

常用的衡量近地天体撞击地球风险的指标为杜林危险指数(Torino Scale),共分为 11 级(也可用 5 种颜色指代),如表 2-22 所示。

表 2-22　衡量天体撞击地球风险的杜林危险指数表

杜林危险指数	颜色	含义
0	白色	无危险
1	绿色	正常,撞击概率极低
2	黄色	需注意,撞击概率约为 1%
3		
4		
5	橙色	威胁,会带来区域性乃至全球性的破坏和灾难,但不能确定撞击的必然性
6		
7		
8	红色	一定发生撞击
9		
10		

（2）主带小行星

轨道位于火星与木星轨道之间、距离太阳 2～4AU 的小行星通常被称为主带小行星。这个区域内的小行星数量最为密集,有 50 万～60 万颗,已经被编号的超过 12 万颗,其轨道位置如图 2-89 所示。主带中众多小行星的轨道位置并不是随半径变化而均匀分布的,而是在其中的某些位置上形成了一系列的空隙——柯克伍德（Kirkwood）空隙。在这些轨道空隙的位置上,木星轨道周期与其成简单整数倍（2∶1、3∶1、5∶2、7∶3 等）关系。这是由木星对小行星带中的小天体的周期性引力摄动所造成,使之形成了与木星的轨道共振。

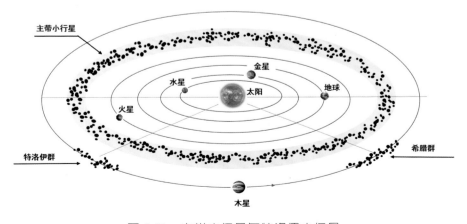

图 2-89　主带小行星与特洛伊小行星

在主带内,小天体中只有谷神星被归类为矮行星,其余均为小行星和彗星。这些小行星中平均直径超过 400km 的共有三颗,分别为智神星、婚神星和灶神星,其余的小行星体积都非常小。虽然在图中看起来分布非常密集,但是小行星间的实际距离还是非常大的,人类探测器在穿越小行星带时都能安全通过而不会发生意外撞击。除此之外,由于主带内小行星数量众多,所以天文学家按照其轨道要素(半长轴、扁率、轨道倾角等)的相似性将它们分为不同星族。其中比较著名的星族包括灶神星族、司理星族、司法星族和花神星族等。同一族内的成员被认为是过去小行星碰撞所产生。

(3)特洛伊小行星

特洛伊小行星最初是指围绕太阳运行且公转轨道与木星相同的两个小行星群,分别位于太阳与木星的拉格朗日 L4 点和 L5 点附近,即位于木星轨道"前方"(L4 点)和"后方"(L5 点)60°的位置上。其中木星轨道 L4 点处的特洛伊小行星均以希腊英雄人物命名,故也称为希腊群;L5 点处的小行星则均以特洛伊的英雄命名,故称特洛伊群。后来,随着探测技术的进步,各大行星的特洛伊小行星被依次发现,包括火星–太阳、海王星–太阳的 L4 点和 L5 点附近。在土星的卫星中也发现了两组特洛伊卫星:土卫十三、土卫三、土卫十四,和土卫十二、土卫四、土卫三十。在地球轨道的 L4 点处也发现有一颗直径 300m 的特洛伊小行星 2010TK7。已经被确认的各大行星的特洛伊小行星分布位置和具体数目如表 2-23 所示。

表 2-23　各大行星的特洛伊小行星分布位置和具体数目

分布位置	木星	海王星	土星	火星	天王星	地球	金星
L4 点/颗	超过 6000	24	3	1	2	2	1
L5 点/颗	超过 5000	4	3	13	0	0	0
总数/颗	超过 1.1 万	28	6	14	2	2	1

(4)柯伊伯带(Kuiper Belt)小行星

柯伊伯带是位于海王星轨道外从 30AU 伸展到 55AU 的黄道面附近的盘状区域(见图 2-90)。在该区域内运行的小天体主要由冰物质组成,被统称为柯伊伯带小行星。它们被认为是早期太阳系物质凝聚成各大行星以后的残留物,为研究太阳系早期的形成与演化提供了极其重要的线索。柯伊伯带非常薄,主要集中在黄道平面上下 10°的范围内,但还是有一些天体散布在更宽广的空间内。冥王星就是最早被发现的柯伊伯带小行星,随后还发现了阅神星、鸟神星、妊神星等较大体形的柯伊伯带小行星,后来均被归入了矮行星。

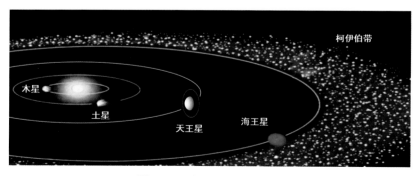

图 2-90　柯伊伯带小行星

柯伊伯带小行星可以根据轨道动力学特征的不同分为经典柯伊伯带小天体、与海王星发生平均运动轨道共振的天体、散射天体和分离天体四类，如表 2-24 所示。

表 2-24 柯伊伯带小行星的分类

类型	轨道位置	轨道偏心率 e	占比
经典柯伊伯带小天体(Classical KBOs)	$a=42\sim48$AU	较小	66%
与海王星发生平均运动轨道共振的天体(Resonant KBOs)	$a=39.4$AU 和 47.7AU	$0.05\sim0.3$	25%
散射天体(Scattered KBOs)	近日点 $q=35\sim40$AU	$0.2\sim0.85$	8%
分离天体(Detached KBOs)	$a>50$AU	很大	1%

（5）半人马小行星

轨道在木星与冥王星之间且不稳定、显现出小行星和彗星双重特征的冰冻小天体被称为半人马小行星。它们以希腊神话中的半人马神（奥林匹克之父、大力士海格利斯之师）——仙托（Centaur）为名，象征着它们的行为一半像小行星、一半像彗星。已知最大的半人马小行星是 1997 年发现的直径为 260km 的女凯龙星（Chariklo），它的大小如同主带中的一颗中等大小的小行星。

半人马小行星的特征之一是轨道离心率散布的范围很广。已经发现很多半人马小行星的轨道是逆行的。依据轨道力学，半人马小行星可能是从柯伊伯带天体转变成短周期木星族群彗星的中间天体，它们没有稳定的轨道，且最后的命运将是撞击太阳或行星，也可能是在接近大行星（如木星）后，被其引力加速而飞出太阳系。

半人马、柯伊伯带小行星的存在模糊了小行星和彗星之间的界限。富含挥发性物质的半人马小行星在靠近太阳时就会转变为彗星，而某些彗星在远离太阳后由于物质挥发效应的减弱就又转变为小行星。

3. 小行星光谱分类

1975 年，天文学家克拉克·查普曼（Clark R. Chapman）、大卫·莫里森（David Morrison）和本·泽尔纳（Ben Zellner）提出了基于颜色、反照率和光谱形态的小行星分类体系。这些性质被认为与小行星表面材料的成分相对应。尽管不同光谱类别的小行星可能是由不同的物质组成，但也不能保证同一分类类别中的小行星由相同（或相似）的物质组成。

目前最常见的两种分类方法为托连（Tholen）光谱分类法和 SMASS 光谱分类法。1984 年提出的托连分类法，是依据 20 世纪 80 年代进行的八色小行星调查收集的数据，共有 14 个小行星类型；2002 年基于对主带小行星光谱调查，产生了托连分类法的修改版本 SMASS 分类法，其中包含 24 种不同类型。在两种分类中都有 C（碳质）、S（石质）和 X（其他）三大类，其中 X 类主要由金属小行星组成（M 型），还有其他几个较小的类别。

（1）C 类小行星

C 类小行星占所有小行星的 75%，因此是数量最多的小行星。其中最主要的 C 型小行星的表面含碳，反照率非常低，只有 0.05 左右。一般认为 C 型小行星的构成与碳质球粒陨石的构成一样。一般 C 型小行星多分布于小行星带的外层。例如，健神星（Hygiea）。C 类小行星中也包含如下类型：

• G 型小行星：与 C 型的光谱非常类似，但在紫外线部分 G 型小行星有不同的吸收线。例如，谷神星（Ceres）。

• F 型小行星：与 C 型相比在紫外线部分的光谱不同，而且缺乏水的吸收线。例如，小行星 704

（Interamnia）。

• B 型小行星：与 C 型和 G 型小行星相似，但紫外线的光谱不同。例如，智神星（Pallas）。

• D 型小行星：与 P 型小行星类似，反照率非常低，光谱偏红。通常出现于外小行星带和木星特洛伊之中。例如，赫克托尔（Hektor）。

• T 型小行星：光谱比较红暗，但与 P 型和 R 型小行星不同，分布在内小行星带。例如，辉神星（Aegle）。

（2）S 类小行星

S 类小行星占所有小行星的 17%，是数量第二多的小行星，一般分布于内小行星带。其中最主要的 S 型小行星反照率比较高，在 0.15～0.25 之间，成分与普通球粒陨石类似，一般由硅化物组成。例如，司法星（Eunomia）、婚神星（Juno）。S 类小行星还包含如下类型：

• V 型小行星：组成与 S 型小行星差不多，含有比较多的辉石，极为稀有。天文学家怀疑这类小行星是从灶神星（Vesta）的上层硅化物中分离出来的。

• A 型小行星：含很多橄榄石，主要分布在小行星带的内层。例如，小行星 246 阿波里纳（Asporina）。

• R 型小行星：与 V 型小行星类似，含较多的辉石和橄榄石。例如，小行星 1862 阿波罗（Apollo）。

（3）X 类小行星

除了上述两类小行星外，其余可以归类为 X 类。该类中的大多数属于 M 型小行星，这些小行星可能是过去比较大的小行星的金属核，反照率与 S 型小行星类似，构成可能与镍-铁陨石类似。例如：灵神星（Psyche）。X 类小行星还包含以下类型：

• P 型小行星：其光谱主要在红色部分，反照率非常低，可能是由含碳的硅化物组成，一般分布在小行星带的极外层。例如，小行星 259（Aletheia）、怯女星（Ismene）。

• E 型小行星：表面主要由顽火辉石构成，反照率比较高，一般在 0.4 以上。构成可能与顽火辉石球粒陨石相似。例如，神女星（Angelina）。

二、彗星

彗星是指进入太阳系内亮度和形状会随与太阳距离的变化而变化的绕日运动的小天体，其构成中含有大量的水冰成分，具有云雾状的独特外貌。彗星在接近太阳时由于高温作用开始释放气体，形成长长的彗发和彗尾。所以彗星在中国古代也被形象地称为"扫帚星"，代表着厄运和坏事的降临。彗星和小行星的主要区别在于彗星

2-18 彗星

拥有围绕着彗核的大气层，但是彗星多次靠近太阳后大气层被蒸发殆尽，也会显示出小行星的特征，两者之间的界限随着人类对小天体探测的深入，而变得越来越模糊。

1. 彗星基本参数

彗星主要由彗头和彗尾两部分组成。彗头通常可以细分为彗核和彗发两部分，彗尾也通常包含弯曲的偏白色或黄色的尘埃彗尾部分、相对较直的偏蓝色的离子彗尾部分，如图 2-91 所示。

图 2-91　彗星结构示意图

彗核指彗星中央最本质的固体物质,主要成分包括岩石、冰、氨、甲烷、尘埃、铁和固体二氧化碳等。彗核主要由石块、冰块组成,内部有大量的空隙结构,表面是由凝结成冰的水加上干冰、尘埃、氨和岩石混杂而成。彗核的形状并不是规则的球形,大小也不固定,最小的彗核只有百米左右,最大的彗核直径超过 30km。彗核的密度并不像行星那样大,而是比水还小,平均密度约为 $0.6g/cm^3$。一些著名彗星的彗核直径、质量、密度如表 2-25 所示。

表 2-25　一些彗星的彗核基本参数

名称	直径/km	质量/kg	密度/(g·cm^{-3})
哈雷彗星(1P/Halley)	15×8×8	3×10^{14}	0.6
包瑞利彗星(19P/Borrelly)	8×4×4	2×10^{13}	0.3
维尔特 2 号彗星(81P/Wild)	6×4×3	2.3×10^{13}	0.6

当距离太阳约 3AU 时,彗核表层的冰升华成为气体,同时带出尘埃,逐渐形成彗发。彗发是彗核周围由气体和尘埃组成的星球状的雾状物,半径可达几十万千米,平均密度小于地球大气密度的十亿亿分之一。通过光谱和射电观测发现,彗发中气体的主要成分是中性分子和原子,其中有氢、羟基、氧、硫、碳、一氧化碳、氨基、氰、钠等,还发现有比较复杂的氰化氢(HCN)和甲基氰(CH_3CN)等化合物。这些气体以平均 1~3km/s 的速度从中心向外流出。彗头的形式也是多种多样的,根据彗头的形状和组成特点,也可分为"球茎形彗头""锚状彗头""无发彗头"等。

当彗星穿越太阳系时,太阳辐射压和太阳风施加在彗发上的力使得彗星尾部呈现长长的尾巴状,也就是我们常说的彗尾。其中的水分子通过光解和光电离反应被分解并发光,较大的尘埃粒子则会直接反射太阳光。反射太阳光的尘埃粒子部分被称为尘埃彗尾,发射辉光的离子化气体部分被称为离子彗尾。通常彗星在距离太阳 1.5AU 内时,彗发增大到一定程度,就可以观测到彗尾了。彗尾的方向通常是背向太阳的,但也有个别彗星出现向日彗尾(反向彗尾)的现象。除了常见的离子彗尾、尘埃彗尾之外,近年来又观测到第三类彗尾——钠原子彗尾。

彗星的反照率很低,通常只有 0.04 左右,所以大部分的彗星用肉眼是很难观测到的,但每隔几十年总会有亮到肉眼可见的彗星。彗星的自转周期很短,一般只有几个小时或者几天,而且自转的方式很复杂,包括绕轴转动和进动等方式。

彗星的主要成分为水、二氧化碳和硅酸盐。其中,水分子可以进一步分解为羟基和氢原子,也可以被电解为氢氧根和氢离子。在彗星上发现的化学成分如表 2-26 所示。

表 2-26　彗星上已发现的化学成分

物质种类	具体成分
分子、基团和化合物	CH、NH、NH_2、OH、CN、C_2、CO、H_2O、HDO、HCN、C_3、CO_2、CH_3CN、CS、S_2、N_2、C_2H_2、HCO、NH_3、H_2CO、$(H_2CO)_n$、NH_4、SH、NO、H_2S、(CH_2OH)
元素	H、C、O、S、Na、Fe、K、Ca、V、Cr、Mn、Co、Ni、Cu、Si、Mg、Al、Ti
离子	H_2O^+、OH^+、H_3O^+、CO^+、$CO_2{}^+$、CN^+、CH^+、$N_2{}^+$、H_2S^+、$CS_2{}^+$、$S_2{}^+$、CS^+、S^+、H_4^+、SH^+、Fe^+、Na^+、C^+、Ca^+

2. 彗星轨道及起源

彗星的运行轨道有椭圆、抛物线、双曲线三种。椭圆轨道的彗星又叫周期彗星,另两种轨道的彗星又叫非周期彗星。周期彗星又分为短周期彗星和长周期彗星。轨道周期越长的彗星,其轨道离心率越大(见图 2-92)。

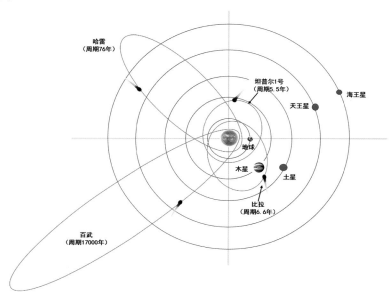

图 2-92　典型彗星的轨道

一般将轨道周期小于 200 年的彗星称为短周期彗星,也可以进一步细分为轨道周期小于 20 年的木星族彗星和周期大于 20 年但小于 200 年的哈雷族彗星。短周期彗星的轨道平面在黄道面附近,运行方向和行星大致相同。主带彗星则自成一派,它们的轨道呈圆形且位于小行星带内。科学家根据轨道特征推测,短周期彗星可能起源于海王星外侧、距离太阳 30～55AU 的柯伊伯带。

长周期彗星的周期一般大于 200 年,有的甚至能达到数万年。因此,它们的轨道离心率一般都很大,轨道呈较扁平的椭圆形。长周期彗星在近日点的离心率可能会大于 1,但是它们仍受太阳引力的约束而不能逃离太阳系。在运行到远离太阳的位置后,长周期彗星的离心率又会下降到 1 以下,后续的运动轨道要在此基础上进行计算。

一些非周期彗星也可以近似看成周期无限长的长周期彗星。它们的运动轨道在进入太阳系并且接近近日点后呈现双曲线或抛物线形状,这使得它们靠近太阳一次后就逐渐飞向宇宙深处不再返回。长周期彗星轨道的改变可能与巨行星的摄动有关。同样,根据长周期彗星的轨道特征可以合理推测其起源地为距离太阳 50000～100000AU 的奥尔特云。天文学家普遍认为奥尔特云是 46 亿～50 亿年前形成太阳及其行星的星云之残余物质，并包围着太阳系，如图 2-93 所示，其最大半径差不多为 1 光年，是太阳与比邻星距离的 1/4。

根据彗星轨道特征的不同，彗星也可以被分为不同的族和群。较常见的彗星族包括木星族、土星族、天王星族和海王星族。它们主要指的是被木星等行星的引力摄动捕获而改变了轨道的彗星，例如木星族彗星运动轨道的远日点就在木星附近。其他三个族的彗星个数较少，对于它们是否真的被对应行星引力摄动所捕获现在仍存在争议。

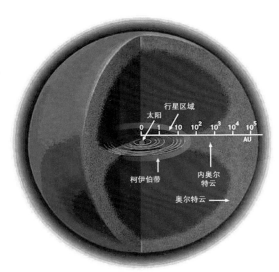

同一个彗星群的彗星通常被认为是由一颗大型彗星破碎后分裂得来，当然不排除其中有少数彗星是受到行星引力摄动而被俘获进入彗星群的。比较著名的彗星群有"掠日彗星群"，该彗星群中有 1000 多颗彗星。

图 2-93　奥尔特云示意图

3. 彗星与水和生命

在大约 45 亿年前地球形成的时候，太阳的热量把大部分水赶到了太阳系的外围地区，这些水分至今还以冰冻的形式存在于土星环、木卫二、海王星、天王星以及数以十亿计的彗星之中。彗星的主要组成是水和水冰，它成形于太阳系边缘的柯伊伯带和奥尔特云，在接近太阳的时候会因物质蒸发、碎裂而改变其质量和形态。彗星在进入太阳系八大行星的轨道范围后，会受到太阳系大行星引力的作用而改变其轨道。非周期彗星有可能变成长周期彗星，长周期彗星有可能变成短周期彗星，同时存在撞击各大行星的概率。在太阳系形成的早期，这种撞击事件更是频繁发生。目前有一种主流理论认为，地球上的水是在地球形成约 5 亿年之后，由一连串的彗星撞击所带来。近年来科学家们发现至少部分彗星拥有和地球上的水相同化学特性的物质，使得支持这一理论的研究取得了重要进展。美国天文学家用红外太空望远镜观测距离地球 640 万亿 km 的乌鸦座恒星系统，记录了一场原始彗星"风暴"猛烈地撞击一个相距 3AU 的岩石星体的过程，观测到大量包含冰粒和有机化合物的特殊物质喷射到岩石星体的周围的现象。这一发现成为支持上述理论的又一个重要证据。

彗星是一种很特殊的星体，含有很多气体和挥发性成分，可能与生命的起源有着重要的联系。根据光谱分析，这些气体成分主要是 C_2、CH、C_3 等有机化合物，另外还有 OH、NH、NH_2、Na、C、O 等原子和原子团，这说明彗星中富含有机分子。1990 年，美国 NASA 科学家对从白垩纪（距今 0.66 亿年）到第三纪（距今 6500 万～260 万年）界线附近地层中的有机尘埃作了这样的解释：在地球形成早期，一颗或几颗彗星掠过地球，将含有氨基酸等成分的有机尘埃像下小雨一样洒落在地球上，给地球上带来了生命之源。

但是要得出"地球上的生命源于一次宇宙相撞事故"的结论还为时过早。

三、矮行星

矮行星或称"侏儒行星"（Dwarf planet），体积介于行星和小行星之间。2006 年第

2-19　矮行星

26 届国际天文学联合会中确认了"行星"和"矮行星"的称谓与定义。"行星"应该满足三个准则：第一是围绕太阳运转；第二是自身引力足以克服其刚体力而使天体呈圆球状；第三是能够清除其轨道附近其他物体。一颗不是卫星的天体如果只满足了"行星"的前两个准则，而不满足第三个准则，将被分类为"矮行星"。依据上述定义，目前已经被确定的主要矮行星包括：谷神星、冥王星、阋神星、共工星、妊神星、鸟神星、塞德娜等。部分天文学家认为太阳系矮行星的数量可能超过 45 颗，绝大部分矮行星在海王星之外的轨道上运行。

1. 谷神星

谷神星（Ceres）是人们最早发现的小天体，也是唯一位于小行星带的矮行星（见图 2-94）。谷神星距离太阳 2.8AU，平均直径为 952km，每 4.6 地球年绕行太阳一周，轨道倾斜角度为 10.6°，比水星（7°）大、比冥王星（17°）小，轨道离心率为 0.08，与火星（0.09）接近，自转周期（谷神日）是 9 小时 4 分。

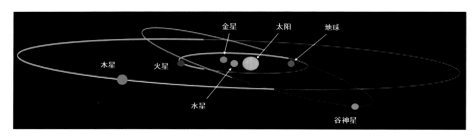

图 2-94　谷神星轨道

过去谷神星曾经被认定是主带小行星家族中最大的天体，但是近年来人们发现谷神星的光谱特性与其他大多数主带小行星不同。这说明它是这个家族的"侵入者"，但恰巧与主带小行星有着相似的轨道元素。谷神星很可能是一个分化型星球，具有岩石内核，地幔层包含大量冰水物质。目前的探测结果表明，谷神星表面有大量载水矿物质。

一种理论认为谷神星于 45.7 亿年前在小行星带中形成，可能是尚存的太阳系萌芽期行星（原行星）。虽然大多数内太阳系原行星不是和其他原行星合并成为类地行星、就是被木星弹射到太阳系外，但谷神星也许是留存下来较为完整的一颗（另一颗可能是灶神星）。另一种理论认为谷神星最初形成于柯伊伯带，稍后才迁移到小行星带。目前对谷神星的探测数据表明，它似乎是一颗地质状态不活跃的天体。

谷神星陨坑中的神秘亮斑（见图 2-95）形成的一些沉积物质，很可能是水冰。科学家认为这是在谷神星处于最大自转轴倾斜度时期，该陨坑中长期未能照射太阳光所致。

(a) 谷神星　　　　　　　　　(b) 陨坑中的亮斑

图 2-95　谷神星及其大型山脉和陨坑中的亮斑

科学家运用赫歇尔望远镜首次在谷神星表面颜色较深的区域中发现了水蒸气。据推测，水蒸气冒出的具体原因可能有两个：一是太阳照射使谷神星表面的冰被迅速加热所致，二是谷神星内部仍有能量使表面的水冰或液态水汽化。科学家初步推测水占谷神星体积的40％，可能像木卫二一样拥有液态水的海洋。海洋的存在更有可能将盐、氨、硫酸或其他具有防冻功能的成分溶解在水中，使水在低温下保持液态。

美国"黎明号"探测器在谷神星表面一个陨石坑内及其四周约1000km²的范围内，用可见光与红外光谱仪竟然发现了简单的有机物（甲基与亚甲基化合物）。科学家推测这些有机物是在谷神星上生成的，而非由其他天体所带来。谷神星上的水环境配合碳酸化合物和土质，在阳光照射下有可能出现向更复杂的有机化合物演化的条件。

2. 冥王星

冥王星（Pluto）是第一颗被发现的柯伊伯带中的类冥天体，曾被认为是离太阳最远的行星，后来被确定为太阳系内已知体积最大、质量第二大的矮行星（仅次于阋神星）。冥王星的直径为2374km，体积为月球的1/3，质量为1.3×10^{22} kg（月球的17.7％）。其表面积为1.78×10^7 km²，密度为1.86g/cm³，表面重力加速度为0.063g（月球的37％）。冥王星的轨道离心率及倾角皆较高，近日点为30AU，远日点为49AU，轨道倾角超过17°，绕太阳运行一周历时248年之久。冥王星会周期性进入海王星轨道内侧，但因与海王星的轨道共振而不会碰撞（见图2-96）。按平均距离计算，太阳光需要5.5小时才能到达冥王星。冥王星的自转周期等于6.387地球日。与天王星相似，冥王星在轨道平面上是侧着旋转的，自转轴倾角达120°。

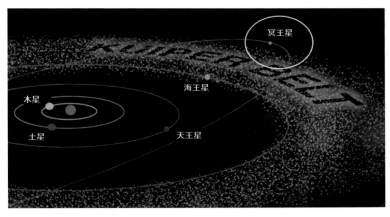

图 2-96　冥王星轨道

冥王星拥有由氮气（N_2）、甲烷（CH_4）和一氧化碳（CO）组成的非常稀薄的大气，表面压力约为1Pa（10μbar），为地球表面大气压的$10^{-6} \sim 10^{-5}$。

冥王星表面显示出多种多样的地质地貌，既具有基于冰川学、地表与大气相互作用机理形成的构造，也具有小天体撞击、冰火山和质量损失过程所产生的地貌（见图2-97）。冥王星表面的平原由98％以上的氮冰、微量甲烷和一氧化碳组成。氮和一氧化碳在冥王星背对冥卫一（卡戎）的表面最丰富（经度180°），而甲烷在其东部经度300°附近最丰富。冥王星的表面变化很大，亮度和颜色都有很大差异，山脉则是由水冰构成。冥王星颜色从炭黑色到深橙色和白色不等，是太阳系中反差最大的天体之一，其中橙色比火星稍多，红色比火星少。

图 2-97　冥王星表面形貌

冥王星没有磁场,但其结构内部存在放射性元素。科学家认为冥王星的结构与众不同,核心直径估计为1700km,占冥王星直径的70%。内部的放射性元素衰变将加热冰物质,并最终使岩石从冰中分离出来。岩石物质沉降到被水冰幔包围的致密核心之中,而液态水在地幔边界处则可能形成100～180km厚的地下海洋。

冥王星有五颗已知的天然卫星,冥卫一(卡戎)是其中最大最接近冥王星的卫星,在冥王星赤道上空约$1.9×10^4$km的圆形轨道上运转,运行周期与冥王星自转周期相等。冥卫一的直径约为1208km,是冥王星直径的50%;其密度与冥王星相似,质量是冥王星的1/8。在冥卫一引力的影响下,冥王星系统的质心位于冥王星之外。

有专家推测:冥卫一是冥王星与一颗庞大天体发生碰撞,由一大块碎片从中分离出来所形成的。冥卫一由55%的岩石与45%的冰组成,而冥王星大约70%由岩石组成。2007年,科学家在冥卫一表面观察到了氨水合物和水晶体斑块,说明其存在活跃的低温喷泉和冰火山。冥卫一具有约为地球表面大气浓度万分之一的稀薄大气,赤道带较亮,两极较暗。南半球的陨石坑比北半球少,而且地势相对较低,这表明冥卫一形成后期可能发生过大规模的表面重塑事件(见图2-98),消除了许多较早时期的撞击坑。

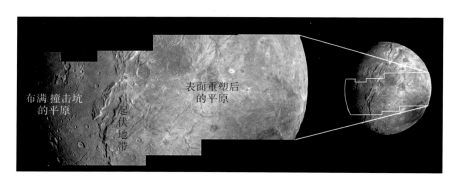

图 2-98　冥卫一(卡戎)及其地貌

3. 阅神星

阅神星(Eris)比冥王星略小,直径估计为2326km,是现已知太阳系中体积第二大,但却是重量最大且最亮的矮行星,在所有直接围绕太阳运行的天体中质量排名第九。阅神星质量是地球的0.27%,是冥王星的127%。阅神星的公转轨道是个很扁的椭圆,离太阳最近的距离是38AU,最远时为97AU,公转轨道周期为559年。阅神星的轨道非常倾斜,相对于黄道面的倾角约为44°(见

图 2-99）。

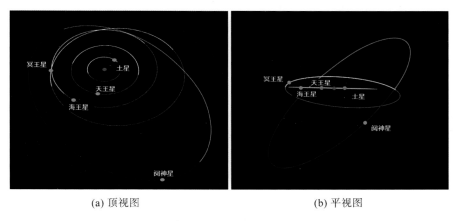

<table>
<tr><td>(a) 顶视图</td><td>(b) 平视图</td></tr>
</table>

图 2-99　阋神星轨道

　　阋神星属类冥天体。类冥天体是指与冥王星相似的天体。它们拥有与冥王星相似的轨道，并通过与海王星的轨道共振使之得以稳定，与冥王星的 3∶2 共振接近（即在海王星绕日公转三周时，该类天体绕日公转两周）。它们组成了柯伊伯带的内部分，在已知的柯伊伯带天体中有近 1/4 是类冥天体。阋神星的轨道特性可以更具体地归类为一个离散盘天体，或者是在太阳系形成过程中与海王星的引力相互作用后从柯伊伯带"散射"到更遥远且更罕见轨道的外海王星天体。

　　阋神星的表面温度估计在 30～56K 之间变化，看上去几乎是白色的。通过对阋神星的光谱观察，从该天体反射的红外光显示出甲烷冰的存在，表明该表面可能与冥王星相似。阋神星有一颗较大的卫星阋卫一（Dysnomia），如图 2-100 所示。

图 2-100　艺术家想象中的阋神星与阋卫一

　　当阋神星距离太阳足够远时，大气都结成了冰，即使在反照率较低的地方，甲烷也可以凝结在其表面上。甲烷的均匀凝结会降低阋神星表面的反差，并会掩盖所有红色的托林（一种存在于远离母恒星的寒冷星体上的共聚物分子）沉积物。当阋神星运动到近日点时，表面温度将有所升高，甲烷和氮会重新变成气态。阋神星的内部结构猜测与冥王星类似，有可能是冰和岩石的混合物。

　　4. 鸟神星

　　鸟神星（Makemake）是经典柯伊伯带天体中最大的矮行星之一，由于外表像一只鸟而得名（见图2-101）。鸟神星的直径约为 1430km，是冥王星的 2/3。鸟神星的远日点在约 52AU 处，轨道倾角高达 29°,离心率为 0.16,轨道周期大约是 310 年,比冥王星(248 年)与妊神星(284 年)都要长,属类冥天体。已知鸟神星有一个小卫星,距离鸟神星大约 20900km,其直径大约为 160km。

图 2-101　鸟神星似乎像鸟

鸟神星的表面平均温度极低(约 30K),反照率很高(接近 80%),绝对星等是 −0.48。

鸟神星的近红外光谱与冥王星很相似,在可见光谱中呈现红色。鸟神星的红外光谱探测结果显示有甲烷(CH_4)存在,比冥王星更明显。因此鸟神星可能与冥王星一样,在近日点附近时可能会有临时性的大气层。证据显示鸟神星表面有大颗粒甲烷结晶,还有大量的乙烷,只有少量冰冻的氮。

5. 妊神星

天文学家根据光变曲线计算得出妊神星(Haumea)的形状是一个椭球体,尺寸约为 2100km×1680km×1074km,反照率为 0.66~0.71,质量约为 $4.2×10^{21}$ kg,是冥王星系统质量的 28% 和月球质量的 6%。妊神星的轨道近日点为 35AU,远日点约为 50AU,轨道倾角为 28°,公转周期为 284 地球年。妊神星视星等为 17.3,是柯伊伯带中仅次于冥王星和鸟神星的第三明亮的天体(阋神星在矮行星中最亮,但不属于柯伊伯带)。

天文学家在 2017 年 10 月发现了妊神星具有一个光环系统,这是首次发现的外海王星天体的光环系统(见图 2-102)。光环的半径约为 2287km,宽度约为 70km,透明度为 0.5,贡献了妊神星总亮度的 5%。光环平面相对于妊神星的赤道平面倾斜 3.2°±1.4°,并且与其较大的外层卫星妊卫一的轨道平面大致重合。光环还与妊神星的自转接近 1：3 轨道共振。

图 2-102　妊神星及其光环和妊卫一、妊卫二

妊神星的自转周期为 3.9 小时,这比太阳系中任何直径大于 100km 的其他已知天体都快,以至于将妊神星塑造成了三轴椭球体。妊神星的快速旋转、鸡蛋形状、光环以及高反照率等特性被认为

是源于一次巨大的天体碰撞。这次碰撞还产生了妊神星的卫星和碰撞家族,包括目前已知的两个卫星:妊卫一和妊卫二。

妊神星的密度估计在 2.6～3.3g/cm³ 之间。妊神星的主体由岩石(橄榄石和辉石等硅酸盐矿物)构成,表面覆盖有一层相对较薄的冰;推测妊神星曾经是一颗更加典型的柯伊伯带天体,有着厚实的冰幔,但在撞击事件中大部分冰质地幔被撞离了。

妊神星及其家族更有可能是诞生于碰撞概率较高的动态离散盘(Scattered disc)区域。离散盘是由处于太阳系最远端的零星散布冰冻小行星组成,离散盘最内侧的部分与柯伊伯带重叠,外缘向外伸展并比传统柯伊伯带天体远离了黄道的上下方。由于妊神星族天体到达现在彼此远离的位置至少需要几十亿年,所以造成该星族的碰撞事件被认为是发生在太阳系历史的早期。

6. 共工星

国际天文学联合会小行星中心于 2020 年 2 月正式以中国古代水神"共工"命名 2007 OR10 矮行星,这是太阳系首颗以中国名字命名的大型天体。共工星运行于太阳系边缘的柯伊伯带与离散盘之间,远日点为 101AU,近日点为 33.5AU,轨道倾角为 30.7°,公转周期为 553 年,离心率为 0.5。共工星表面主要成分为甲烷冰、一氧化碳和氮的混合物,在可见光反射下呈现暗红色调(见图 2-103)。依据对天文望远镜观测数据的推算,共工星直径约为 1535km,平均密度约为 1.74g/cm³,质量约为 1.75×10²¹kg,在太阳系矮行星中按体积位列冥王星和阋神星之后排名第三(见图 2-104)。共工星的视星等为 20,反照率为 0.19,自转周期为 45 小时。目前发现有一颗围绕共工星运行的卫星,直径为 240～400km,轨道半径为 2.4×10⁴km。按照命名习惯,共工星的卫星即是共卫一,在 2007 OR10 矮行星被命名为"共工"的同时,共卫一也被命名为"相柳"。

图 2-103　共工星

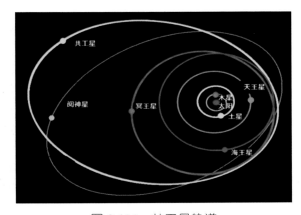

图 2-104　共工星轨道

7. 塞德娜

塞德娜(Sedna)是一颗外海王星天体,是太阳系中颜色最红的天体之一(见图 2-105)。塞德娜公转轨道的近日点及远日点分别约为 76AU 及 937AU,轨道倾角为 12°,它绕太阳运行一圈的时间为 1.2 万年。塞德娜是天文学家观测到的天体中近日点距离太阳最遥远的天体,尽管彗星 2006 SQ37 的远日点到太阳的距离比塞德娜要远 1.5 倍,但其近日点在冥王星和海王星的轨道之内,比塞德娜最靠近太阳的位置还要近得多(见图 2-106)。

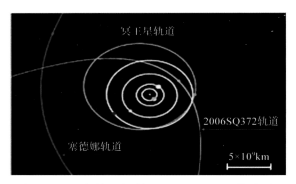

图 2-105　塞德娜　　　　　图 2-106　塞德娜与彗星 2006 SQ372 的轨道

　　根据天文观测数据推算，塞德娜的直径约为 995km，质量约为 1×10^{21} kg，平均密度约为 2.0g/cm³，自转周期约为 10 小时，符合其大小应该具有的情况。塞德娜的表面温度为 12K，反照率为 0.32，视星等为 20，没有发现其具有天然卫星。

　　塞德娜的颜色类似火星。有推测认为这是烃沉淀物或简单有机化合物长期暴露在紫外线下所形成的托林覆盖在表面的结果。塞德娜表面的物质与光谱相当均匀，可能是因为它距离太阳过于遥远，很少受到其他天体的影响。塞德娜表面的甲烷冰或水冰很少，与冥王星或冥卫一相异。天文学家在比较塞德娜与土卫六之后，发现它拥有甲烷及氮气的微弱谱线，推测其表面由 24% 托林、7% 无定形碳、26% 甲醇冰与 33% 甲烷所组成。依据空间望远镜红外光度测量结果，塞德娜表面存在甲烷及水冰，可能至少在短暂时间内存在氮气，所以它可能拥有大气层。天文学家依据观测到的塞德娜放射性过程产生的内部加热现象，推测其地表下可能拥有液态水构成的海洋。

　　许多天文学家认为，矮行星塞德娜应该与一些其他位于太阳系边缘的少量天体归类为一种新的天体类型，可称为"延伸黄道离散天体""分离天体""遥远分离天体"或"离散-延伸黄道天体"。也有一些天文学家将塞德娜视为"内奥尔特云天体"，即位于柯伊伯带及奥尔特云之间的天体。

第三章 航天技术发展历程

地球是人类的摇篮,但是人类不甘心于永远待在摇篮之中。古往今来,遥望浩瀚的星空,人类与生俱来就有飞天的梦想。

嫦娥奔月是中国古老的飞天故事。传说远古的时候,天上曾经有十个太阳。地球被这十个太阳晒得大地冒烟,海水干枯,民不聊生。人间的灾难惊动了天上的神,天帝常俊命令善于射箭的后羿下凡到人间,协助尧帝消除苦难。后羿带着一张天帝赐予的红色宝弓、一口袋白色神箭,携妻子嫦娥一起来到人间。后羿威武雄壮,力大无比;嫦娥美丽贤惠,心地善良。后羿用宝弓神箭一口气射下九个太阳,使得剩下的一个太阳每天按时从东方升起、从西方降落。从此以后大地风调雨顺,万物生长,百姓安居乐业。一位老道人十分钦佩后羿的神力和为人,赠他一包长生不老药,吃了可以升天并长生不老。后羿舍不得爱妻和乡亲们,不愿自己一人独享,就把长生不老药交给嫦娥收藏起来。蓬蒙是后羿的徒弟,他为人奸诈,一心想偷吃后羿的长生不老药升天成仙。这一年的八月十五,蓬蒙乘后羿和其他徒弟们出行打猎之际,威逼嫦娥交出长生不老药。仓促间嫦娥找不到更好的办法,迫不得已把药全部吞下肚里。顷刻间她便身轻如燕,不由自主地飘出窗口,直上云霄(见图3-1)。由于深爱自己的丈夫,嫦娥最后就在离地球最近的月亮上停了下来,入住广寒宫与月兔为伴。后羿归后得知,心如刀绞,拼命朝月亮追去,但是却永远也追不上了。第二年八月十五晚上月圆之际,嫦娥走出月宫,默默地遥望人间,思念亲人;此时此刻在地球上的后羿和乡亲们也走出房舍,仰望半空中的月亮,在月光下寄托对嫦娥的思念。从此以后年年如此,代代相传,八月十五中秋节赏月的习俗由此而来。

在古希腊神话中也有代达罗斯与伊卡洛斯父子的飞天故事。代达罗斯是希腊一位伟大的建筑师和雕刻家。但代太罗斯心胸狭窄,虚荣心和忌妒心极强,因害怕自己才华横溢的学生超过自己,残忍地杀害了他。为了逃避雅典最高法院的制裁,代达罗斯逃离了雅典,经过长时间流浪后最终在克里特岛定居下来,并在当地结婚,生下儿子伊卡洛斯。代达罗斯以他的艺术造诣赢得了岛上民众的尊重,并成为米诺斯国王的朋友。但他还是不愿意在这个孤岛上虚度一生。为了逃离克里特岛,他开始收集整理大大小小的羽毛,用麻线和蜡将羽毛捆扎和联结起来。儿子伊卡洛斯也在一旁用一双小手帮父亲劳动。一双像鸟翼一样的巨大翅膀终于完成了。代达罗斯把翅膀缚在身上,像鸟一样飞了起来,轻轻地升上云天,然后重新降落下来。他同时也给儿子伊卡洛斯做了一对小羽翼,并教他如何操纵。逃离克里特岛的那一天,代达罗斯父子戴上羽翼、扇动翅膀,渐渐地飞上了天空。父亲飞在前头,他像带着初次出巢的雏鸟飞行的老鸟一样,小心地扇着翅膀,不时地回过头来照顾儿子。轻快的飞行使得儿子伊卡洛斯兴高采烈,不由自主地骄傲起来,他操纵着羽翼朝高空飞去!太阳强烈的阳光融化了封蜡,用蜡封在一起的羽毛开始松动,不久羽翼完全散开并脱离了伊卡洛斯的双肩。不幸的孩子只得用两手在空中绝望地划动,一头栽入汪洋大海之中(见图 3-2)。汹涌的海浪把他的尸体推上了一个无名岛的海岸,绝望的父亲代达罗斯掩埋了儿子的尸体。从此,埋葬伊卡洛斯尸体的海岛叫作伊卡利亚。

图 3-1　嫦娥奔月的神话传说　　　　　　图 3-2　代达罗斯父子的飞天故事

　　火药是中国古代最伟大的发明之一,尽管当时的人们尚不清楚作用与反作用的力学定理,但中国古人运用聪明智慧将火药和弓箭结合起来,构成了现代火箭的雏形。最早出现在三国时期的火箭是将火把装在箭上,然后发射出去。唐代中国人发明了火药,北宋年间出现了人类历史上最早、最原始的"火药箭"。之后火箭便开始用于战争,并随着古丝绸之路传入欧洲。

　　火箭与风筝的结合成为人类航天飞行器的雏形,人类历史上第一个试图飞向天空的开拓者是中国一名叫万户的木匠(见图 3-3)。关于万户飞天的故事有多种记载和民间传说版本,尽管在万户的身份和飞天动机上有不同的描述,其中比较统一的说法是:万户是明朝人,具有木匠手艺,爱好火箭与火药,喜欢钻研技巧和创造发明。15 世纪中后期,他制作了一个由巨型风筝和多支火箭组成的飞行器,并将自己绑在上面。他从高山上点燃了火箭并试图实现空中飞翔,但在飞行的过程中火箭爆炸导致飞行器燃烧,最终坠落在山谷之中。万户是世界上第一个利用火箭向太空搏击的英雄,他的努力虽然没有成功,但他借助火箭推力升空的创举是具有开拓性的,因此他被世界公认为"真正的航天始祖"。国际上将月球上的一座环形火山命名为"万户山",以纪念这位为飞天而献出生命的英雄。

图 3-3　中国明代万户飞天

3-1　万户

§3-1　伟大的航天先驱者

一、康斯坦丁·齐奥尔科夫斯基

康斯坦丁·齐奥尔科夫斯基（Konstandin Tsiolkovsky）是一名中学数学老师，1857 年 9 月 17 日出生于俄罗斯。正是他提出的火箭方程奠定了现代宇宙航行学的理论基础，因此被称为航天之父（见图 3-4）。

3-2　康斯坦丁·
齐奥尔科夫斯基

图 3-4　康斯坦丁·齐奥尔科夫斯基(1857—1935 年)

童年的齐奥尔科夫斯基活泼伶俐，喜欢读书，善于思考，尤其是爱不着边际地幻想。10 岁的时候他在滑雪中患上重感冒导致猩红热，最终几乎完全失去了听觉。由于耳聋与外界断绝了联系，却使他从此走上了专注学习、独立思考、敢于幻想的道路。在学习书本知识的同时，齐奥尔科夫斯基通过各种方式对自己掌握的知识进行检验。16 岁的齐奥尔科夫斯基到莫斯科去求学，三年多时间里他完全沉浸在图书馆中，自学了解析几何、高等代数和微积分，学习了物理化学和力学，还以极大的兴趣学习了天文学。有关星际航行的问题强烈地吸引着他，齐奥尔科夫斯基从那时起就开始思索实现太空飞行的方法，他想到过利用离心力去打开通向外层空间的道路，但没有成功。

1881 年，齐奥尔科夫斯基对气体理论进行了大量思考和研究，他将一篇论文送交彼得堡的物理和化学学会。著名科学家门捷列夫对他的工作和成绩给予了赞赏和鼓励，希望他将来能够取得更大的成果。1892 年，齐奥尔科夫斯基的研究兴趣转移到了飞艇。他提出了全金属硬式飞艇的设想，并发表了多篇有关飞艇的论文。随后他开始把主要精力投入到克服地球引力、实现太空飞行的研究上。

1897 年 5 月 10 日，齐奥尔科夫斯基提出了火箭方程，即在不考虑空气动力和地球引力的理想情况下计算火箭在发动机工作期间获得速度增量的公式：

$$v = \omega \ln(m_0 / m_k) \tag{3-1}$$

式中：v 为速度增量；ω 为喷流相对火箭的速度；m_0 和 m_k 分别为发动机工作开始和结束时的火箭质量。这个火箭方程奠定了航天器设计的理论基础，直到现在还在被使用。它使人类飞出地球的梦想开始成为可能。

齐奥尔科夫斯基还计算出环绕地球做圆周运动所需的最小速度,也就是第一宇宙速度。他认为火箭应该采用分级的方式来达到第一宇宙速度,火箭要使用液体推进剂,火箭升空时应该垂直于地面。1903年,齐奥尔科夫斯基发表了《用火箭推进器探索宇宙》的论文,提出了分级火箭、太空站、人造卫星的基本思想。他在一篇名为《太空火箭工作:1903—1927年》的文章中,系统总结了在火箭和航天学研究过程中的成果。他提出了航天发展阶段应该包括火箭汽车、火箭飞机、人造卫星、载人飞船、空间工厂、空间基地、太阳能空间利用、外太空旅行、行星基地,以及恒星际飞行等阶段。齐奥尔科夫斯基准确地预言了人类航天的未来发展方向。

齐奥尔科夫斯基曾经说过:"地球是人类的摇篮,但人类不可能永远被束缚在摇篮里","我非常确信,星际旅行是可行的,因为我找到了它的理论基础……"

二、罗伯特·戈达德

罗伯特·戈达德(Robert H. Goddard)1882年10月5日出生于美国马萨诸塞州,是美国最早的火箭发动机发明家,被公认为现代火箭技术之父(见图3-5)。

3-3 罗伯特·戈达德

图3-5 罗伯特·戈达德(1882—1945年)

戈达德从年轻时就对科学、工程学及工业技术产生浓厚的兴趣。他16岁时阅读了威尔斯的科幻小说《星际战争》,开始沉迷于太空飞行,并决定把自己的职业生涯定位在火箭的研究上。1910年和1912年,戈达德从克拉克大学获得硕士和博士学位,并成为普林斯顿大学的研究员。在随后的几年里,他进一步确信用他的方法一定会把人类送入太空。他在实验室里第一次证明了定向燃烧在真空中可以产生推力,并首先从理论上探讨各种燃料的质量与所产生能量和推力的比值。1919年,戈达德认识到液氢和液氧是比较理想的火箭推进剂,并发表了《达到极大高度的方法》这篇经典性论文,开创了人类实现航天飞行的新时代。他最先研制了使用液态燃料(液氧和汽油)的火箭发动机,并于1925年在地面实验室首次成功进行了液体推进火箭发动机的静力试验。

1926年3月16日,在马萨诸塞州冰雪覆盖的奥本草原上,戈达德发射了人类历史上第一枚液体火箭。火箭长约3.04m,发射时重量为4.6kg。飞行延续了约2.5s,最大高度为12.5m,飞行距离为56m。这次成功的飞行试验创造了历史,宣告了现代火箭技术的诞生。1930年12月30日,戈达德研制的一枚新的液体火箭发射成功,高度达到610m,飞行距离300m,飞行速度800km/h,打破了以往的火箭飞行纪录。他在火箭发射试验中首先采用了程序控制系统。他首次用燃气舵控制火箭的飞行方向,首次用陀螺仪解决了控制火箭飞行姿态的问题。5年后,戈达德研制的液体火箭最大射程已达到20km,时速达到1103km,这是人造飞行器第一次超过音速。

戈达德共获得了 200 多项与火箭技术相关的专利，奠定了现代运载火箭的技术基础，为人类航天事业的发展作出了重要贡献。1959 年设立的美国国家航空和航天局戈达德太空飞行中心、月球上的戈达德环形山均是以他的名字命名。戈达德虽然成功地实施了世界上第一枚液体火箭的发射试验，但最初并没有引起美国政府的重视和支持。所以到他逝世时，美国的火箭技术还远远落后于德国。

三、赫尔曼·奥伯特

具有德国血统的赫尔曼·奥伯特（Hermann Oberth）1894 年 6 月 25 日出生于奥匈帝国（见图 3-6）。他从小就迷上了星际旅行，在中学时代就坚信：反作用推进的火箭是唯一一种能实现太空飞行的方式，一定会用于未来的宇宙飞船。

3-4 赫尔曼·
奥伯特

图 3-6　赫尔曼·奥伯特（1894—1989 年）

1913 年，奥伯特到德国慕尼黑大学学医，在第一次世界大战中被征召入奥匈帝国军队当兵。虽然大学读的是医学专业，但他专注于宇宙航行的基础理论研究，阅读了包括齐奥尔科夫斯基的著作和他所有能找到的关于火箭和宇宙航行的书籍。

1923 年 6 月，奥伯特发表了《飞往星际空间的火箭》的经典著作，用数学阐明了火箭如何获得摆脱地球引力的速度，并以此获得了罗伯特·埃斯诺-贝尔特利和德烈·赫尔什创设的航天奖学金。1927 年 6 月，他成为德国"宇宙航行协会"的名誉会长。应科幻电影《月球上的女人》制片公司邀请，奥伯特带领团队制造了一枚两米长的火箭，并于 1930 年 7 月 23 日成功发射，飞行高度达 20km。

1941 年，奥伯特入职佩内明德火箭研究中心，参与火箭的基础理论及研制工作，并制定了 A-9 和 A-10 多级火箭计划，打算从海上攻击美国华盛顿。虽然没有直接参与著名的 V-2 火箭研制，但奥伯特的理论框架为 V-2 火箭的成功研制奠定了重要基础。1943 年，奥伯特被派到易北河畔，研究固体推进剂防空火箭。第二次世界大战后，他被美国监禁了 3 个月，之后被意大利海军招聘，继续研究固体推进剂防空火箭，之后又返回德国纽伦堡从事教学工作。1951 年，他离开德国到美国与冯·布劳恩合作，共同为 NASA 工作。

赫尔曼·奥伯特是第一个宇航协会的发起者和领导者；第一个创立了空间火箭点火理论公式，并用数学方法阐明火箭脱离地球引力的方法和速度；第一个完整介绍了宇宙飞船及其发射飞行原理，是研究防空火箭的第一人。他的主要贡献是建立了燃料消耗、燃气速度、火箭速度、发射阶段重力作用、飞行延续时间和飞行距离之间的理论关系，为火箭工程设计奠定了技术基础。

四、沃纳·冯·布劳恩

沃纳·冯·布劳恩(Wernher von Braun)1912 年出生于德国,是一位以一己之力撑起德国纳粹导弹试验基地和美国航天事业半边天的传奇人物,是 20 世纪人类航天事业的先驱之一(见图 3-7)。第二次世界大战期间,他曾经是德国著名的 V-2 火箭的总设计师。第二次世界大战结束时,他和他的设计小组被带到美国。NASA 对冯·布劳恩的评价是:"毋庸置疑的,他是史上最伟大的火箭科学家。他最大成就是在担任 NASA 马歇尔航天飞行中心总指挥时,主持土星 5 号的研发,成功地在1969 年 7 月首次实现了人类登陆月球的壮举。"

3-5 冯·布劳恩

图 3-7　沃纳·冯·布劳恩(1912—1977 年)

1925 年,14 岁的冯·布劳恩看到了火箭先驱赫尔曼·奥伯特的著作《星际火箭》,开始对星际旅行产生了极大的兴趣。1930 年他进入柏林高等工业学院(今柏林工业大学),成为赫尔曼·奥伯特的学生,不久加入了德国"宇宙航行协会"。他很快成为协会董事会成员,并在此后协助奥伯特进行液体火箭的研制与测试工作。1934 年 7 月 27 日,冯·布劳恩获得柏林洪堡大学物理学博士学位,毕业论文是关于液体推进剂火箭发动机理论和实验。

1936 年,冯·布劳恩在德国纳粹佩内明德导弹试验基地任技术部主任,领导设计了 V-2 火箭。1942 年 10 月 3 日 V-2 火箭首次发射成功,他被希特勒授予荣誉教授称号。德国战败之际,他认为自己对德国已经尽到了爱国的义务,新的使命就是要把宝贵的航天技术拯救出来,服务于全人类。因此他策划了德国导弹基地研制班子整体向美国人投降的行动,将全体科研人员、大量技术报告、专利、工程设计图纸保存下来。

1945—1956 年,冯·布劳恩为美军装备设计研究局工作,在他的领导下先后研制成功"红石""丘比特"和"潘兴"导弹,以及"丘比特 C"火箭。1958 年 1 月 31 日,他设计的"丘比特 C"火箭成功发射了美国第一颗人造地球卫星——"探险者 1 号"。

1958 年 10 月,冯·布劳恩成为美国国家航空和航天局(NASA)的领导成员之一,着手实施把宇航员送入太空轨道并安全返回的"水星计划"。在经历了一次惨痛失败之后,执行水星计划的"水星-红石1A 号"火箭终于获得了成功。1961 年 5 月 5 日,宇航员艾伦·谢泼德在万众瞩目之中,搭载"水星"飞船系列的"自由 7 号",成为第一位太空飞行的美国人。1962 年 2 月 20 日,冯·布劳恩主持研制的"水星-大力神"火箭准确地将载有美国宇航员约翰·格伦的"友谊 7 号"飞船送入了绕地球飞行的轨道。

1962 年 1 月 10 日,NASA 宣布了发展"土星 5 号"大型运载火箭的计划,由冯·布劳恩领导一个团队在马歇尔航天飞行中心设计建造,目标是实现载人登月。"土星 5 号"的设计方案源于 V-2 火箭和木星系列火箭。从 1967 到 1973 年,土星系列火箭一共发射了 17 次,成功率达到 100%。

1968 年 12 月的"阿波罗 8 号"载着 3 名航天员完成了人类第一次绕月飞行。1969 年 7 月用"土星 5号"发射的"阿波罗 11 号"终于完成了人类首次登月的壮举,冯·布劳恩以不懈的努力使"阿波罗"计划取得了圆满成功。

五、谢尔盖·帕夫洛维奇·科罗廖夫

谢尔盖·帕夫洛维奇·科罗廖夫(Сергей Павлович Королёв)1906 年 12 月 30 日出生于乌克兰日托米尔。少年时代的科罗廖夫就渴望制造出他自己设计的滑翔机,他选择的大学专业是航空动力学与飞机设计,下决心做一名航空工程师。1929 年在见到航天之父齐奥尔科夫斯基后,科罗廖夫的研究兴趣由飞机制造转向了航天火箭。他是苏联航天事业的组织者与总设计师,是第一枚射程超过 8000km 的洲际弹道导弹的设计者,也是发射人类第一颗人造地球卫星、第一艘载人航天飞船的运载火箭总设计师(见图 3-8)。

图 3-8　谢尔盖·帕夫洛维奇·科罗廖夫(1906 年—1966 年)

3-6　科罗廖夫

1930 年,科罗廖夫加入了火箭爱好者小组,潜心研究反作用推进机理,开启了苏联的火箭与发动机研制时代。1933—1937 年,科罗廖夫小组成功研制出第一台使用液氧和汽油作燃料的喷气发动机,并将这种发动机安装在 PP-1 型滑翔机上。在成功发射了苏联第一枚重 18kg 的液体火箭后,科罗廖夫小组研制的 PP-318-1 型火箭飞机进行了第一次地面点火试验,验证了火箭飞机的全部性能。科罗廖夫成为世界上第一个火箭科学研究所的副所长,主管科研工作,发表了专著《大气层中的火箭飞行》。

在苏联 1937 年的肃反扩大化"大清洗"中,科罗廖夫因莫须有的阴谋颠覆罪遭到指控,被判刑并押解到西伯利亚罚做苦役。在著名飞机设计师图波列夫的多次请求下,科罗廖夫脱离了死牢,被允许以囚犯的身份重新开始研制火箭。就是在这种恶劣的条件下,科罗廖夫先后成功设计了苏联第一代导弹和中程导弹。在卫国战争中,正是在科罗廖夫等人忘我而乐观的努力工作下,火箭科学研究所制造的一系列火箭发动机为苏联后来发展弹道导弹、洲际导弹奠定了坚实的基础。

第二次世界大战结束后,科罗廖夫恢复了名誉,出任苏联弹道导弹的总设计师。在科罗廖夫领导下,1947—1953 年苏联取得了成功发射近程、中程、远程战术导弹,成功将小狗"莱伊卡"送入高空等一系列成果。1955 年 6 月 25 日,科罗廖夫提出了发射人造地球卫星和载人宇宙飞行的设想。1957 年 8 月 3 日,苏联首枚洲际弹道导弹 P-7 试飞成功。当年的 10 月 4 日,科罗廖夫大胆采用捆绑火箭的方法,抢在美国之前成功发射了人类第一颗人造地球卫星,这一事件成为人类进入航天时代的重要标志。

1959 年 9—10 月,科罗廖夫领导研制的"月球 2 号""月球 3 号"分别撞击了月球和拍摄了月球背

面的照片。同年底,他又开始执行金星和火星探测计划,他还改进和发展了新型的 P-9 洲际弹道导弹,将导弹的射程增加到了 12000～14000km。

1961 年 4 月 12 日,由科罗廖夫担任总设计师的"东方号"运载火箭将尤里·加加林乘坐的"东方 1 号"飞船送入太空,完成了人类历史上首次载人航天飞行。随后科罗廖夫又开始着手载人空间站的研发工作,其中包括载人长期太空飞行、多人飞行、多艘飞船的轨道会合和编队飞行、太空行走和航天器轨道对接技术等多项航天尖端技术。

由于长年不知疲倦的辛劳工作和近 10 年牢狱之灾的折磨,1965 年底科罗廖夫不幸病倒,不久便与世长辞,年仅 59 岁。《走向未来》是科罗廖夫生前发表的最后一篇文章,在结尾处有一句意味深长的话:"人类的思维永无止境!"

六、钱学森

钱学森 1911 年 12 月 11 日出生于上海,祖籍浙江杭州,吴越王钱镠第 33 世孙。他是杰出的空气动力学家、航天工程系统科学家,工程控制论创始人之一,"两弹一星"功勋奖章获得者,中国航天的奠基人(见图 3-9)。

3-7 钱学森

图 3-9　钱学森(1911—2009 年)

1934 年,钱学森毕业于上海交通大学机械工程系;1935 年,受庚子赔款资助公费赴美留学,从美国麻省理工学院硕士毕业后转入加利福尼亚理工学院航空系,师从著名的航天工程学家西奥多·冯·卡门(Theodore von Kármán),并很快成为冯·卡门最欣赏的学生。1939 年钱学森获得美国加利福尼亚理工学院博士学位,之后留校任教,并先后担任加利福尼亚理工学院副教授、麻省理工学院教授。作为美国当时最杰出的导弹与火箭专家之一,钱学森在第二次世界大战即将结束之际被临时授予美军上校军衔,与冯·卡门一起被派赴德国接管了以冯·布劳恩为首的德国火箭团队及其相关资产和技术资料。1949 年,钱学森担任了加利福尼亚理工学院喷气推进中心主任、教授。

新中国成立之初(1950 年),正准备踏上回国行程的钱学森被美国政府扣留,并在特米那岛上被拘留了 14 天。当时美国海军次长丹尼·金布尔(Dan A. Kimball)声称:钱学森无论走到哪里,都抵得上 5 个机械化装备师的兵力。在随后的几年中,钱学森受到了美国政府的迫害,被调离火箭研究机构,同时也失去了宝贵的自由,在美国安全部门的监视下从事大学基础课程的教学工作。1955 年,在周恩来总理的亲自关心下,中国政府通过外交上的不懈努力,以释放 11 名在朝鲜战争中俘获的美军飞行员等条件作为交换,使得钱学森等留美科学家最终回到了祖国的怀抱。

1956 年初,钱学森向中共中央、国务院提出《建立我国国防航空工业意见书》,同时组建了中国第一个火箭与导弹研究所(国防部第五研究院)并担任首任院长。他主持完成了"喷气和火箭技术"规划,参与了近程、中近程导弹和中国第一颗人造地球卫星的研制,参与制定了中国第一个航天发展规划,建立并发展了工程控制论、系统学等学科。1964 年 10 月 16 日,中国第一颗原子弹爆炸成功。1966 年 10 月 27 日,钱学森协助聂荣臻元帅在酒泉发射场直接领导了用中近程导弹运载原子弹的"两弹结合"飞行实验,取得圆满成功。在他的带领下,1967 年 6 月 17 日中国第一颗氢弹空爆试验成功,1970 年 4 月 24 日中国第一颗人造卫星发射成功。

钱学森在空气动力学、固体力学领域中都开展了开拓性的研究工作。他与冯·卡门合作进行的可压缩边界层研究揭示了这一领域的一些温度变化情况,创立了"卡门-钱近似"方程,是最早在跨声速流动问题中引入上下临界马赫数概念的科学家之一。在理论力学方面,钱学森将稀薄气体的物理、化学和力学特性结合起来开展研究,提出了物理力学的概念,编著了《物理力学讲义》,建议把物理力学扩展到原子分子设计的工程技术上。在火箭与航天领域,钱学森提出并实现了火箭助推起飞装置,提出了火箭载人飞机的概念和关于核动力火箭的设想,还研究了跨星际飞行的理论可能性。在 1962 年出版的《星际航行概论》中,钱学森提出了用一架装有喷气发动机的大飞机作为第一级运载工具的概念。钱学森把航空航天领域中开放而复杂的工程大系统作为主要研究对象,发展了相关的系统学和方法论。

钱学森历任中国科学院力学研究所所长、第七机械工业部(导弹工业部)副部长、国防部第五研究院(现中国空间技术研究院)院长、国防科学技术委员会副主任等职务;1959 年加入中国共产党;1984 年被增选为中国科学院主席团执行主席;1986 年当选中国科学技术协会全国委员会主席;1986 年至 1998 年担任中国人民政治协商会议第六、七、八届全国委员会副主席;1999 年被授予"两弹一星"功勋奖章。

§3-2　人类太空探索历程

一、运载火箭,进入空间

人类要克服地球引力进入太空,首先要具有航天运载工具即运载火箭。

运载火箭是基于反作用的运动原理。人类历史上有明确记载最早应用该原理的装备是在 1232 年的中国明朝。当蒙古大军包围京城北京的时候,中国人第一次使用了射程达 400 米的火箭来抵御外敌。当时它既可作为杀伤性战斗武器,又可作为发

3-8 运载火箭

射信号使用。从 14 世纪开始,意大利和法国也在欧洲的战争中开始利用火箭将爆炸性物质投放到敌人的阵地上。然而由于当时极低的投射精度,所形成的战场效果并不佳,因而该技术没有被广泛地应用。19 世纪初,随着西方第一次工业革命的展开,科学技术也取得了长足的进步,开始出现了一些阐述火箭及其应用原理的理论研究报道。直到 19 世纪末,俄国著名科学家齐奥尔科夫斯基发表了火箭公式,才真正奠定了能够在真空中飞行的带火箭发动机的飞行器设计的相关理论基础。从 19 世纪末到 20 世纪初,人们开始使用气球和飞机飞入天空,并尝试用探空火箭向大气层外的太空冲击。

20 世纪 30 年代，只有德国和苏联两个国家支持发展火箭技术。为了在战争中实现对敌人的远程杀伤，德国人对于尚处于萌芽状态的火箭军事潜力寄予很大希望。德国"宇宙航行协会"的年轻专家冯·布劳恩领导的火箭设计研究小组在经历了第一代液体火箭 A-1 的失败后，经过改进的 A-2 火箭于 1932 年 12 月试射成功，飞行高度达到 3km。1936 年 4 月，德国陆军在波罗的海畔的佩内明德建立了火箭研究中心，同时开展 V-1 飞航式导弹和 V-2 弹道导弹的研制。V-2 导弹的德文全称意为"报复性武器-2"，其目的是能够从欧洲大陆直接发射并准确地打击英国本土的目标。V-2 导弹全长约 14m，起飞重量 12800～13000kg，最大飞行速度 4.8 马赫，最大航程 320km，是火箭技术进入一个新时代的标志（见图 3-10）。1942 年 10 月 3 日，V-2 导弹首次发射成功，飞行距离 180km，标志着人类历史上第一枚弹道导弹的诞生。V-2 导弹在工程上实现了 20 世纪初航天先驱者的技术设想，对现代大型火箭的发展起了继往开来的重要作用，成为航天发展史上的一个重要里程碑。

图 3-10　德国 V-2 导弹（探空火箭）

第二次世界大战结束前后，苏联和美国均通过抢夺德国火箭研制的人才和技术资料建立了火箭研究机构。通过仿制德国 V-2 火箭并积累研制现代火箭系统的经验，很快建立了火箭和导弹研发和生产的工业体系。

1946 年，美国发射了缴获的德国 V-2 火箭，测到了 112km 高度的大气数据。1949 年，苏联用 P-2A 探空火箭携带 860kg 的仪器设备，飞到 212km 的高度。1949 年 2 月美国以 V-2 火箭为第一级，"女兵下士"火箭为第二级的"丰收号"探空火箭创造了 393km 的飞行高度，探测并获取了高层大气参数、化学成分和辐射强度等信息。20 世纪 50 年代，法国、日本、加拿大、澳大利亚等国也相继发展了探空火箭。到 1957 年前后，苏联在 P-7 导弹基础上改装的"卫星号"运载火箭，美国研制的"丘比特 C"运载火箭，都已经具备了发射人造卫星的能力。经过不懈努力，人类终于为冲出大气层进入太空做好了准备，也为各类航天器的飞行打好了基础。

类似德国 V-2 火箭那样的小型运载火箭是每个国家在发展火箭技术的过程中最基本的一步。经过 70 多年的发展，人类已经开发出各种规格的运载火箭用于满足不同航天任务的需求，其中有重型、大型、中型等各种运载火箭，也在探索可重复使用的运载方式。

1. 重型运载火箭

重型运载火箭(Super Heavy-lift Launch Vehicle,SHLV)是指一种具备 50 吨以上近地轨道有效载荷能力的运载火箭。重型运载火箭属于目前人类运载火箭中最大、最重、技术水准要求最高的运载火箭。目前能成功制造重型运载火箭的国家只有美国和苏联两个超级大国,中国的重型运载火箭尚在研发之中。

1967—1973 年,美国用"土星 5 号"运载火箭执行"阿波罗"计划的载人登月任务,其发射近地轨道有效载荷的能力为 140 吨。1983—2011 年,美国的空间运输系统(STS)用于执行航天飞机的任务,可将 70 吨的航天飞机和约 30 吨的货物送到近地轨道。2018 年,美国太空探索技术公司(SpaceX 公司)的猎鹰重型运载火箭开始服役,其运载能力约为 63 吨。SpaceX 公司正在研发中的星舰(Starship)的运载能力约为 150 吨,计划 2024 年执行载人绕月任务。美国国家航空和航天局(NASA)还开发了新一代 SLS 系列重型运载火箭,其中 SLS-Block 1 的运载能力约为 70 吨,于 2022 年首次试飞成功。SLS 重型运载火箭家族中的 SLS-Block 1B 的运载能力约为 105 吨,SLS-Block 2 运载能力约为 130 吨。

20 世纪 60—70 年代,苏联为实施载人登月计划研制了 N1 运载火箭,其近地轨道的运载能力为 95 吨,不过前后四次的试飞测试均以失败告终,并于 1976 年取消了该项目。1987—1988 年,苏联制造了"能源号"运载火箭,其有效载荷运载能力为 100 吨,可将"暴风雪号"航天飞机和约 30 吨的货物送往近地轨道。近年来,俄罗斯为实施载人登月计划正在研制"叶尼塞"运载火箭,其近地轨道的运载能力为 103 吨,计划于 2028 年首飞。

中国目前正在研发中的"长征九号"重型运载火箭,计划用于我国深空探测、载人登月和登火、空间基础设施建设等任务。"长征九号"芯级最大直径为 10m 级,总长约百米,起飞质量超过 4000 吨,近地轨道运载能力为 140 吨,地月转移轨道运载能力约为 50 吨,计划于 2028 年前后首飞。

世界各国主要重型运载火箭如图 3-11 所示。

(a) 美国"土星5号" (b) 美国"SLS" (c) 美国"猎鹰"重型 (d) 美国"星舰" (e) 苏联N1 (f) 苏联"能源号" (g) 中国"长征九号"

图 3-11 世界各国主要重型运载火箭

2. 大型运载火箭

大型运载火箭(Heavy-lift Launch Vehicle,HLV)是指具备 20～50 吨近地轨道运载能力的火箭,是执行大型航天任务的主力火箭,是一个国家和组织航天技术水平与实力的标志。目前能制造大型运载火箭的国家和组织有美国、中国、俄罗斯和欧空局。

美国联合发射联盟(ULA)的"德尔塔 4 号"大型运载火箭从 2004 年开始服役,低轨运载能力为

28.8 吨；SpaceX 公司的"猎鹰 9 号"火箭从 2018 年服役至今，运载能力为 22.8 吨；联合发射联盟（ULA）正在研制中的"火神"运载火箭系列中的"半人马座型"运载能力为 23 吨，"ACES 型"运载能力为 37.4 吨；蓝色起源（Blue Origin）公司研制中的"新格伦号"运载火箭的运载能力约为 45 吨。

1965—2012 年，俄罗斯的"质子型"运载火箭执行了多项重要航天任务。其中"质子 K 型"火箭的运载能力最高将 20 多吨的"星辰号"服务舱送入了太空，"质子 M 型"运载火箭从 2001 年开始服役至今，低轨运载能力为 21.6 吨。俄罗斯的"安加拉 A5"运载火箭从 2014 年服役至今，运载能力达 24.5 吨。

欧洲空间局（ESA）的"阿丽亚娜 5 号 ES"运载火箭的运载能力为 21 吨，从 2008 年到 2022 年执行了欧洲各国及全球多个国家的航天发射任务，是商业航天发射最成功的火箭之一。新研制的"阿丽亚娜 6 号 A64"运载火箭其低轨最大运载能力为 21.65 吨，在提高发射载荷质量的灵活性、降低发射费用方面取得了较大进步，未来将取代"阿丽亚娜 5 号"。

中国的"长征五号"系列运载火箭的低轨运载能力为 25 吨，从 2016 年首次发射至今已经先后成功执行了"实践十七号""实践二十号""天问一号""嫦娥五号"的发射和中国空间建设等多次重大航天任务。

世界各国和组织的主要大型运载火箭如图 3-12 所示。

(a) 美国"德尔塔4号" (b) 美国"猎鹰9号" (c) 美国"新格伦号" (d) 俄罗斯"质子K型" (e) 俄罗斯"安加拉A5"(f) 欧空局"阿丽亚娜5号"(g) 中国"长征五号"

图 3-12　世界各国和组织的主要大型运载火箭

3. 中型运载火箭

中型运载火箭（Medium-lift Launch Vehicle，MLV）是指一种具备 2～20 吨近地轨道载荷运载能力的火箭，是发射多数对地观测卫星和技术试验卫星的经济型运载工具。目前能制造中型运载火箭的国家和组织有美国、俄罗斯、中国、日本、印度和欧空局。

美国目前正在服役的主力中型运载火箭有：联合发射联盟的"宇宙神 5 号"运载火箭，近地轨道载荷运载能力为 9.75～18.8 吨；轨道科学公司（Orbital）的"安塔瑞斯"运载火箭，运载能力为 6.12～8 吨。

俄罗斯的"联盟-2.1a"运载火箭从 2004 年服役至今，近地轨道载荷运载能力为 7.02 吨；"联盟-2.1b"运载火箭从 2006 年服役至今，运载能力为 8.2 吨；"联盟-2.1v"运载火箭从 2013 年服役至今，运载能力为 2.85 吨；"安加拉 1.2"运载火箭从 2014 年服役至今，运载能力为 3.8 吨。

日本"H-IIA"运载火箭从 2001 年服役至今，近地轨道载荷运载能力为 15 吨。

印度极轨卫星运载火箭从 1992 年服役至今，近地轨道载荷运载能力为 3.25 吨；地球同步卫星运载火箭 2 型从 2010 年服役至今，近地轨道运载能力为 5 吨；地球同步卫星运载火箭 3 型从 2014 年服役至今,运载能力为 10 吨。

　　欧洲空间局"阿丽亚娜"系列火箭中的大多数型号属于中型运载火箭,承担了世界商业航天发射任务的 50％,其中"阿丽亚娜 6 号 A62"火箭的运载能力为 10.35 吨(见图 3-13)。

(a) 美国"宇宙神5号"　　(b) 美国"安塔瑞斯"　　(c) 俄国"联盟-2.1a"　　(d) 日本"H-IIA"　　(e) 印度"火箭3号"　　(f) 欧空局"阿丽亚娜6号A62"

图 3-13　国外主要中型运载火箭

　　"长征二号"是中国航天科技集团有限公司第一研究院(即中国运载火箭技术研究院)研制的我国第一代两级液体运载火箭,主要用于将"神舟"载人飞船和大型目标飞行器发射到近地轨道。"长征二号"的 C 型和 D 型运载火箭的近地轨道运载能力为 4 吨、"长征二号"F 型运载火箭的有效载荷能力为 8.8 吨,成功将航天员杨利伟送入太空,使中国成为世界上第三个能自主发展载人航天技术的国家。"长征三号"是中国在 20 世纪 70—80 年代研制的一型三级液体运载火箭,主要用于发射地球同步轨道通信卫星。"长征三号"的 A、B、C 型运载火箭的地球同步转移轨道运载能力分别为 2.6 吨、5 吨和 3.7 吨。"长征四号"系列火箭是中国航天科技集团公司所属上海航天技术研究院研制的三级常规液体运载火箭,其太阳同步轨道的运载能力在 1.5～2.8 吨。"长征七号"是采用"两级半"构型的中型运载火箭,主要用于发射货运飞船,近地轨道运载能力为 14 吨,从 2016 年服役至今;"长征七号"A型从 2021 年服役至今,地球同步转移轨道的运载能力为 7.8 吨;"长征八号"是中国新一代中型中低轨道两级液体捆绑式运载火箭,近地轨道运载能力为 5 吨,从 2020 年服役至今(见图 3-14)。

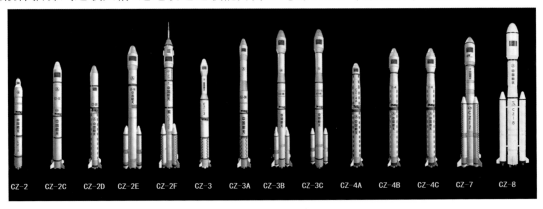

图 3-14　中国"长征"系列中型运载火箭

4.可重复使用的运载火箭

运载火箭的一次性使用方式使得发射费用居高不下,阻碍了人类航天活动的快速发展。早在1969年德国人迪特里希·凯勒(Dietrich Koelle)设计了一款可重复使用的单级入轨垂直起降火箭,称为贝塔(Beta)。这个犹如倒置陀螺的锥形飞行器装有6个着陆支腿,可用于起飞和着陆时的支撑,并在底部安装了12台发动机。从轨道再入返回时底部朝前,利用气动阻力和发动机反推来实现减速和安全降落到地面上。这种飞行更类似于自由落体,飞行轨迹较陡,机动能力较弱,这也是初期垂直起降概念火箭的普遍特征。从20世纪70年代开始,英国的霍托尔(Hotol)和德国的桑格尔(Sanger)等人也提出了研制能重复使用的运载火箭的设想,以大幅度降低航天发射费用。

20世纪80年代,美国开启了航天飞机的计划,并成功研制了5架航天飞机进行了132次太空飞行。但是航天飞机系统过于复杂,制造和维护成本都非常高。"挑战者号"和"哥伦比亚号"航天飞机分别在发射和返回的过程中发生了爆炸并解体,14位宇航员为此付出了生命的代价。航天飞机在技术上虽然取得了重大突破,但其单位有效载荷重量的发射价格反而超过常规一次性使用的运载火箭,且在可靠性方面也存在较大风险。2011年美国航天局不得不终止了航天飞机的技术路径。

完全可重复使用的运载火箭不仅可以降低运载火箭的硬件成本,而且还可以大大简化地面操作与设备,提高发射频率,因而它是未来运载火箭的发展方向。根据美国航天局正在实施的先进运载技术计划,单级入轨(SSTO)可重复使用的火箭方案有三种,即垂直起降方案、垂直起飞水平降落的翼身组合体方案、垂直起飞水平降落的升力体方案。

20世纪80年代,美国人加利·哈德森(Gary Hudson)和马克斯韦尔·亨特(Maxwell Hunter)为了吸引投资并开拓商业市场,设计了"凤凰"(Phoenix)系列单级入轨火箭,主要包括"凤凰C"(用于货运)和"凤凰E"(用于深空探测)。这些火箭除了用于近地轨道运输外,还可以作为火星或月球探测的着陆器。"凤凰"系列火箭的底部安装了24台发动机,在其中7台发动机发生故障的情况下仍然能够安全实现返回着陆。

20世纪90年代,美国麦道公司研究了一款可重复使用的单级入轨飞行器——德尔它快帆(DC-X/XA),并进行了9次飞行试验,验证了其起飞、悬停、机动、着陆等性能,这也是垂直起降火箭的首次研制和飞行试验。德尔它快帆是个四面锥体,在底部安装了几片襟翼,且从轨道再入返回时是头部朝前的,这样就可利用身体外形和动作来调节升力和飞行方向,以获得更大的机动能力,并实现更加平缓的飞行。当火箭快要到达地面时,再将头部抬起,利用尾部的发动机反推来实现缓冲和软着陆。

美国太空探索技术公司(SpaceX公司)从2010年开始研究垂直起降可重复使用的"猎鹰9号"运载火箭。在经历多次试验失败之后,2015年12月22日,"猎鹰9号(Falcon 9)"发射成功,并在10分钟后完成了一级火箭的陆地回收。2016年1月18日,"猎鹰9号"运载火箭成功将一颗海洋观测卫星送入轨道,但在随后的第一级火箭海上回收试验中,却以失败告终。3个月后,"猎鹰9号"运载火箭完成国际空间站补给任务后,在发射场地以东300千米的专用海上回收平台上平稳着陆。迄今为止,SpaceX公司已完成了40余次回收和30余次重复使用,垂直起降技术和飞行控制技术开始逐步走向成熟。

中国按照近、中、远期的目标,确定了可重复使用运载火箭的三条技术途径:第一,基于现役火箭构型开展主发动机重复使用技术研究及适应性改进工作,近期完成回收验证工作,解决落区安全问题;第二,基于新研火箭构型开展重复使用液氧烃类发动机研究,支撑垂直、水平等多种回收方案,中期具备一二级火箭重复使用能力,推动两级入轨航天运输产业形成;第三,基于水平起降重复使用运载器构型开展吸气式组合发动机研究,远期形成单级入轨运载器的工程应用。

中国运载火箭技术研究院设计的"长征八号 R 型"火箭采用助推器和芯一级不分离一并回收的技术方案,基于"长征八号"原有的火箭动力系统配置,通过对发动机推力的适度调节和多次点火来实现垂直着陆回收。该火箭用一套回收装置可实现占火箭总成本70%的3个模块的回收,大幅提升了回收效率。2021 年 7—10 月,由民营航天企业深蓝航天公司研制的"星云-M"试验箭也先后完成了十米级、百米级 VTVL(垂直起飞、垂直降落)回收飞行试验。2022 年 5 月"星云-M"试验箭又完成了 1km 级 VTVL 飞行试验(见图 3-15)。

(a) Phoenix火箭　(b) 麦道公司"德尔它快帆"　(c) SpaceX公司"猎鹰9号"　(d) 中国"长征八号"　(e) 中国深蓝航天"星云-M"

图 3-15　可重复使用的垂直起降运载火箭

二、人造卫星,环绕地球

在人类具备了进入太空的运载能力之后,将人造卫星送入环绕地球的轨道成为人类航天发展历史上的里程碑。

3-9 人造卫星

1.世界各国的第一颗人造卫星

苏联在 1957 年 10 月 4 日用"卫星号"运载火箭成功发射人类历史上首颗人造地球卫星——"斯普特尼克 1 号"(Sputnik 1),揭开了人类向太空进军的序幕。该卫星外观呈球形[见图 3-16(a)],直径 58cm,重 83.6kg。它沿着椭圆轨道飞行,每 96 分钟环绕地球一圈,距地面的最大高度为 900km,用两个频道连续发送信号。该卫星主要用于获取高层大气密度、无线电电离层传输等方面的测量数据。该卫星正常工作了 3 个月左右,在轨运行期间还探测到空间微流星体。"斯普特尼克 1 号"是第一个被人类送入太空的航天器,实现了人类千百年来的梦想,成功开创了人类航天的新纪元。

美国于 1958 年 1 月 31 日用"丘比特-C"运载火箭成功发射了"探险者 1 号"(Explorer 1)人造卫星。该卫星重 8.22kg,外形呈锥顶圆柱形[见图 3-16(b)],高 203cm,直径 15.2cm,沿近地点 360.4km、远地点 2531km 的椭圆轨道绕地球运行,轨道倾角 33.34°,运行周期 114.8 分钟。该卫星的主要任务是:探测地球大气层和电离层;测量地球高空磁场;测量太阳辐射、太阳风和研究日地关系;探测星际空间;探测和研究宇宙线和微流星体;测定地球形状和引力场。"探险者 1 号"是美国科学卫星系列的第一颗卫星,在轨工作了 3 个多月,首次发现了地球周围存在有可能对人类航天活动产生危害的高能辐射带——范艾伦辐射带。

法国于 1965 年 11 月 26 日用"钻石"运载火箭成功发射了"阿斯特里克斯"(Asterix)卫星,成为第三个发射卫星的国家。该卫星重约 42kg,运行周期 108.61 分钟,沿近地点 526.24km、远地点

1808.85km 的椭圆轨道绕地球运行,轨道倾角 34°24″[见图 3-16(c)]。该卫星的主要任务是测试"钻石"运载火箭的发射性能,还搭载了一个可用于电离层测量的信号发射器。

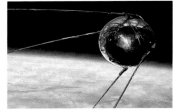

| (a) 苏联"斯普特尼克1号" | (b) 美国"探险者1号" | (c) 法国"阿斯特里克斯" |

图 3-16　苏联、美国、法国发射的首颗卫星

日本于 1970 年 2 月 11 日成功地发射了第一颗人造卫星"大隅号"[见图 3-17(a)]。该卫星重约 24kg,轨道倾角 31.07°,近地点 337km,远地点 5141km,运行周期 144.2 分钟。发射"大隅号"卫星的运载火箭为"兰姆达 4S-5"四级固体火箭。

中国于 1970 年 4 月 24 日用"长征一号"三级运载火箭从酒泉卫星发射中心成功地发射了"东方红一号"[见图 3-17(b)]。这是一颗科学探测性质的试验卫星,其任务是为发展我国对地观测、通信广播、气象等各种应用卫星取得基本经验和设计数据。"东方红一号"卫星的外形为近似球体的七十二面体,直径约 1m,质量为 173kg,采用自旋姿态稳定方式,转速为 120 转/分,利用太阳敏感器和红外地平仪测定姿态,沿近地点 439km、远地点 2384km 的椭圆轨道绕地球运行,轨道倾角 68.5°,绕地球一周 114 分钟。该卫星验证了我国的轨道测控技术,在轨实现了《东方红》乐曲的全球播送,在轨工作 28 天,实现了我国第一颗人造卫星"上得去、抓得住、听得见、看得见"的总体目标。

英国于 1971 年 10 月 28 日用"黑箭"运载火箭从澳大利亚的武默拉火箭发射场成功地发射了第一颗人造卫星"普罗斯帕罗号"(Prospero)。该卫星重 66kg,在近地点 537km、远地点 1593km 的椭圆轨道上运行,主要任务是对卫星遥测系统和太阳能电池组等新技术进行试验。它还携带了一台微流星探测仪,用以测量地球上层大气中宇宙尘埃和高速粒子的密度。

印度于 1975 年 4 月 19 日用苏联"宇宙-3M"运载火箭从卡普斯亭-亚尔导弹试验试射场发射了"阿里亚哈塔"卫星[见图 3-17(c)]。这是由印度自主设计研制,以印度天文学家阿里亚哈塔命名的印度第一颗人造卫星。该卫星外形为一个近似球体的二十六面体,高 1.2m,平均直径 1.55m,表面积 6.5m²,重 358.5kg。发射该卫星的主要目的是确定印度发展空间技术的能力,此外还要进行 X 射线天文学、太阳物理学和高层大气物理学方面的三项空间科学试验。"阿里亚哈塔"卫星入轨 4 天后即出现电源故障,导致科学探测活动终止,5 天后与地面失去联系。

| (a) 日本"大隅号" | (b) 中国"东方红一号" | (c) 印度"阿里亚哈塔" |

图 3-17　日本、中国、印度发射的首颗卫星

除上述国家外，加拿大、意大利、澳大利亚、德国、荷兰、西班牙、以色列、韩国、巴基斯坦和印度尼西亚等也自行发射或委托别国发射了人造卫星。随着航天技术的发展，人类研制并发射了涵盖天文观测、空间物理探测、全球通信、电视转播、军事侦察、气象观测、资源普查、环境监测、大地测量等各种用途和各种类型的卫星。

2. 卫星类型

卫星按用途可以分为科学卫星、技术试验卫星和业务应用卫星三大类。科学卫星的主要用途是进行科学探测和研究，主要包括空间物理探测卫星和天文观测卫星。科学家利用科学卫星主要研究高层大气物理、地球辐射、地球磁层、宇宙射线、太阳辐射等，并可观测和研究太阳系内外的各类天体及银河系内外的各种天文现象，实施深空探测的探测器可以归为这一类卫星。技术试验卫星是进行新技术试验或对应用卫星进行试验的卫星。技术试验卫星的主要目的是把新技术、新材料、新仪器送上天，在轨检测其功能和性能。如在把宇航员送上天之前，需先进行对动物的太空试验；采用新技术方案或新型载荷的卫星在成为空间装备设施之前，需要将相关技术试验卫星发射到天上，在轨检测其功能与性能状况等。业务应用卫星是直接为人类提供常态化服务的卫星，其中包括通信卫星、气象卫星、侦察卫星、导航卫星、对地观测卫星、地球资源卫星等，这是种类最多、数量最大的一类卫星。

卫星按重量来分类：重量大于 3000kg 是大型卫星，重量为 3000～1000kg 的属中型卫星，重量为 1000～100kg 的属小型卫星，重量为 100～10kg 的是微小卫星，重量小于 10kg 的是皮卫星。

卫星按飞行方式可分为：返回式卫星和非返回式卫星（或称传输型卫星）。

3. 卫星轨道种类

最常见的卫星运行轨道有三种：地球同步轨道、太阳同步轨道、极轨轨道。地球同步轨道是运行周期与地球自转周期相同的顺行轨道，从地面上看该轨道上的卫星是静止不动的，因此也称为地球静止轨道。其轨道平面与地球赤道的倾角为零，距离地面 35786km。一般通信卫星、气象卫星和地球观测卫星在这个轨道上比较有利于长时间、高频次的观测与服务。太阳同步轨道是其轨道平面的旋转方向与地球公转方向相同，旋转角速度等于地球公转的平均角速度（360°/年）的轨道，它距地球的高度不超过 6000km。在这种轨道上运行的卫星，以相同的方向经过同一纬度的当地时间是相同的。气象卫星、地球资源卫星一般采用这种轨道。极地轨道是倾角为 90°的轨道，在这种轨道上运行的卫星每圈都要经过地球两极上空，可以俯视整个地球表面。气象卫星、地球资源卫星、侦察卫星常采用此轨道。

除了上述三种特殊的卫星轨道外，还可按照卫星运行高度不同，分为低轨道卫星（小于 1000km）、中高轨道卫星（1000～20000km）、高轨道卫星（大于 20000km）；按照和轨道椭圆度不同，分为圆轨道卫星（偏心率＝0）、近圆轨道卫星（偏心率≤0.1）、椭圆轨道卫星（0.1＜偏心率＜1）、大椭圆轨道卫星（偏心率≥1）；按照卫星运行轨迹的倾角不同，分为赤道轨道（倾角＝0°）、极轨轨道（倾角＝90°）、倾斜轨道（0°＜倾角＜90°）。

4. 卫星主要组成

卫星系统由卫星平台和有效载荷两大部分组成。卫星平台要保障卫星安全、稳定、可靠地运行，并为有效载荷提供工作环境及技术条件支撑；有效载荷是搭载在卫星平台上赋予卫星特有的功能与性能，直接执行特定卫星任务的仪器、设备或分系统。卫星平台一般由服务分系统、热控分系统、姿态和轨道控制分系统、程序控制分系统、遥测分系统、遥控分系统、跟踪和测试分系统、供配电分系统等组成。有效载荷依据卫星种类不同而具有多样性,如对地观测卫星的常见有效载荷为可见光或红外光学相机、多光谱或超光谱成像仪、合成孔径雷达、微波辐射计、微波散射计、激光雷达高度计等;通信卫星的有效载荷为通信转发器和天线等;导航卫星的有效载荷为卫星时钟、导航数据存储器及数据注入接收机等。

随着世界各国航天技术的发展,目前进入到地球轨道的卫星数量超过1万多颗,全球在轨运行的卫星总数正在以指数曲线增长。人造卫星已经服务于人类经济发展与日常生活中的方方面面。

三、载人飞船,遨游太空

3-10 载人航天

载人航天是人类驾驶或乘坐载人航天器往返飞行于太空与地面之间,从事科学探测与研究、试验与生产等各种应用的航天活动。载人航天是人类航天史上的重大突破,也是航天技术发展的一个新阶段。载人航天的目的是把人类的活动范围从陆地、海洋和天空扩展到外太空,更广泛和更深入地认识整个宇宙,并充分利用太空和载人航天器的特殊环境进行各种科学研究和试验活动,开发丰富的太空资源。载人航天系统由载人航天器、运载器、航天发射场、航天测控网和回收设施等组成;还包括地面模拟设备、航天员训练设施等其他地面保障系统。

1958年10月,刚刚成立的美国航天局正式批准了"水星"载人飞船工程,并在1959年9月用"宇宙神D"运载火箭首次成功地发射了"水星"飞船模型,进行亚轨道飞行试验。此后一直到1961年4月美国共进行了7次无人飞船试验,其中4次成功、3次失败,为美国实施载人航天飞行奠定了基础。

1960年1月至1961年3月间,苏联共进行了7次无人飞船试验,其中成功3次、失败4次,最后2次连续成功。1961年4月12日,苏联发射了世界第一艘载人飞船"东方1号"。尤里·加加林(Yuri Alekseyevich Gagarin)搭乘该飞船,用108分钟绕地球运行一圈之后安全返回。加加林成为世界上第一位遨游太空的航天员[见图3-18(a)]。

1961年5月5日,美国第一位进行亚轨道飞行的航天员艾伦·谢泼德(Alan Shepard)驾驶美国"水星-MR3"飞船穿出大气层[见图3-18(b)],到达了距地面约187km高度的外太空,飞行距离约480km,飞行时间15分22秒,其中失重时间约5分4秒。美国因此成为继苏联之后世界上第二个载人抵达外太空的国家。

1992年9月21日,中国政府批准实施载人航天工程,代号"921工程"。在经历了4次无人飞行试验之后,2003年10月15日中国航天员杨利伟搭乘"神舟五号"载人飞船圆满完成了我国首次载人航天飞行[见图3-18(c)]。飞船在太空绕地球运行了14圈,历时21小时23分后安全返回我国位于内蒙古的航天着陆回收场。

(a) 尤里·加加林(苏联)　　　　(b) 艾伦·谢泼德(美国)　　　　(c) 杨利伟(中国)

图3-18　苏联、美国、中国的载人航天第一人

到目前为止,全球仅美国、中国、罗斯国三国独立具备自主载人航天能力,欧盟、印度、日本也参与了载人航天活动,是"准载人航天能力国"。载人航天技术的发展大致经历了三个阶段。

第一阶段是解决把人送入地球轨道并安全返回的难题。在首次进入太空以前,人类先发射了不载人飞船和生物卫星,用以验证载人飞船上的生命保障系统的安全性和可靠性。当所有技术趋于成熟后才执行真正载人的飞船试验任务。航天员在飞行中完成了手控定向、姿态调整、地球观测等活动,并进行了物理学、医学、生物学等科学实验和领域广泛的技术试验。第一阶段的载人航天飞行试验证实了人在过载、失重、真空和强辐射等恶劣外部环境下不仅能够生存,而且还能有效地工作。这为未来人类大范围地探索与开发太空打下了坚实的基础,具有里程碑意义。

第二阶段是发展载人航天工程的一系列基本技术,如飞船的轨道机动飞行技术、两艘飞船在空间编队飞行和交会对接技术、航天员出舱和太空行走的装备技术等,同时也开展其他与空间实验相关的科学研究。在这一阶段,苏联航天员阿列克赛·列昂诺夫(Алексей Архипович Леонов)和美国航天员爱德华·怀特(Edward Higgins White,Ⅱ)穿着航天服走出载人飞船进入太空,成为这两个国家中第一个实现太空行走的人。在2008年9月实施的"神舟七号"任务中,翟志刚打开舱门,成为中国第一位出舱活动的航天员。

第三阶段是研究和发展能够长期运行的实验性空间站。为了进一步考察人在太空环境下长期生活和工作的能力,利用空间独特环境从事多种学科研究和应用实验,诸如生物学、医学、天文学、材料和工艺试验、地球资源勘测以及军事活动等,同时也为建立实用性航天站积累经验,需要开展实验性载人空间站及其相关配套技术的研究。这一阶段发展的航天装备包括可供多名航天员长期生活和工作的空间站、能运送航天员到达空间站并能返回地球的载人飞船,还有供应航天站燃料和航天员生活必需品的运货飞船。

人类在载人航天的探索中也付出了巨大的代价。1967年1月27日,当"阿波罗"飞船在肯尼迪角进行地面例行试验时,因舱内突然着火导致美国3名航天员死亡。1967年4月23日,苏联的"联盟1号"飞船在返回时,由于降落伞故障导致航天员科马罗夫不幸身亡。

1973年美国发射了"天空实验室号"空间站[见图3-19(a)],它携带了一系列的望远镜,科学家在上面做了许多关于医药、地质和天文等方面的科学实验。苏联在1986年发射了"和平号"空间站的核心舱,并在接下来的10年间不断运送新的模块在空间组装,1996年建成了由6个模块组成的"和平号"空间站[见图3-19(b)],服役至2001年。

2011年9月29日,中国发射了"天宫一号"目标飞行器,"天宫一号"入轨以后分别与随后发射的"神舟八号""神舟九号""神舟十号"飞船交会对接。2016年9月15日,"天宫二号"在酒泉卫星发射中心发射升空[见图3-19(c)],在轨期间与"神舟十一号"对接,完成航天员中期驻留,考核面向长期飞行的乘员生活、健康和工作保障等相关技术;并与"天舟一号"货运飞船对接,考核验证推进剂在轨补加技术;同时还开展航天医学、空间科学实验和空间应用技术,以及在轨维修和空间站技术验证等试验。"天宫"系列载人目标飞行器的试验成功,为中国后续空间站建造和运营积累了宝贵经验、奠定了坚实基础。

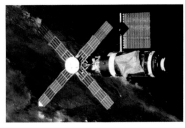  

(a) 美国"天空实验室号"空间站　　(b) 苏联"和平号"空间站　　(c) 中国"天宫二号"组合体

图 3-19　美国、苏联、中国的实验性载人空间站

国际空间站（International Space Station）是一个拥有现代化科研设备，可开展大规模、多学科、基础性和应用性研究的空间科学实验室。它支持人在地球轨道长期驻留，并在微重力环境下提供了大量实验载荷和资源，是在轨运行最大的空间平台。国际空间站项目是由美国主导，俄罗斯、法国、日本等多国参与共同建造，是有史以来规模最大、耗时最长且涉及国家最多的空间国际合作项目。为抑制中国航天技术的发展，美国将中国排除在该项目之外。国际空间站采用桁架挂舱的结构形式（见图 3-20），由两大部分立体交叉组合而成：一部分是以俄罗斯的多功能舱为基础，通过对接舱段及节点舱，与俄罗斯服务舱、实验舱、生命保障舱，美国实验舱，日本实验舱，欧空局的"哥伦布"轨道设施等对接；另一部分是在美国的桁架结构上，装有加拿大的操作机械臂和空间站舱外设备，在桁架的两端安装四对大型太阳能电池帆板。这两大部分垂直交叉构成"龙骨架"，形成桁架挂舱结构形式的国际空间站。

国际空间站的建造经历了三个阶段。1994—1998 年的第一阶段是以技术验证为主，美国航天飞机与俄罗斯"和平号"空间站进行了 9 次交会对接试验。第二阶段正式开启了空间站主要舱段的发射与装配，建成一个具有保障 3 人空间活动能力的初期空间站。1998 年 11 月 20 日，由美国出资、俄罗斯制造的国际空间站首个组件——"曙光号"功能货舱发射入轨；1998 年 12 月 4 日，美国"团结号"节点舱由"奋进号"航天飞机送入轨道，并与"曙光号"功能货舱成功对接。2001—2006 年的第三阶段是空间站的最终装配和应用阶段。装配完成后的国际空间站长 110m、宽 88m，大致相当于两个足球场大小，总质量达 400 余吨，是有史以来规模最为庞大的近地轨道航天器，运行在倾角为 51.6°、高度为 397km 的轨道上，可供 6～7 名航天员在轨工作。国际空间站主要由美国航天局、俄罗斯联邦航天局、欧洲空间局、日本宇宙航空研究开发机构、加拿大航天局共同运营。

中国立足于自力更生，独立自主地发展载人航天和空间站技术。中国空间站（China Space Station）包括"天和"核心舱、"梦天"实验舱、"问天"实验舱、"神舟"载人飞船和"天舟"货运飞船五个模块（见图 3-21），未来还将有"巡天"望远镜模块的接入。各功能模块既是独立的飞行器，又可以与核心舱组合成多种形态的空间组合体协同工作，可以开展较大规模的空间科学研究，完成空间站承担的各项研究任务。中国空间站总重量 180 吨，运行在 400～450km 轨道上，轨道倾角为42°～43°。

图 3-20　国际空间站

图 3-21　中国空间站

2021 年 4 月 29 日"长征五号 B"运载火箭成功将空间站首个舱段——"天和"核心舱送入太空，正式开启了中国载人空间站的建设历程。紧接着"天舟二号""天舟三号"货运飞船，"神舟十二号""神舟十三号"载人飞船陆续成功发射，开展了密集的交会对接、出舱行走、空间操作、长期驻留等试验。2022 年 6 月，"神舟十四号"乘组 3 名航天员顺利进驻"天和"核心舱；7 月"问天"实验舱发射并对接于"天和"核心舱前向端口；10 月"梦天"实验舱实施发射、对接并顺利完成转位；11 月"天舟五号"货运飞船发射并成功对接于空间站"天和"核心舱后向端口、"神舟十五号"乘组顺利进驻中国空间站，与"神舟十四号"乘组首次实现了"太空会师"。2022 年 12 月 2 日，6 名航天员进行了在轨交接仪式，标志着中国空间站正式开启长期有人驻留的工作模式。

四、离开地球，奔向月球

3-11　月球探测

月球是地球的天然卫星，是距离地球最近的自然天体，因此成为人类飞离地球实施探测深空的第一站。在苏联和美国各自成功发射第一颗人造卫星之后，从 1959 年起美、苏两国就开始了在月球探测领域中的竞赛，着陆月球成为冷战期间航天科技的制高点。

1959 年 1 月 2 日，苏联在的拜科努尔发射场用一枚由战略导弹改装的运载火箭把"月球 1 号"（Luna 1）探测器发射上天。随着火箭抛掉第一级、第二级，"月球 1 号"首次接近了第二宇宙速度，离开地球轨道奔向月球，这是人类成功发射的第一个摆脱地球引力场的星际探测器。"月球 1 号"没有按原计划撞击月球，而是在距月球 5995km 处与月球擦肩而过，随后进入环绕太阳运行的轨道，成为第一颗人造行星。"月球 1 号"携带了磁强计、离子腔和微流星体探测仪，测量了月球和地球磁场、宇宙射线强度和太阳风，并且发现了月球的磁场几乎为零。

尽管苏联在探索月球的征途中经历了一次又一次的失败，成功率不到 40%，但还是连续创造了多项月球探测的人类第一。"月球 1 号"是人类历史上第一个成功飞越月球的航天器，它进入了人类以前从未到达过的太空领域。

1959 年 9 月 12 日，苏联用"月球号"运载火箭将"月球 2 号"（Luna 2）发射升空。"月球 2 号"与"月球 1 号"的设计几乎相同［见图 3-22(a)］，装载了基本相同的科学仪器，重量 390.2kg，还带上了苏联国旗。经过 2 天多的飞行之后，"月球 2 号"按计划到达了月球，并以每秒 3.3km 的速度成功撞击到月球表面的两座环形山之间。从"月球 2 号"撞毁前传回的探测数据表明，月球没有磁场，且周围没有像范艾伦带一样的辐射带。这是人类历史上第一个在月球表面硬着陆的探测器，也是第一个抵达地外天体的探测器。

1959 年 10 月 4 日,苏联发射了"月球 3 号"(Luna 3)探测器。"月球 3 号"用太阳能电池供电,采用气体喷嘴控制姿态,携带了两台焦距不同的光学相机,具有圆柱形的外形[见图 3-22(b)]。"月球 3 号"在经过较长时间的飞行后,于 10 月 7 日绕到月球背面。此时太阳正处于照射月球背面的位置,"月球 3 号"在通过月球背面的 40 分钟内用两台光学相机从距离月面 6200km 的高度顺光拍摄了 29 张照片,其中 17 张在飞行途中完成自动冲印,然后通过光电扫描转换成电视信号,用无线通信装置传送回地面。"月球 3 号"是世界上第一个拍摄月球背面照片的航天器,它传回的照片覆盖了月球背面 70% 的面积。照片展现了人类以前从未看到过的景象:月球背面主要是高地和山脉,大面积的月海只有两个,比月球正面少很多。

1966 年 1 月 31 日,苏联发射"月球 9 号"在经过 79 小时的长途飞行之后,于 2 月 3 日在月球的风暴洋附近着陆,并向地球发回着陆区月面的全景照片。这是世界上第一个在月球上成功实现软着陆的探测器。"月球 9 号"由登月舱、仪器舱、发动机系统等几个部分组成[见图 3-22(c)],总质量 1538kg,高度为 2.7m。登月舱的上半部分为电视摄像设备,下半部分则是电池、热控制器、通信系统。在到达距月面 75km 时,重 100kg 的登月舱与探测器本体分离,靠装在外面的自动充气气球缓慢着陆成功。

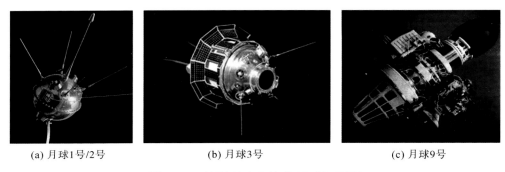

(a) 月球1号/2号   (b) 月球3号   (c) 月球9号

图 3-22　苏联成功实施的月球探测器

从 1970 年 9 月到 1976 年 8 月,苏联的"月球"16 号、20 号和 24 号先后 3 次成功在月面软着陆,从月面 3 个不同的地点取回了月壤样本。

1961 年 5 月 25 日,美国总统肯尼迪向全世界宣布:将在 20 世纪 60 年代结束前将美国宇航员送上月球。美国开始启动"阿波罗"(Apollo)载人登月工程计划,在 1961—1968 年开展了四项前期试验性任务。第一项是"徘徊者号"探测器计划,共发射了 9 个探测器。尽管其中有多个探测器发射失败,但还是在不同的月球轨道上拍摄了 1.8 万张月球表面的照片,分析了飞船在月面着陆的可能性。第二项是"勘测者号"探测器计划,共发射 5 个无人探测器在月球表面软着陆,并发回了 8.6 万张月面照片,探测了月球土壤的理化特性数据。第三项是"月球轨道环行器"计划,共发射 3 个绕月飞行的探测器,获得了 40 多个月面局部区域的 1000 多张小比例尺、高清晰度照片,据此选出约 10 个预计着陆点。第四项是"双子星座号"飞船计划,先后发射 10 艘各载 2 名宇航员的飞船,进行医学-生物学研究和操纵飞船机动飞行、对接和进行舱外活动的训练。同时美国 NASA 还为"阿波罗"载人登月研制了低轨道运载能力为 127 吨的大推力"土星 5 号"(Saturn V)运载火箭;研制了由指令舱、服务舱、登月舱组成的"阿波罗"飞船;确定登月方案,包括飞船登月飞行轨道、载人飞船总体布局、月球轨道交会方案等。

"阿波罗"计划中包括从"阿波罗 4 号"到"阿波罗 6 号"的 3 次无人测试飞行,和从"阿波罗 7 号"

一直到"阿波罗17号"的11次载人登月任务,全部从佛罗里达州的肯尼迪航天中心发射。1968年10月11日,"阿波罗7号"进行了第一次载人飞行,3名宇航员绕地球飞行了163圈,对指令舱上的对接系统进行了在轨测试。1968年12月21日,"阿波罗8号"携带3名宇航员从地球飞到绕月轨道附近后又安全地回到了地球,测试了指挥舱系统在地月转移轨道和绕月轨道上的性能,包括通信、跟踪和生命保障各个方面,评估了宇航员在开展绕月轨道任务期间的表现。"阿波罗9号"是第一艘搭载登月舱的飞船,它在环绕地球轨道上进行了长时间飞行,并对登月舱进行进一步检验,测试了人类在太空环境中的失重状态和反应。"阿波罗10号"飞入了环绕月球的轨道,并使登月舱下降到离月球表面15km以内,以检验其各方面的性能。

1969年7月16日,美国用"土星5号"运载火箭发射"阿波罗11号"升空,飞船沿地月转移轨道飞行2.5天后开始接近月球,由服务舱的主发动机反推减速,使飞船进入环月轨道。航天员尼尔·阿姆斯特朗(Neil A. Armstrong)和巴兹·奥尔德林(Buzz Aldrin)进入登月舱,驾驶登月舱与母船分离,并向月面缓缓下降;另一名航天员迈克尔·柯林斯(Michael Collins)仍留在指挥舱内,继续沿环月轨道飞行(见

3-12　美国"阿波罗"计划

图3-23)。7月21日,"阿波罗11号"登月舱在月球表面成功实现软着陆,阿姆斯特朗打开舱门、缓慢地扶着梯子走下了登月舱。当左脚踏上月球表面时,他说道:"这是一个人的一小步,却是人类的一大步。"(That's one small step for (a) man, one giant leap for mankind.)尼尔·阿姆斯特朗成为第一个在地球外星体上留下脚印的人类,而其搭档巴兹·奥尔德林随后也踏上了月球。两名航天员在月球表面展开太阳电池阵,安设月震仪和激光反射器,采集22kg月球岩石和土壤样品。两个半小时后,他们驾驶登月舱的上升级返回环月轨道,与母船会合对接。随后3名航天员抛弃了登月舱,起动服务舱主发动机使飞船加速进入月地返回轨道。在接近地球时飞船进入再入走廊,抛掉服务舱,使指挥舱的圆拱形底朝前,在强大的气动力作用下减速。指挥舱在进入低空时弹出3个降落伞,进一步降低下降速度。7月24日,"阿波罗11号"飞船指挥舱在太平洋夏威夷的西南海面降落,圆满完成了人类历史上首次载人登月任务。

图3-23　美国"阿波罗11号"飞船及三位宇航员

从1969年11月起,美国又陆续发射了"阿波罗12号"至"阿波罗17号"六艘飞船,其中除"阿波罗13号"因故障没有成功登月外,另五艘飞船均抵达了月面,12名航天员成功登上月球。整个"阿波罗"工程历时约11年,到1972年12月结束。

美国"阿波罗"载人登月工程是改变科技历史进程的里程碑事件,使美国在太空领域全面超越苏联,影响了冷战后的世界格局。该工程总耗资约255亿美元,约占当时美国GDP的2%～2.5%、科技研发总经费的20%,有近2万家企业、200多所大学和80多个科研机构参加了工程研制,人数超过30万人。"阿波罗"工程带动了3000多项成果转移到民用,投入产出比达1:15,使得美国罗克韦

尔、格鲁曼、波音、洛克希德、IBM、摩托罗拉等公司成为技术领先的国际大公司。"阿波罗"工程把人类航天技术推上了顶峰,促进美国高科技产业的成功,推动人类进入了信息时代,极大地推进了人类进入太空、深空探测、探索宇宙的能力。

进入 20 世纪 90 年代后,美国探月任务主要集中在月球上寻找水资源,1994 年 1 月发射的"克莱门汀号"(Clementine)的探测结果表明,月球上有水冰。1998 年 1 月发射的"月球勘探者号"(Lunar Prospector)进一步证实了月球极区有冰存在,发现了月球上具有常与水分子并存的氢气。2009 年 10 月 9 日,美国"半人马座"火箭和"月球坑观测与感知"卫星先后撞击在月球南极的凯布斯(Cabeus)陨石坑一带。撞月后掀起的尘埃中,一部分由蒸汽和微尘组成,另一部分由质量更重的物质组成。光谱仪分析结果表明,上述两部分尘埃中都存在水的踪迹。

目前美国致力于重返月球的"阿尔忒弥斯"(Artemis)计划,其目标是在 2024 年前后将航天员送往月球并安全返回,同时建立常态化驻留机制,并为未来的火星载人登陆任务铺平道路。"阿尔忒弥斯"计划由 NASA 主导,并有多家美国商业航天企业及国际合作伙伴参与,其中包括了欧洲空间局(ESA)、日本宇宙航空研究开发机构(JAXA)、加拿大航天局(CSA)、意大利航天局(ASI)、澳大利亚航天局(ASA)、英国航天局(UKSA)、阿联酋航天局(UAESA)等。

1990 年 1 月 24 日,日本用 M-3S-2 运载火箭从鹿儿岛航天中心发射了"飞天"月球探测器,使日本成为继美国和苏联之后第三个探测月球的国家。"飞天"探测器发射后成功进行了 10 项月球借力飞行实验和大气制动实验,在即将进入月球运行轨道之前释放了绕月飞行的"羽衣"子卫星;在完成探测任务后,于 1993 年 4 月 10 日撞击月球表面。2007 年 9 月 14 日,日本又发射了"月亮女神号"月球探测器,对月球进行较为全面的高精度观测,分析月球化学成分构成、矿产分布、地表特征等。

2003 年 9 月 27 日,欧洲空间局用"阿丽亚娜 5 号"火箭在法属圭亚那的库鲁航天发射基地发射升空"智慧 1 号"(Smart 1)月球探测器,这是欧洲第一个飞向月球的太空飞船。"智慧 1 号"是世界上第一个采用太阳能离子发动机作为主要推进系统的探测器,从离开地球到最终到达观测轨道,一共只消耗了 75kg 的惰性气体燃料氙,燃料利用的效率比传统化学燃料发动机高 10 倍。采用模块化、通用化设计和商用现货软硬件研制而成的"智慧 1 号"探测器,是一个小型化航天器的杰作,其有效载荷质量虽然仅为 19kg,但却包括用于完成 10 多项技术试验和科学研究的仪器设备。2006 年 9 月 3 日,"智慧 1 号"撞击月球表面,完成其最终使命。

2004 年中国正式开展月球探测工程,并将探测器命名为"嫦娥"。整个工程分为"探——无人月球探测""登——载人登月"和"驻——建立月球基地"三个阶段;其中的第一阶段又分"绕——环绕探测""落——月面着陆""回——采样返回"三步走。2007 年 10 月 24 日,"嫦娥一号"成功发射升空,实现了中国首次绕月飞行,在圆满完成各项科学探测的使命后,于 2009 年按预定计划受控撞月。

3-13 中国探月二十年回顾

2010 年 10 月 1 日,"嫦娥二号"顺利发射,10 月 6 日实施近月制动,被月球俘获进入环月轨道,随后完成了对月球虹湾区域的高分辨率成像的任务。随后"嫦娥二号"又成功完成了两次拓展任务:于 2011 年 8 月 25 日进入日地拉格朗日 L2 点环绕轨道;于 2012 年 12 月 15 日与图塔蒂斯小行星擦身而过,并拍摄了国际上首张该小行星近距离照片。2013 年 12 月 2 日,"嫦娥三号"发射升空,并顺利在月球正面虹湾地区实现软着陆。作为"嫦娥三号"的巡视器——中国首辆月球车"玉兔一号"驶抵月球表面,开展了月球表面勘测。2018 年 5—12 月,中继星"鹊桥"和"嫦娥四号"相继成功发射,国际上首次建立了与月球背面的通信链路;2019 年 1 月 3 日"嫦娥四号"实现人类首次月球背面软着陆,"玉兔二号"月球车也随"嫦娥四号"登上月球,在月球背面进行巡视探测活动。2020 年 11 月 24 日,"长征五号遥五"运载火箭搭载"嫦娥五号"探测器成功发射升空。12 月 1 日"嫦娥五号"在月球正面风暴洋成功着陆,完成了月球样品的钻取采样及封装。随后"嫦娥五号"上升器携带样品从月面起飞并上升到预定环月轨道,与轨道器和返回器组合体交会对接,并将样品容器转移至返回器中。12 月 17 日凌晨,"嫦娥五号"返回器携带 1731g 月球样品安全着陆地球。至此中国已圆满实现了探月阶段的"绕""落""回"的工程目标,取得了丰硕的月球科学探测成果(见图 3-24)。

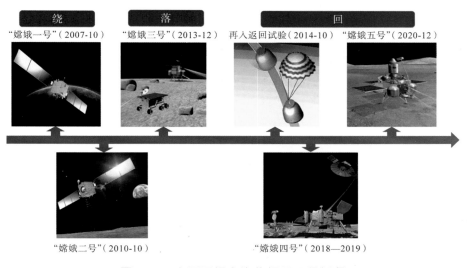

图 3-24　中国已经实施的探月工程任务

中国探月工程后续蓄势待发的探测器还有:"嫦娥六号"——前往月球背面执行采样返回任务,"嫦娥七号"——前往月球南极进行国际月球科研站的勘测,"嫦娥八号"——开始构建国际月球科研站的基本型。中国的载人登月计划也已经开展了关键技术攻关,计划在 2030 年前实施。

放眼全球在实施探月工程的国家中,不仅有美国、俄罗斯、中国这样的大国,也有欧洲诸国、印度、日本、韩国、以色列、阿联酋等国家。进入 21 世纪 20—30 年代,在人类太空探索的发展历史上,又一次形成了月球探测的新高潮。

五、飞向深空,探索宇宙

深空探测指人类航天探测器脱离地球引力场,对月球及以远的天体或空间环境开展的科学探测活动。太阳系中的金星、火星、水星、巨行星、小行星和太阳都成了人类飞向深空的探测目标。

1. 金星探测

美国于 1960 年 3 月 11 日率先向金星发射了行星探测器"先驱者 5 号"(Pioneer 5),然而却由于电池故障造成无线电通信中断,以失败告终。而苏联于 1967 年 6 月 12 日发射的"金星 4 号"(Venera 4)探测器,经过了大约 3.5 亿 km 的飞行,进入金星大气层,于同年 10 月 18 日成功登陆金星表面,成为世界航天史上第一个到达行星的探测器。由于金星大气的压力和温度比预想的高得多,使着陆舱受损,未能发回金星探测结果。1970 年 12 月 15 日,苏联的"金星 7 号"(Venera 7)首次抵达金星表面,成功传回金星表面温度等数据资料,测得金星表面温度为447℃,气压为90个大气压,大气密度约为地球的100倍。此后苏联又相继发射了9个金星探测器,其中"金星9号"和"金星10号"在金星表面各拍摄了一张全景照片,首次向人们展露出金星的容颜。"金星13号"和"金星14号"拍得四张彩色照片,显示了金星表面覆盖着褐色的砂土,岩石结构像光滑的层状板块。"金星15号"和"金星16号"运用雷达遥感,透过厚厚的云层对金星表面进行综合探测,获得许多宝贵信息,为人类认识和了解金星作出了重要贡献。

20世纪60年代,美国的"水手2号"(Mariner 2)和"水手5号"(Mariner 5)探测器借助掩星探测实验得到金星大气的成分、气压和密度。1978年先后发射的"先锋者金星轨道器"和"先锋者金星2号"测量了金星的大气、云层、磁场和表面。1989年5月4日,美国发射"麦哲伦号"(Magellan)金星探测器,用合成口径雷达(SAR)、测高仪(ALT)和辐射计(RAD)、重力梯度仪等科学载荷获取了金星98%的表面图和95%的重力场图,分辨率约达100m。美国飞往木星的"伽利略号"(Galileo)探测器和飞往土星的"卡西尼-惠更斯号"(Cassini-Huygens)探测器在飞越金星时也进行了金星探测。2005年11月9日,欧洲空间局发射了"金星快车"(Venus Express)探测器。它携带空间等离子体和高能粒子分析器、高分辨率红外傅里叶变换光谱仪、低频雷达探测器、探测照相机等7种科学仪器,探测并揭示了金星大气、云和表面的一些相互作用关系。"金星快车"获取了大量的精细探测资料,诸如火山活动、金星大气的特性、大气环流、大气结构和成分跟高度的关系、大气与表面的关系等,部分揭示了金星大气、云和表面形成之谜(见图3-25)。

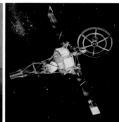

(a) 苏联"金星4号"　(b) 苏联"金星14号"　(c) 美国"水手2号"　(d) 美国"麦哲伦号"　(e) 欧空局"金星快车"

图3-25　世界各国和组织成功实施的主要金星探测器

2. 火星探测

1962年11月1日苏联捷足先登,发射了世界上第一个火星探测器"火星1号"(Mars 1),迈出了探测火星的第一步。然而,在飞向火星的途中,因通信故障在距地球1亿多千米处与地球失去了联系。1964年11月28日,美国从卡拉维拉尔角将"水手4号"(Mariner 4)探测器送入了奔向火星的轨道。在飞行了5亿多千米后,"水手4号"于1965年7月15日从离火星表面10000km处飞过,首次向地球发回了火星的详察图像,成为人类第一个成功飞越火星的探测器。美国"水手9号"(Mariner 9)于1971年5月30日发射升空,同年11月14日到达火星,成为人类有史以来第一次成功进入环绕火星轨道的探测器。它在火星轨道上工作了将近一年之久,发回了7329张照片,覆盖了火星表面超过80%的面积,同时还对火星的两颗卫星进行了探测。1971年5月28日,苏联从拜科努尔把"火星3号"(Mars 3)送上太空,同年12月2日进入火星轨道,随后在火星表面软着陆成功,成为第一个抵达火星表面的人类"使者"。早期火星探测器如图3-26所示。

 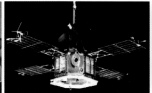  

(a) 苏联"火星1号"　　(b) 美国"水手4号"　　(c) 苏联"火星3号"　　(d) 美国"水手9号"

图 3-26　早期火星探测器

1996 年 12 月 4 日发射的美国"火星探路者"（Mars Pathfinder）于 1997 年 7 月 4 日在火星表面成功着陆，在密封气囊的保护下，经过一番弹跳翻滚之后，在火星表面停了下来。随后着陆器打开外侧的 3 个太阳能电池板，重约 10kg 的 6 轮"索杰纳号"（Sojourner）火星车缓缓开动，离开着陆器，踏上火星地表，这是人类在火星表面行驶的第一部火星车［见图 3-27（a）］。

在进入 21 世纪后，美国先后执行了"火星奥德赛"（Mars Odyssey）、"火星勘测轨道器"（Mars Reconnaissance Orbiter）、"火星大气与挥发物演化"（MAVEN）等环绕探测任务，对火星地形地貌、环境与大气实施了高精度遥感探测；执行了"凤凰号"（Phoenix）、"洞察号"（InSight）等着陆探测任务，探测火星极地环境和火星内部结构；同时还实施了"火星探测漫游者"（Mars Exploration Rovers）、发射了"勇气号"（Spirit）和"机遇号"（Opportunity）火星车［见图 3-27（b）］抵达火星表面开展巡视探测任务；2011 年和 2020 年，美国还分别发射了"好奇号"（Curiosity）与"毅力号"（Perserverance）火星实验车［见图 3-27（c）］，在火星表面开展寻找曾经存在生命迹象的科研活动。

中国火星探测器"天问一号"于 2020 年 7 月 23 日在文昌航天发射场由"长征五号遥四"运载火箭发射升空，经过 7 个多月的飞行后成功进入环绕火星轨道，在对预选着陆区进行了详细勘查后，着陆组合体于 2021 年 5 月 15 日与环绕器分离并成功在火星表面实现软着陆，随后释放"祝融号"火星车，安全驶上火星表面［见图 3-27（d）］。"天问一号"开展了对火星的表面形貌、土壤特性、物质成分、水冰、大气、电离层、磁场等的科学探测。这是国际火星探测历史上首次通过一次任务完成火星环绕、着陆和巡视三大探测目标，中国深空探测技术由此实现了重大跨越，迈入世界先进水平行列。

(a) 美国"索杰纳号"　　(b) 美国"机遇号"　　(c) 美国"毅力号"　　(d) 中国"祝融号"

图 3-27　成功登陆火星的火星车

3. 水星探测

水星是太阳系中最靠近太阳的一颗行星，离太阳仅 0.579 亿 km，绕太阳一圈历时 88 日，大小介于月球和火星之间，质量只有地球的 5.58%。"水手 10 号"（Mariner 10）是美国 NASA 首个执行金星与水星双行星探测任务的航天器，也是人类第一个探测过水星的探测器［见图 3-28（a）］。1973 年

11 月 3 日"水手 10 号"发射升空,在从距金星 5760km 的地方飞过后,继续朝水星前进。1974 年 3 月 29 日,"水手 10 号"从离水星表面 700km 的地方掠过,然后进入周期是两个水星年的绕太阳飞行的轨道。"水手 10 号"分别在 1974 年 9 月 21 日和 1975 年 3 月 6 日再次从水星上空经过,最近距离水星表面的高度为 330km。该探测器在 3 次近距离飞越水星的过程中,拍摄了超过 1 万张图片,涵盖了水星表面积的 57%。"水手 10 号"还携带有紫外线分光仪、磁力计、粒子计数器等有效载荷对水星进行科学探测,发现水星拥有主要由氦组成的稀薄的大气层,拥有磁场与巨大的铁质核心,探测到水星的夜晚温度大约是 −183℃(−297℉),而白天温度可达 187℃(369℉)。

美国"信使号"水星探测器(Messenger)搭乘"德尔塔 2 号"火箭于 2004 年 8 月 3 日在佛罗里达州卡纳维拉尔角的肯尼迪航天中心点火升空,经过 6 年半时间长达 79 亿 km 的旅程,于 2011 年 3 月 18 日进入水星轨道,成为首颗围绕水星运行的人类探测器[见图 3-28(b)]。2015 年 4 月 30 日"信使号"以撞击水星的方式,结束其探测使命,在水星北极附近留下一个相当于 NBA 篮球场大小的撞击坑。"信使号"水星探测器携带了水星双重成像仪、伽马射线和中子谱仪、X 射线仪、磁力计、激光高度计、水星大气和表面组合探测仪、高能粒子和等离子体探测仪,在对水星探测将近 4 年的时间里,共向地球传回了 25 万余张照片,实现了水星表面的全貌覆盖。"信使号"获取了继"水手 10 号"以来水星表面地质地貌、磁场、稀薄大气等最全面、最真实的数据,填补了人类对水星认识的空白。

欧洲空间局与日本合作的水星探测器"贝皮-科伦布"(Bepi-Colombo)于 2018 年 10 月发射。它将跨越 70 亿 km 的旅程,经历 1 次飞越地球、2 次飞越金星、6 次飞越水星,最终进入 400km×1500km 的水星环绕轨道[见图 3-28(c)]。进入水星轨道后,探测器的 2 个轨道器将分离,开始为期 1 年的科学探测。由欧洲空间局研制的"行星轨道器"将使用 11 套仪器来研究水星表面;由日本宇宙航空研究开发机构研制的"磁层轨道器"配备了 5 个仪器,将研究水星的磁层及其与太阳的相互作用。2021 年 10 月 1 日,"贝皮-科伦布"探测器首次从距离水星表面仅 199km 的地方飞掠,从大约 1000km 的距离拍摄了水星表面布满陨石坑的黑白照片,预计它将于 2025 年 12 月进入环绕水星的使命轨道。

(a) 美国"水手10号"　　　(b) 美国"信使号"　　　(c) 欧空局与日本"贝皮-科伦布"

图 3-28　世界各国和组织发射的历次水星探测器

4. 巨行星探测

外太阳系行星(木星、土星、天王星、海王星、冥王星)距地球十分遥远,因其体积庞大而被统称为巨行星。从 20 世纪 70 年代初起,美国先后发射了"先驱者"(Pioneer)和"旅行者"(Voyager)系列探测器,独揽了对太阳系外层空间的天体的探测[见图 3-29(a)]。"先驱者 10 号"于 1973 年 12 月飞近木星,行程 10 亿 km,发回了 300 幅木星和木卫的照片,并利用木星引力场加速飞向土星,又借助土星引力场加速,于 1986 年 10 月越过冥王星的平均轨道。

1989 年 10 月 18 日,美国 NASA 从"亚特兰蒂斯号"航天飞机上发射了第一个专门用于探测木星的航天器——"伽利略号"(Galileo)[见图 3-29(b)]。它携带了 CCD 可见光摄像机、近红外勘测分光仪、磁强仪、测云仪、大气结构仪等 17 种科学仪器,用于木星大气层构成、云层结构、温度、磁场等方面的勘测和研究。经过了 6 年多的长途飞行,"伽利略号"木星探测器于 1995 年 12 月 7 日到达木星。在释放出木星大气探测器后,其轨道器就成为环绕木星的卫星。大气探测器在向木星表面下降的过程中,发回了各种宝贵的探测数据;轨道器则绕木星飞行了 34 圈,进一步加深了人们对木星及其卫星系统的了解,探测到木卫三有自发的偶极磁场和地下盐水海洋,木卫二上有剧烈的板块构造并以此推断木卫二地表之下有一个液体水层。"伽利略号"对木星的探测活动一直持续到了 2003 年。

2011 年 8 月 5 日 12 时 25 分,"朱诺号"(Juno)木星探测器从美国佛罗里达州卡纳维拉尔角点火升空,开始踏上远征木星的旅程[见图 3-29(c)]。在飞行了 4 年 11 个月后,"朱诺号"成功进入木星轨道,它携带了包括彩色摄像机、红外探测仪、磁强计、微波辐射计、高能粒子探测器等 9 台探测载荷。"朱诺号"探测了木星五彩斑斓的云层表面及内部的精细结构,探测了木星全球磁场强度及木星极光形成,构建了木星内部磁场和重力场模型。"朱诺号"成为单纯依靠太阳能动力飞行里程最长(7.91×10^8 km)、距离太阳最远(8.17×10^8 km)的航天器,也创造了 2.65×10^5 km/h 的速度最快的人类探测器纪录。

  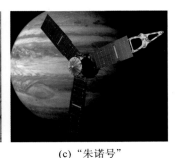

(a) "先驱者" (b) "伽利略号" (c) "朱诺号"

图 3-29 美国木星探测器

NASA、欧洲空间局和意大利航天局合作的"卡西尼-惠更斯号"(Cassini-Huygens)是专门为探测土星及其 31 颗已知天然卫星而设计的探测器[见图 3-30(a)]。它于 1997 年 10 月 15 日从肯尼迪航天中心发射升空,经过 6 年 9 个月的飞行于 2004 年 7 月进入土星轨道,正式开始了为期 4 年的探测使命。在对土星及其大气、光环、卫星和磁场进行了深入考察的同时,"卡西尼号"发现并证实了 8 颗新的土星卫星,多次飞越土卫六和其他冰卫星,获得了土卫九的高分辨率影像和数据。2004 年 12 月 25 日,"惠更斯号"探测器脱离"卡西尼号",于 2005 年 1 月 14 日抵达土卫六上空,同时开启自身的降落程序,穿越土卫六的大气层,成功登陆土卫六。"惠更斯号"在大气下降段和着陆中工作了 24 小时,获得了液态烷烃湖、山脉、海岛和海岸线影像等大量探测数据。"卡西尼-惠更斯号"是人类迄今为止规模最大、复杂程度最高的行星探测器,它创造了历时最长的太阳系外行星轨道探测纪录和最遥远天体软着陆的纪录。

美国"旅行者 1 号"探测器于 1977 年 9 月 5 日发射,1977 年 12 月赶上先期离开地球的双胞胎兄弟"旅行者 2 号"。1979 年 3 月近距离探测了木星,看到了木星背阳面的极光;1980 年 11 月近距离探测了土星,发回万余张土星彩色照片;同时对

3-14 美国"旅行者 1 号"

土卫六进行了探测,发现其大气层并不透光。在穿越土卫六大气层的过程中,"旅行者1号"探测器改变了飞行方向,飞行轨道偏离了太阳系平面,飞向更遥远的宇宙空间。

美国"旅行者2号"于1977年8月20日发射,它是利用176年一遇的巨行星几何位置排列机会,实现了一个探测器先后探测四颗巨行星的壮举[见图3-30(b)]。它于1979年7月从木星及其卫星间穿过,于1981年8月穿越土星系统并借力土星加速。

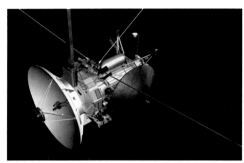

(a) "卡西尼–惠更斯号"土星探测器　　　(b) 先后探测了四颗巨行星的"旅行者2号"

图 3-30　外太阳系巨行星探测器

1986年1月24日,"旅行者2号"从距离天王星的云层顶部81500km处经过,实施了人类历史上首次对天王星的飞越探测。它探测到天王星自转轴倾角为97.77°,是倾倒在其轨道滚动的,其两极会分别接受长达42年的白昼或晚上,由此也形成了其独特的大气层。"旅行者2号"观察了天王星的行星环系统,发现了10颗之前未知的天然卫星。发现了天王星磁场相对于自转轴倾斜了近60°,且磁场中心离开几何中心的距离达1/3的星体半径。1989年8月25日,"旅行者2号"抵达海王星,它观测了海王星不完全闭合且暗淡的行星环和南北极的极光,发现其具有与天王星类似的磁场结构。"旅行者2号"还近距离探测了海卫一,发现它是太阳系中唯一一颗沿行星自转方向逆行的大卫星,也是太阳系中最冷的天体。海卫一部分地区被水冰和雪覆盖,时常下雪,有3座喷发冰冻甲烷或氮冰微粒的冰火山。

5.小天体探测

对小行星、彗星、矮行星等小天体的探测始于20世纪80年代,早期的小天体探测任务是一些行星探测计划中的附带任务。如苏联的维加(Vega)计划的主要科学目标是探测金星,同时实施了对哈雷彗星的探测[见图3-31(a)]。"维加1号"和"维加2号"分别于1984年12月15日和21日发射。在完成对金星的探测后,"维加1号"于1986年3月4日在距哈雷彗星$1.4×10^7$km处开始对哈雷彗星进行了数十次成像探测,2天后到达距哈雷彗核8900km处,首次拍摄到彗核照片,显示出彗核是由冰雪和尘埃粒子组成的;"维加2号"于1986年3月9日在距哈雷彗星8200km处飞过,拍摄了700多张照片,传回有关彗核的物理化学特性、彗核周围气体与尘埃等方面的探测信息。1989年10月18日发射的美国"伽利略号"木星探测器在前往木星的漫长旅途中,探测了2颗小行星:1991年10月29日飞越S类小行星加斯普拉(951-Gaspra),1993年8月飞越S类小行星艾达(243 Ida)并发现艾达拥有自己的卫星。

随着人类越来越意识到对小行星和彗星的探测有可能解开太阳系起源、地球水和生命诞生的奥秘,同时也意识到小行星具有可能发掘丰富的矿产资源、地球可能遭到小行星撞击而造成巨大灾难甚至毁灭的危险,美国、欧空局和日本先后执行了一系列专门针对小天体探测的计划。

美国在 20 世纪 90 年代实施了"尼尔号"(Near)近地小行星交会探测、"深空 1 号"(Deep Space 1)新技术小行星试验、"星尘号"(Star-dust)彗星尘埃物质采集等一系列任务之后,在 21 世纪又陆续实施了"深度撞击号"任务,撞击坦普尔 1 号(Tempel 1)彗星,发射了"黎明号"(Dawn)探测器对谷神星、灶神星等主带小行星进行探测,发射了"新视野号"(New Horizons)对冥王星进行探测[见图 3-31 (b)]。2016 年 9 月发射升空的"欧西里斯号"(OSIRIS-REx)探测器执行对 C 类近地小行星"贝努"(Bennu)的采样返回任务,于 2018 年 12 月成功环绕目标,2020 年完成采样 60g,于 2023 年成功返回地球。2021 年 11 月美国发射的"双小行星重定向测试"(DART)航天器于 2022 年 9 月 26 日成功撞击了迪莫弗斯(Dimorphos)小行星,成为全球首个在太空中执行撞击小行星并验证主动行星防御技术的任务[见图 3-31(c)]。

(a) 苏联"维加1号"金星-彗星探测器　　　(b) 美国"新视野号"冥王星探天器　　　(c) 美国"双小行星重定向测试"航天器

图 3-31　苏联与美国的小天体探测器

日本于 2003 年 5 月 9 日成功发射"隼鸟号"(Hayabusa)探测器前往近地小行星"糸川"(Itokawa)执行采样返回任务。尽管在旅途中遭遇了史上最大太阳闪焰的冲击导致了单粒子翻转事件、离子引擎故障等问题,它还是在飞行 22 个月后抵近了"糸川"小行星。2005 年 11 月"隼鸟 1 号"进行了 2 次降落和采样的尝试,其间还发生了燃料泄漏、通信中断等故障。2007 年 4 月 25 日"隼鸟 1 号"在确认样品采集成功并被保存至样品舱胶囊后启程返回地球。2010 年 6 月 13 日内含"糸川"小行星样本的隔热胶囊与探测器本体分离后安全着陆。"隼鸟 1 号"是人类第一次对地球有威胁性的小行星的探测,也是第一个把小行星物质带回地球的任务。

2014 年 12 月 3 日,日本从种子岛宇宙中心用 H-2A 运载火箭将"隼鸟 2 号"(Hayabusa 2)发射升空,前往火星与木星之间的小行星带执行采样返回任务[见图 3-32(a)]。2018 年中,"隼鸟 2 号"与主带小行星"龙宫"(1999JU3)相遇,并对其进行了探测和采样。2020 年 12 月 5 日,"隼鸟 2 号"在地球附近和回收舱成功分离,回收舱携带"龙宫"样本物质在澳大利亚南部着陆。与回收舱分离后的"隼鸟 2 号"探测器离开地球继续它的太空之旅,将在 2031 年 7 月前后抵达编号为 1998KY26 的小行星进行探测。科学家从小行星"龙宫"带回地球的沙子样本中首次发现了"生命之源"——氨基酸。

欧洲空间局于 2004 年 3 月 2 日发射了"罗塞塔号"(Rosetta)彗星探测器[见图 3-32(b)]前往代号为 67P 的木星族彗星"楚留莫夫-格拉希门克"(67P/Churyumov-Gerasimenko)。"罗塞塔号"由"罗塞塔"探测器及"菲莱"(Philae)着陆器组成。"罗塞塔"探测器的主要任务是探索太阳系在 46 亿年前的起源之谜,以及彗星是否为地球"提供"生命诞生时所必需的水分和有机物质;"菲莱"着陆器的目标是对彗星实施着陆探测。经过十年飞行,"罗塞塔号"于 2014 年 8 月 6 日安全进入围绕彗星运行的轨道,离彗核的最近距离只有 30km,其搭载的各项设备对彗星表面进行了详细考察,以确定其表面环境和着陆条件。11 月 13 日从"罗塞塔"彗星探测器释放的"菲莱"着陆器成功登陆"楚留莫夫-格拉希门克"彗星。由于不幸着陆到了一处峭壁的阴影之中,每 12.4 小时只能获得 1.5 小时的太阳光照,"菲莱"因此遭遇了能源危机,11 月 14 日由于主电池电量耗尽而失联。尽管如此"菲莱"还是在着陆后完成了一些实验,传回一些彗星表面和浅层物质的数据。2016 年 9 月 30 日,"罗塞塔号"彗星探测器受控撞向"楚留莫夫-格拉希门克"彗星,正式结束了长达 12 年的"追星"之旅。"罗塞塔"任务最突出的发现之一是在彗星周围探测到大量的自由分子氧(O_2)气体。

(a) 日本"隼鸟2号"探测器　　　　(b) 欧空局"罗塞塔号"探测器

图 3-32　日本与欧空局的小天体探测器

6. 太阳探测

太阳是太阳系的主宰,对于人类来说它是一颗既熟悉又陌生的星球。早在 1960 年 3 月,美国发射的"先驱者 5 号"(Pioneer 5)太阳探测器进入了一条周期 312 天、与黄道面的夹角为 3.35°的环绕太阳轨道,开了航天飞行器进行太阳科学探测的先河[见图 3-33(a)]。"先驱者 5 号"通过其磁场探测仪器发现在太阳平静时,星际空间中的磁场强度不高;在太阳耀斑爆发时,记录到了能量为 75MeV 的质子以及能量为 13MeV 的电子,同时发现此时银河宇宙射线大为减少。此后的半个多世纪中,美国、欧空局、苏联、日本等国家和组织先后发射了多个太阳探测器,分别在地球轨道、日地拉格朗日 L1 点、环日轨道上对太阳进行了全面的科学探测。比较著名的有:1962—1975 年,NASA 的"轨道太阳天文台"(OSO)计划,1973—1979 年,美国早期用于太阳研究的最大载人计划"天空实验室"(Sky Lab),美国 2001 年发射到日地拉格朗日 L1 点工作的"起源号"(Genesis)探测器,以及日本的"火鸟卫星"(Hinotori)和"阳光卫星"(Yohkoh),俄罗斯的"克罗拉斯卫星"(Coronas)等。

1990 年 10 月 6 日,NASA 用"发现号"(Discovery)航天飞机把与欧空局(ESA)联合研制的太阳极区和恒星际环境探测器"尤里西斯号"(Ulysses)带入太空[见图 3-33(b)]。"尤里西斯号"在 1992 年 2 月飞越木星时利用木星的强大引力,脱离了黄道面,飞入了一个能够先后到达太阳南纬和北纬 70°上空的轨道,对太阳的南北极进行了精细化的探测。它的总航程为 3.0×10^9 km,探测任务历时 5 年。这是人类第一次从三维立体角度探测太阳的南北极。"尤里西斯号"探测器证明了太阳磁极的南北极与太阳南北极是颠倒的,太阳磁极有大量的太阳风粒子和宇宙射线产生;发现了太阳磁极的冕洞,太阳风可以从冕洞散发出来,太阳南极有异常温度等现象。

美国于 2018 年 8 月 12 日发射了"帕克"(Parker)太阳探测器,前去执行前所未有的近距离太阳观测任务[见图 3-33(c)]。2020 年 1 月 29 日"帕克"太阳探测器完成了第四次近日飞行,最近距离太阳约 1.867×10^7 km,飞行速度超过 3.93×10^5 km/h,再次创造人类航天器最快飞行速度。2021 年 4 月"帕克"太阳探测器成功穿过太阳大气的最外层(日冕),成为首个"接触"太阳的航天器。预计"帕克"太阳探测器将于 2024 年 12 月进入 590 万 km×1.1 万 km 的环太阳椭圆轨道,届时它与太阳的距离将小于 10 太阳半径。这将有助于揭示太阳的运行机制,了解太阳与行星、地球的关系,协助卫星和宇航员观测太空天气,提高人类预测影响地球生命的主要天气事件的能力。

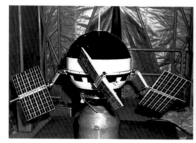
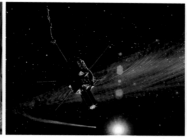

(a) 美国"先驱者5号"   (b) NASA与ESA合作的"尤里西斯号"   (c) 美国"帕克"探测器

图 3-33 国外太阳探测器

2021年10月14日,中国成功发射了首颗太阳探测科学技术试验卫星"羲和号"太阳观测卫星,拉开了中国航天太阳观测的序幕。该卫星国际首次实现了对太阳 Hα 波段的光谱成像,填补了太阳爆发源区高质量观测数据的空白。2022年10月9日中国在酒泉卫星发射中心成功将"夸父一号"先进天基太阳天文台卫星送入预定轨道。该卫星是用于观测和研究太阳磁场、太阳耀斑和日冕物质抛射的起源及三者之间可能存在的因果关系。

1977年9月发射的"旅行者1号"探测器在完成飞越木星和土星任务后,靠着身上续航力超持久的放射性同位素热电机提供的动力,飞向太阳系边缘,并于2012年8月飞出了太阳圈,成为首个进入星际空间的人造航天器,也是距今离地球最远的深空探测器(见图 3-34)。"旅行者1号"以约17km/s的速度继续前行,2021年人类还能收到"旅行者1号"探测器发出的微弱"嗡嗡声",2023年1月1日它的位置距离太阳约237亿 km。

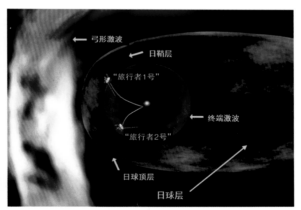

(a) "旅行者1号"探测器   (b) "旅行者1号""旅行者2号"的空间位置

图 3-34 人类飞离地球最远的深空探测器

通过60多年来的深空探测活动,人类对太阳系各大天体有了初步的了解,所得到的关于宇宙空间的认知大大超过了数千年来所获得相关知识总和。作为人类航天活动的重要方向和空间科学与技术创新的重要途径,深空探测已经成为当前和未来航天领域的发展重点之一。可以预见,随着人类对探索宇宙奥秘、开发利用宇宙资源需求的不断增长,随着航天科技的突飞猛进,行星际探测活动将越来越活跃,探测的目的、内容将更趋深入和明确,手段将更为完整和先进。人类对宇宙的探测将步入一个新的发展阶段。

§3-3 中国航天发展历程

著名科学家钱学森回国后不到半年,便于 1956 年 2 月向党中央提出了《建立我国国防航空工业意见书》,一个月后在国务院制订的《1956—1967 年科学技术发展远景规划纲要(草案)》中提出"要在十二年内使中国喷气和火箭技术走上独立发展的道路";同年 4 月国家成立了以聂荣臻元帅任主任的中华人民共和国航空工业委员会,统一领导中国的航空和火箭事业。1956 年 5 月,聂荣臻向党中央提出了《建立中国导弹研究工作的初步意见》和导弹研究采取"以自力更生为主,争取外援和利用资本主义国家已有的科学成果为辅"的发展方针。1956 年 10 月 8 日,钱学森受命组建了中国第一个火箭、导弹研究——国防部第五研究院(现运载火箭研究院)。

3-15 中国航天全记录

1958 年国防部制订了喷气与火箭技术十年发展规划纲要,同年 10 月 20 日,在苏联专家的帮助下,在酒泉建立了中国第一个卫星发射场。5 月 17 日毛泽东主席在中共八大二次会议上指出"我们也要搞人造卫星",由此开启了中国航天事业发展的第一个高潮。1960 年 2 月 19 日,中国自行设计制造的试验型液体燃料探空火箭首次发射成功。同年 11 月 5 日,中国仿制的苏联 P-2 导弹首次发射试验取得成功。中国自行研制的中近程导弹在经历了 1962 年 3 月第一枚发射试验失败后,于 1964 年 6 月再次发射试验并取得成功。1966 年 10 月,中国的导弹核武器弹头精确命中目标,导弹运载核爆炸试验取得圆满成功。同年 11 月,"长征一号"运载火箭和"东方红一号"人造卫星开始研制;12 月中程导弹首次飞行试验基本成功;1967 年,"和平二号"固体燃料气象火箭试射成功。1968 年 2 月 20 日,中国空间技术研究院宣告成立,钱学森任院长。

1970 年 4 月 24 日 21 时 31 分,中国自行研制的第一颗人造卫星"东方红一号"飞入太空,中国成为继苏联、美国、法国、日本之后世界上第五个能独立发射人造卫星的国家,这是中国航天史上的第一个里程碑。2003 年 10 月 15 日,"神舟五号"载人飞船飞行任务取得圆满成功,使中国成为继美国、俄国之后世界上第三个拥有载人航天技术的国家,这成为中国航天发展史上的第二个里程碑。2007 年 10 月 24 日—12 月 11 日,"嫦娥一号"成功发射、环绕月球、顺利获取月球科学探测数据、圆满完成了探月一期工程,拉开了我国深空探测的序幕,这也建立了中国航天发展史上的第三个里程碑。

中国发展航天事业的宗旨是:探索外太空,扩展人类对地球和宇宙的认识;和平利用外太空,促进人类文明和社会进步,造福全人类;满足经济建设、科技发展、国家安全和社会进步等方面的需求,提高全民科学素质,维护国家权益,增强综合国力。中国航天经过 60 余年的独立自主与自力更生,在运载火箭、人造卫星与深空探测器、航天发射与测控基地、卫星应用等方面得到了迅猛发展,已经逐步形成了完整的航天工业体系。中国取得了以"两弹一星""载人航天"和"月球探测"为代表的一系列辉煌成就,成为全球瞩目的航天大国,并正在为建设航天强国而努力奋斗。

一、"长征"系列运载火箭

"长征"系列运载火箭是中国自行研制的航天运载工具。"长征"火箭具备发射不同地球轨道(低、中、高)、不同类型卫星及载人飞船的能力,并具备发射无人深空探测器的能力。目前"长征"火箭的最大近地轨道(LEO)运载能力达到 25 吨,地球

3-16 中国"长征"系列运载火箭

同步转移轨道(GTO)运载能力达到 14 吨,发射成功率达 96.7%。

　　"长征"系列运载火箭的发展经历了多个阶段,形成了四代系列型号。第一阶段是基于战略导弹技术起步,主要包括"长征一号"(CZ-1)、"长征二号"(CZ-2),第一代产品解决了我国运载火箭从无到有的问题。火箭采用模拟控制系统,运载能力等总体性能偏低、靶场测试发射周期长、使用维护性较差。第二阶段是在第一代火箭的基础上进行了技术改进,采用了数字控制系统,使用四氧化二氮和偏二甲肼推进剂,形成了以"长征二号丙"(CZ-2C)、"长征二号丁"(CZ-2D)、"长征三号"(CZ-3)、"长征二号 E"(CZ-2E)为代表的第二代产品。相比第一代火箭有了长足的进步,但存在推进剂不环保的缺点。第三代火箭是在第二代基础上,持续进行可靠性提升和技术改进。采用系统级冗余的数字控制系统,增加了三子级,提高了任务适应能力;增加了故检和逃逸系统,提高了可靠性,满足了载人航天任务需求;简化了发射场测发流程,提高了使用可维护性。形成了以"长征二号 F"(CZ-2F)、"长征三号甲"(CZ-3A)、"长征四号"(CZ-4)为代表的第三代运载火箭(见图 3-35)。

图 3-35　第一、第二和第三代运载火箭主要型号

　　第四代"长征"系列运载火箭采用无毒无污染推进剂,采用全箭统一总线技术和先进的电气设备,使得智能化水平、可靠性和最大运载能力得到了大幅提升。第四代运载火箭包括:"长征五号"(CZ-5)系列、"长征六号"(CZ-6)系列、"长征七号"(CZ-7)系列、"长征八号"(CZ-8)系列、"长征九号"(CZ-9)系列、"长征十一号"(CZ-11)系列等(见图 3-36)。其中"长征六号""长征十一号"属小型运载火箭,"长征七号""长征八号"属中型运载火箭,"长征五号"属大型运载火箭,"长征九号"属重型运载火箭,另外还有一型空射火箭。

　　目前在"长征"火箭四代 20 种型号中,"长征一号""长征二号""长征二号 E""长征三号""长征四号甲"5 个型号已退役;"长征二号丙""长征二号丁""长征二号 F""长征三号甲""长征三号乙""长征三号丙""长征四号乙""长征四号丙""长征五号""长征五号 B""长征六号""长征七号""长征七号甲""长征八号"和"长征十一号"15 个型号在役。另有正在研制中的型号包括:"长征六号甲""长征六号X""长征十一号甲""长征九号"和"长征十号"。

　　从 1970 年 4 月 24 日"长征一号"运载火箭成功将"东方红一号"卫星发射升空开始,到 2021 年12 月 10 日"长征四号乙"运载火箭成功将"实践六号"5 组卫星送入太空,"长征"系列运载火箭完成了第 400 次发射。"长征"系列运载火箭实现第一个 100 次发射用时 37 年;第二个 100 次发射用时

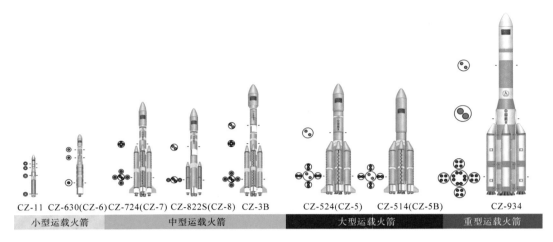

| 小型运载火箭 | 中型运载火箭 | 大型运载火箭 | 重型运载火箭 |

CZ-11 CZ-630(CZ-6) CZ-724(CZ-7) CZ-822S(CZ-8) CZ-3B CZ-524(CZ-5) CZ-514(CZ-5B) CZ-934

图 3-36　第四代新型运载火箭主要型号

7 年多;第三个 100 次发射用时 4 年多;第四个 100 次发射仅用了 33 个月。这表明中国的火箭设计、制造及管理等各方面的能力得到了大幅提升,开启了信息化研制时代。通过半个多世纪的发展,在技术上突飞猛进,在可靠性、成功率、入轨精度等方面均达到世界一流水平。

二、中国主要卫星系列

中国航天目前已经形成了面向各应用领域和任务需求的卫星与探测器系列,主要包括通信卫星、气象卫星、资源卫星、导航卫星、海洋卫星、载人航天与空间站、探月工程、行星探测等。

1.通信卫星

继 1970 年 4 月 24 日中国自行研制并成功发射的第一颗人造卫星——"东方红一号"之后,中国东方红卫星经历三代技术发展,逐步形成了四种型号对地静止通信卫星系列:"东方红二号""东方红二号甲""东方红三号""东方红四号""东方红五号",如图 3-37 所示。第一代"东方红二号"和"东方红二号甲"采用自旋稳定,前者装有 2 个 C 波段转发器,设计寿命为 3 年;后者装有 4 个 C 波段转发器,设计寿命为 4 年。第二代"东方红三号"采用三轴稳定,中心承力筒结构,质量 2200kg,电源功率 2000W,装有 24 个 C 波段和 Ku 波段转发器,在轨设计寿命可达 8 年。第三代"东方红四号"通信广播卫星,卫星携带 50 个通信转发器,设计寿命 15 年,适用于大容量卫星通信广播、卫星直播、卫星移动通信等对地静止轨道卫星通信任务。"东方红五号"是中国新一代大型桁架式卫星平台,各项技术指标国际领先,发射重量 10 吨,承载有效载荷 2000kg,提供有效载荷功率 22kW,具有高承载、大功率、高散热、长寿命、可扩展等特点,具备大功率供配电系统、先进综合电子以及大推力多模式电推进等先进技术,能适应通信等载荷的需求。2020 年 1 月 5 日,在地球同步轨道上成功定点。

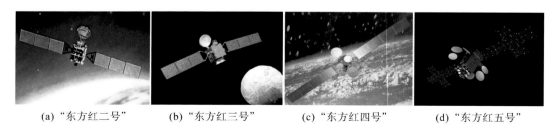

(a) "东方红二号"　　　(b) "东方红三号"　　　(c) "东方红四号"　　　(d) "东方红五号"

图 3-37　"东方红"系列通信卫星

2. 气象卫星

中国"风云"系列气象卫星,已经发展出了两类四个系列。其中地球静止轨道气象卫星包括"风云二号"和"风云四号"系列,极地轨道气象卫星包括"风云一号"和"风云三号"系列(见图 3-38)。"风云一号"是第一代极地轨道气象卫星,已经成功发射 4 颗;"风云二号"是第一代地球静止轨道气象卫星,已经成功发射 8 颗;"风云三号"是第二代极地轨道气象卫星,已经成功发射 5 颗;"风云四号"是第二代地球静止轨道气象卫星,已经成功发射 2 颗。

(a) "风云一号"　　　(b) "风云二号"　　　(c) "风云三号"　　　(d) "风云四号"

图 3-38 "风云"系列气象卫星

2022 年 1 月,中国"风云三号 D"(FY-3D)、"风云四号 A"(FY-4A)和"风云二号 H"(FY-2H)正式成为空间与重大灾害国际宪章的值班卫星。"风云"系列气象卫星已经成为代表中国力量、具有广泛国际声誉的对地观测卫星,提升了我国及国际最先进的中长期数值天气预报的时效和精度,在国际气象防灾减灾工作中发挥着日益重要的作用。

3. 资源卫星

资源卫星是用于勘测和研究地球自然资源的卫星,可分为陆地资源卫星和海洋资源卫星,一般采用太阳同步轨道。它能"看透"地层,发现人们肉眼看不到的地下宝藏、历史古迹、地层结构,能对农作物、森林、海洋、空气等地球资源开展大规模的普查与详查,预报各种严重的自然灾害。

"资源一号"(又称中巴地球资源卫星,CBERS) 01 星于 1999 年升空,它是中国与巴西合作的第一代传输型地球资源卫星,装载了三种遥感相机,可昼夜观测地球;"资源一号"02 星于 2003 年发射,它是 01 星的接替星,其功能、组成、平台、有效载荷和性能指标的标称参数等与 01 星基本相同。"资源一号"02C 星于 2011 年 12 月 22 日成功发射,搭载全色多光谱相机和全色高分辨率相机,主要任务是获取全色和多光谱图像数据,广泛应用于国土资源调查与监测、防灾减灾、农林水利、生态环境、国家重大工程等领域。

中国"资源二号"(ZY-2)01 星和 02 星分别于 2000 年 9 月 1 日和 2002 年 10 月 27 日发射,03 星于 2004 年 11 月 6 日送入太空。"资源二号"03 星的总体性能和技术水平与前两颗相比,有了较大改进和提高。"资源二号"系列卫星主要用于国土资源勘查、环境监测与保护、城市规划、农作物估产、防灾减灾和空间科学试验等领域。

"资源三号"(ZY-3)卫星于 2012 年 1 月 9 日在太原卫星发射中心由"长征四号乙"运载火箭成功发射升空。它是中国首颗传输型民用高分辨率光学立体测图卫星,集测绘和资源调查功能于一体(见图 3-39)。该卫星上搭载的前、后、正视相机可以获取同一地区三个不同观测角度的立体图像对,能够提供丰富的三维几何信息,填补了中国立体测图的空白,具有里程碑意义。"资源三号"可以测制 1∶5 万比例尺地形图,为国土资源、农业、林业等领域提供服务。

 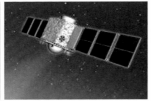 

(a)"资源一号"   (b)"资源二号"   (c)"资源三号"

图 3-39 "资源"系列陆地观测卫星

4.海洋卫星

中国自主研制和发射的"海洋"系列卫星共分为一号、二号和三号,应用于海洋环境监测(见图 3-40)。

"海洋一号"(HY-1)是海洋水色卫星,于 2002 年 5 月 15 日发射。该卫星上装载有 10 波段的水色扫描仪和 4 波段的 CCD 成像仪,主要任务分别是探测海洋水色环境要素(如叶绿素浓度、悬浮泥沙含量、可溶性有机物)、水温、污染物及浅海水深和水下地形。

"海洋二号"(HY-2)是海洋动力环境卫星,主要任务是探测海洋的海面风场、温度场、海面高度、浪场、流场等数据。2020 年 9 月 21 日,"海洋二号 C"卫星成功发射入轨,这是中国第三颗海洋动力环境卫星,也是空间基础设施海洋动力探测系列的第二颗业务星。2021 年 5 月 19 日,"海洋二号 D"卫星成功发射入轨并与之前发射的"海洋二号"卫星组网运行,开启了中国海洋动力环境卫星三星组网新时代。

"海洋三号"(HY-3)卫星搭载的主要遥感载荷是合成孔径雷达(SAR),将具备海陆观测快速重访能力,能够进行 1:5 万~1:1 万全球陆地和海洋的三维数据获取、毫米级陆地表面形变监测。"海洋三号"结合"海洋二号"可实现厘米级海面高度测量,实现对海上目标、重要海洋灾害、地面沉降、全球变化信息的全天候全天时观测,满足海洋目标监测、陆地资源监测等多种需求。"海洋三号"卫星星座规划为:1 米 C-SAR 卫星、干涉 SAR 卫星(2 颗编队干涉小卫星或 1 颗)同轨分布运行,构成海陆雷达卫星星座。

(a)"海洋一号"   (b)"海洋二号"   (c)"海洋三号"

图 3-40 "海洋"系列卫星

5.高分辨率对地观测卫星

2011 年中国启动了高分辨率对地观测系统重大专项,主要目的是突破高分辨率光学与微波遥感、高精度高稳定度卫星姿态控制、长寿命高可靠卫星、高分辨率数据处理与应用等关键技术,提高我国卫星遥感的空间分辨率、光谱分辨率和时间分辨率,提升我国高分辨率对地遥感数据的自给率。

"高分一号"(GF-1)卫星于2013年4月26日成功发射入轨,它是一颗高空间分辨率、多光谱与宽覆盖相结合的光学遥感卫星。2018年3月31日,"高分一号"02、03、04星以"一箭三星"方式成功发射,成为我国民用空间基础设施规划的首批业务化应用卫星。

"高分二号"(GF-2)卫星于2014年8月19日成功发射,它是我国首颗空间分辨率优于1米的民用光学卫星,标志着我国遥感卫星进入了亚米级"高分时代"。"高分二号"具有高定位精度和快速姿态机动能力等特点,有效地提升了卫星综合观测效能,主要用户为自然资源部、住房和城乡建设部、交通运输部、国家林业和草原局等,同时还将为其他用户部门和有关区域提供示范应用服务。

"高分三号"(GF-3)于2016年8月10日成功发射,它是中国首颗分辨率达到1米的C频段多极化合成孔径雷达(SAR)成像卫星,主要用于国土普查、城市规划、土地确权、路网设计、农作物估产和防灾减灾等领域,提升了我国全天候对地观测能力。

"高分四号"(GF-4)卫星是中国第一颗地球同步轨道遥感卫星,采用面阵凝视方式成像,具备可见光、多光谱和红外成像能力,可见光和多光谱分辨率优于50m,红外谱段分辨率优于400m,于2016年6月13日正式投入使用。

"高分五号"(GF-5)卫星于2018年5月9日成功发射,它是世界首颗实现对大气和陆地综合观测的全谱段高光谱卫星,填补了中国卫星无法有效探测区域大气污染气体的空白,可满足环境综合监测等方面的迫切需求。

"高分六号"(CF-6)卫星于2018年6月2日成功发射,它是一颗低轨光学遥感卫星,配置了2米全色/8米多光谱高分辨率相机(幅宽90千米)、16米多光谱中分辨率宽幅相机(幅宽800千米),是我国首颗精准农业观测的"高分"卫星,设计寿命8年,其图像数据主要应用于农业、林业和减灾业务领域,兼顾环保、国安和住建等应用需求。

"高分七号"(GF-7)卫星于2019年11月3日成功发射,搭载了双线阵立体相机、激光测高仪等有效载荷,突破了亚米级遥感立体测绘相机关键技术,可高效获取全球范围的高精度立体影像,测制大比例尺数字地形图,生产数字高程模型、数字表面模型和数字正射影像图等产品。

中国高分辨率对地观测技术还在不断发展之中,"高分"系列卫星还在不断延续(见图3-41)。

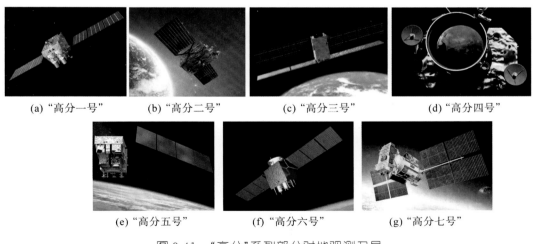

(a) "高分一号"　　(b) "高分二号"　　(c) "高分三号"　　(d) "高分四号"

(e) "高分五号"　　(f) "高分六号"　　(g) "高分七号"

图3-41　"高分"系列部分对地观测卫星

6. 北斗导航系统

中国北斗卫星导航系统是继美国 GPS、俄罗斯 GLONASS 之后的第三个成熟的卫星导航系统。北斗卫星导航系统由空间段、地面段和用户段三部分组成[见图 3-42(a)]，空间段由若干地球静止轨道卫星、倾斜地球同步轨道卫星和中圆地球轨道卫星组成[见图 3-42(b)]。

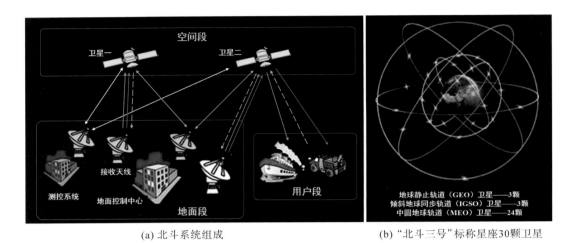

    (a) 北斗系统组成   (b) "北斗三号"标称星座30颗卫星

图 3-42 北斗卫星导航系统

"北斗一号"系统、"北斗二号"系统分别从 1994 年、2004 年开始启动工程建设，到 2012 年底共完成了 14 颗卫星(5 颗地球静止轨道卫星、5 颗倾斜地球同步轨道卫星和 4 颗中圆地球轨道卫星)的发射组网，为亚太地区用户提供定位、测速、授时和短报文通信服务。2009 年启动"北斗三号"系统建设，完成了 30 颗卫星发射组网，全面建成"北斗三号"系统。2020 年 7 月 31 日，"北斗三号"全球卫星导航系统正式开通，可在全球范围内全天候、全天时为各类用户提供高精度、高可靠定位、导航、授时服务，并且具备短报文通信能力，具备区域导航、定位和授时能力，定位精度为分米、厘米级别，测速精度 0.2m/s，授时精度 10ns。

7. 技术试验卫星

从 20 世纪 70 年代开始，中国先后研制和发射了"实践一号""实践二号""实践四号"以及"实践五号"卫星，初步形成了"实践"系列技术试验卫星。"实践一号"卫星装有红外地平仪、太阳角计等探测仪器，取得了许多环境数据。"实践二号"和"实践二号甲""实践二号乙"是用一枚火箭同时发射的三颗卫星。"实践"系列已经发射了二十多颗卫星，一直延续至今，成为我国航天技术领域新技术、新型号的发源地。

8. 科学探测卫星

科学探测卫星是用来进行空间物理环境探测与科学研究的卫星。它携带着各种仪器，穿行于大气层和外层空间，收集来自空间的各种信息，使人们对太阳系和宇宙有了更深的了解，为人类进入太空、利用太空提供了十分宝贵的科学资料。由中国科学院、航天科技集团和高等院校研制的各类科学探测与实验卫星成为航天领域中一道靓丽的风景线。

2015 年 12 月 17 日暗物质粒子探测卫星"悟空号"成功发射升空，它是世界上观测能段范围最宽、能量分辨率最优的暗物质粒子探测卫星，将中国的暗物质探测提升到新的水平。它在太空中开展了高能电子及高能伽马射线探测任务，探寻暗物质存在的证据，研究暗物质特性与空间分布规律。

2016 年 11—12 月,"悟空号"频繁记录到来自超大质量黑洞 CTA102 的伽马射线爆发。

"墨子号"科学实验卫星于 2016 年 8 月 16 日发射升空,它是世界上首颗空间量子科学实验卫星,旨在建立卫星与地面远距离量子科学实验平台,并在此平台上完成空间大尺度量子科学实验(见图 3-43)。该实验卫星取得了量子力学基础物理研究的重大突破和一系列具有国际显示度的科学成果,使量子通信技术的应用突破了距离的限制,对推进未来广域乃至全球范围量子通信的工程实现具有重要意义。

  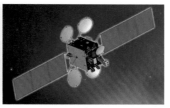

(c)"墨子"量子科学实验卫星　(b)"悟空"暗物质探测卫星　(c)"实践十三号"

图 3-43　科学探测与实验卫星

9.载人航天工程

中国载人航天工程的发展分"三步走":第一步是发射载人飞船,初步建成试验性载人飞船工程体系,开展空间应用实验;第二步是突破航天员出舱活动技术、空间飞行器的交会对接技术,发射空间实验室,解决有一定规模、短期有人照料的空间应用问题;第三步是建造空间站,解决有较大规模、长期有人照料的空间应用问题。载人航天工程中,除"神舟"(SZ)系列载人飞船外,还有"天宫"(TG)系列空间实验舱、"天舟"(TZ)系列货运飞船、"天和"(TH)核心舱、"问天"(WT)实验舱、"梦天"(MT)实验舱(见图 3-44)。

(a)"神舟"载人飞船　　(b)"天舟"货运飞船　　(c)"天宫"载人空间实验舱

图 3-44　载人航天空间飞行器

从 1999 年 11 月开始,在经历了"神舟"系列飞船的四次无人飞行试验之后,2003 年 10 月 15 日航天员杨利伟乘坐"神舟五号"载人飞船圆满完成了我国首次载人航天飞行,随后"神舟六号"又实现了多人多天飞行,至此中国载人航天工程完成了第一步。

2008 年 9 月 27 日"神舟七号"实现了中国航天员首次出舱活动,2011 年 11 月 3 日"神舟八号"与"天宫一号"目标飞行器顺利实现首次交会对接,随后"神舟九号""神舟十号"再次与"天宫一号"目标飞行器实现自动和手控交会对接,建立刚性连接并形成飞行组合体。2016 年 10 月 19 日"神舟十一号"与"天宫二号"实现自动交会对接,2017 年 4 月 22 日"天舟一号"货运飞船与"天宫二号"完成首次对接。至此中国载人航天工程完成了第二步。

建造能够长期运行的中国空间站是中国载人航天的第三步。空间站由"天和"核心舱、"梦天"实验舱、"问天"实验舱、"神舟"载人飞船和"天舟"货运飞船五个模块组成(见图 3-45)。各模块既是具备独立飞行能力的飞行器,又可以与核心舱组合成多种形态的空间组合体,在核心舱的统一调度下协同工作,完成空间站承担的各项任务。空间站轨道高度为 400~450km,轨道倾角为 42°~43°,设计寿命为 10 年,长期驻留 3 人,总重量达 180 吨。

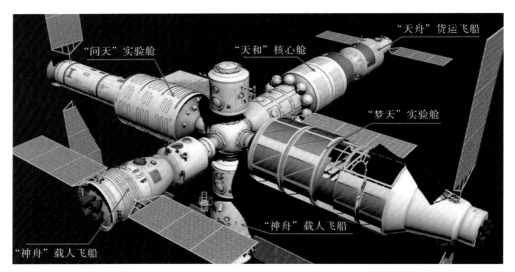

图 3-45 中国空间站组成

中国空间站建造分关键技术验证和建造两个阶段实施。2021 年 4 月 29 日,"长征五号 B 遥二"运载火箭将"天和"核心舱送入预定轨道,正式开启了中国空间站的建设历程。5 月 29 日,"天舟二号"货运飞船发射并与"天和"核心舱完成自主快速交会对接。6 月 17 日,"神舟十二号"载人飞船发射并与"天和"核心舱完成自主快速交会对接,航天员先后进入"天和"核心舱并随后进行了中国空间站的首次出舱活动。9 月 20 日,"天舟三号"货运飞船成功发射。10 月 16 日,"神舟十三号"载人飞船精准发射并与空间站组合体完成自主快速交会对接,航天员进驻"天和"核心舱开展了一系列技术实验。2022 年 1 月 6 日,空间站机械臂转位货运飞船试验取得圆满成功。至此空间站关键技术验证阶段任务完美收官,阶段任务目标全面实现。

2022 年 5 月 10 日,"天舟四号"货运飞船在中国文昌航天发射场点火发射升空,与在轨运行的空间站组合体进行交会对接;6 月 5 日,搭载"神舟十四号"飞船进入太空的 3 名航天员依次全部进入"天和"核心舱;7 月 24 日,"问天"实验舱发射升空与空间站组合体完成对接、转位,空间站组合体由两舱"一"字构型转变为两舱"L"字构型;10 月 31 日,"梦天"实验舱成功发射并与空间站组合体在轨完成交会对接、转位操作,与"天和"核心舱、"问天"实验舱形成了空间站的"T"字基本构型;11 月 30日,"神舟十五号"3 名航天员顺利进驻中国空间站,与此前已经在空间站的"神舟十四号"3 名航天员乘组首次实现太空会师与交接,中国空间站正式开启了长期有人驻留模式。

10. 月球与行星探测工程

2004 年中国正式开展月球探测工程,工程分为"无人月球探测""载人登月"和"建立月球基地"三个阶段。2007 年 10 月 24 日发射的"嫦娥一号"成功实现了中国首次月球环绕探测,验证了奔月轨道并自主获得了全月图;2010 年 10 月 1 日发射的"嫦娥二号"为着陆探测进行了多项技术验证,开展了多项拓展试验;"嫦娥三号"于 2013 年 12 月 14 日成功着陆于月球正面虹湾区域,"嫦娥四号"于

2019 年 1 月 3 日成功着陆于月球背面南极-艾特肯盆地内的冯·卡门撞击坑,实现了人类首次月球背面软着陆和巡视勘察。"嫦娥五号"于 2020 年 12 月成功在月球正面着陆并采样,返回器携带月球样品安全返回着陆地球(见图 3-46)。"嫦娥六号"于 2024 年 5 月 3 日成功发射,前往月球背面实施采样返回任务。

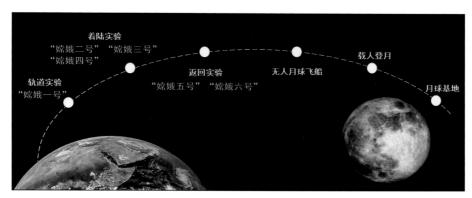

图 3-46　中国探月工程路径

中国首次火星探测器"天问一号"于 2020 年 7 月 23 日在文昌航天发射场由"长征五号遥四"运载火箭发射升空;于 2021 年 2 月到达火星附近,实施近火制动被火星引力捕获后环绕火星运行;2021 年 5 月实施降轨,着陆巡视器与环绕器分离后成功着陆于火星表面的乌托邦平原。随后"祝融号"火星车驶离着陆平台,开展巡视探测工作(见图 3-47)。2021 年 11 月 8 日,"天问一号"环绕器成功实施第五次近火制动,准确进入遥感使命轨道,开展火星全球遥感探测。中国首次火星探测在国际上首次用一次发射就实现了对火星的环绕、着陆和巡视探测,取得了圆满成功。

图 3-47　"天问一号"着陆器与"祝融号"巡视器

在不远的将来,中国还将发射"嫦娥七号"和"嫦娥八号",在月球南极建立无人月球科研基地,并计划在 2030 年前实施载人登月。在行星探测方面,中国将继续发射"天问"系列探测器。"天问二号"将实施对近地小行星的附着采样探测和对主带小行星的环绕探测;"天问三号"将进行对火星的第二次探测,实现火星样品的采样返回;"天问四号"将实施木星及其卫星的探测,并将在 2049 年飞越天王星(见图 3-48)。

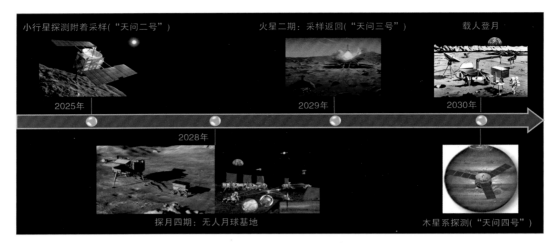

图 3-48　中国探月与深空探测未来规划

三、中国航天发射场与测控网

中国已建成的主要卫星发射场有酒泉、西昌、太原、文昌四个航天发射中心，以及一些商业航天发射基地。

1. 主要航天发射场

酒泉卫星发射中心始建于 1958 年 10 月，位于酒泉市与阿拉善盟之间，海拔 1000m，占地面积约 2800km²。它是中国创建最早、规模最大的综合型导弹、卫星发射中心，是科学卫星、技术试验卫星和运载火箭的发射试验基地之一，也是中国载人航天的发射场[见图 3-49(a)]。酒泉卫星发射中心地势平坦，人烟稀少，属内陆及沙漠性气候。年平均气温 8.75℃，相对湿度为 35%～55%，常年干燥少雨，春秋两季较短，冬夏两季较长，一年四季多晴天，云量小，日照时间长，可为航天发射提供良好的自然环境条件。每年约有 300 天可进行发射试验。

3-17 中国航天发射场

太原卫星发射中心始建于 1967 年，位于山西省太原市西北的高原地区，地处温带，海拔 1500m 左右，是中国试验卫星、应用卫星和运载火箭发射试验基地之一[见图 3-49(b)]。该发射中心拥有火箭和卫星测试厂房、设备处理间、发射操作设施、飞行跟踪及安全控制设施。太原卫星发射中心具备了多射向、多轨道、远射程和高精度测量的能力，担负太阳同步轨道气象、资源、通信等多种型号的中、低轨道卫星和运载火箭的发射任务。这里冬长无夏，春秋相连，无霜期只有 90 天，全年平均气温 5℃。

西昌卫星发射中心始建于 1970 年，位于四川省凉山彝族自治州境内，属亚热带气候，全年平均气温为 165℃，地面风力柔和适度，每年 10 月至次年 5 月是最佳发射季节。西昌卫星发射中心是一个主要承担地球同步轨道卫星发射任务的航天发射基地，在中国航天史上写下了三个第一：1984 年 4 月 8 日，成功发射中国第一颗地球同步轨道卫星；1986 年 2 月 1 日，成功发射中国第一颗通信广播卫星——"东方红二号"；1990 年，成功发射中国承揽的商务卫星——"亚洲一号"。它是中国对外开放最早、承担卫星发射任务最多、自动化程度较高、综合发射能力较强的航天发射场[见图 3-49(c)]。

文昌航天发射场始建于 2009 年 9 月 14 日，2016 年 6 月 25 日投入使用。它位于海南省文昌市龙楼镇，纬度 19°左右，毗邻大海，不仅具有良好的海上运输条件，而且火箭航区和残骸落区安全性好,还可利用纬度低的优势提高地球同步轨道卫星运载能力,延长卫星使用寿命,提高效费比。文昌航天发射场适应我国航天事业可持续发展战略,满足新一代无毒、无污染运载火箭和新型航天器发射任务需求,主要承担地球同步轨道卫星、大质量极轨卫星、大吨位空间站和月球与深空探测器的发射任务[见图3-49(d)]。

(a) 酒泉卫星发射中心　　(b) 太原卫星发射中心　　(c) 西昌卫星发射中心　　(d) 文昌航天发射场

图 3-49　中国四大卫星发射场

中国东方航天港地处山东省烟台市海阳市,依托烟台优越的地理位置和港口条件,发挥航天、海工等工业制造基础雄厚的独特优势,打造航天海上发射母港,以及火箭研发制造中心、卫星载荷研发制造中心、海上发射平台研发制造中心和卫星数据应用开发中心,辐射带动智能制造装备、物流装备、能源装备、航天新材料、航天旅游等相关产业。

2021 年 3 月,浙江省宁波市提出建设宁波国际商业航天发射场的建议,并被列入《浙江省重大建设项目"十四五"规划》。根据规划,该航天发射场位于浙江宁波市象山县,基地面积约67km²,包括航天发射场 35km²、产业配套区 32km²。计划总投资 200 亿元,建设年发射规模 100发的商业航天发射基地和千亿元级的商业航天配套产业基地,以满足未来商业卫星发射需求。

2. 航天测控网

中国卫星测控网是完成运载火箭和航天器跟踪测轨、遥测信号接收与处理、遥控信号发送任务的综合电子系统,主要由北京航天飞行控制中心、西安卫星测控中心及若干个测控站(船)和通信网组成,是各类航天测控系统的综合集成,可对多场区、多射向、多类型的航天器及运载火箭进行轨道测量、遥测监视、飞行控制、信息传输与处理等。北京航天飞行控制中心是载人航天和探月工程的指挥控制中心,是中国所有航天任务的指挥中枢。

3-18　中国深空测控网

测控站按其分布,有陆上测控站、海上测量船、空中测量飞机、中继卫星四大类。陆上测控站国内有东风、渭南、青岛、厦门、南宁、喀什等点站,国外有卡拉奇站、纳米比亚站、马林迪站和智利站等。主要测控设备有 VHF/UHF 统一测控设备、双频多普勒测速仪、遥测解调设备、遥控设备、单脉冲雷达等。VHF/UHF 统一测控设备采用信道综合技术,兼有测量 R、A、E、T、遥测、遥控功能,测距变化率误差不大于 0.1m/s。单脉冲雷达测距误差不大于 10m、测角误差不大于 0.2 密位、测距变化率误差不大于 0.2m/s。海上测量船在执行卫星测控任务时也纳入卫星测控网内,作为卫星测控网的一个重要组成部分(见图3-50)。先后有"远望一号""远望二号""远望三号"和"远望四号""远望五号""远望六号""远望七号"测量船。随着中国中继卫星系统、北斗卫星导航系统的建设与发展,天基测控系统也将成为中国航天测控网的重要组成部分。

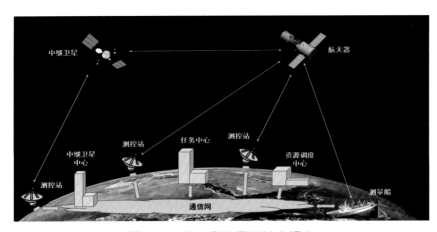

图 3-50　航天测控网的基本组成

　　为支持深空探测任务,中国还建设了以大口径天线设备为主体的深空测控网;中国航天测控网已成功实现国外建站和国际联网,地面测控站(船)的布局和数量也将根据航天任务需要不断进行优化和调整。中国航天测控网将成为天基与地基相结合、功能完善、技术先进的综合性航天测控网。

第四章　深空探测技术概述

§4-1　航天飞行基本原理

人造卫星或深空探测器要进入太空首先必须克服地球引力的作用,目前进入太空的唯一途径是将航天器加速到足够高的速度,使之能按照天体自然运动的规律围绕地球或是太阳旋转起来。所有的航天器都必须经历离开地面、穿越大气层、进入太空、在轨运行的阶段,有些还需要以非常高的飞行速度重新进入大气层返回地面。航天器在进入太空以后的轨道飞行过程中,绝大部分时间是遵循天体力学运动规律的无动力惯性飞行。

一、开普勒定律

德国天文学家约翰尼斯·开普勒(Johannes Kepler,见图 4-1)对天文学最大的贡献在于他试图建立天体动力学,从物理上解释太阳系结构的动力学原理。他利用丹麦天文学家和占星学家第谷·布拉赫(Tycho Brahe)多年积累的天体观测资料,经过仔细分析研究,发现了行星沿椭圆轨道运行,并且提出行星运动三

4-1　开普勒定律

大定律(即开普勒定律)。开普勒定律是天文学上的一次革命,它完善和简化了哥白尼的日心宇宙体系,为经典力学的建立、牛顿万有引力定律的提出,奠定了重要基础。

1. 开普勒第一定律——椭圆定律

开普勒通过对前人积累的大量行星运动数据的分析和自己不懈地观测与验证,认为行星轨道不是圆形,而是椭圆形的;行星公转的速度并不等恒。这些论点在当时的天文学与物理学界产生了巨大震动。最终他得出了"每一行星沿各自的椭圆轨道环绕太阳,而太阳则处在椭圆的一个焦点上"的论断,这便是开普勒第一定律(见图 4-2)。它正确地阐明了太阳系行星运动轨道的规律,但是开普勒并没有能运用数学加以证明这一结论的普适性。牛顿应用他的第二定律和万有引力定律,在数学上严格地证明了开普勒定律,也让人了解了其中的物理意义。

图 4-1　开普勒(1571—1630)

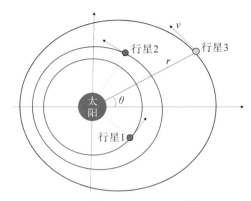

图 4-2　开普勒第一定律——椭圆定律

2. 开普勒第二定律——面积定律

开普勒发现火星运行速度是不匀的,当它离太阳较近时(近日点)运动得较快,离太阳远时(远日点)运动得较慢,经过精准刻苦的计算,他发现:在椭圆轨道上运行的行星速度不是常数,而是在相等时间内,行星与太阳的连线所扫过的面积相等。这就是行星运动第二定律,又叫"面积定律"。表述为:中心天体与环绕天体的连线(矢径)在相等的时间内扫过相等的面积,即

$$\frac{\mathrm{d}S_m}{\mathrm{d}t} = \frac{1}{2}\boldsymbol{r}\times\boldsymbol{r}\mathrm{d}t = \frac{1}{2}r_m^2\theta\mathrm{d}t = \frac{1}{2}v_m r_m\sin\varphi = \text{Const(常数)} \tag{4-1}$$

式中:$\boldsymbol{r}$ 为从中心天体的质心引向行星 m 的位置矢量;v_m 为行星 m 的速度;φ 为行星速度 v 与矢径 r_m 之间的夹角;θ 为行星 m 绕质心的旋转角度,如图 4-3(a)所示。

即有 $S_{AB} = S_{CD} = S_{EK}$,如图 4-3(b)所示。

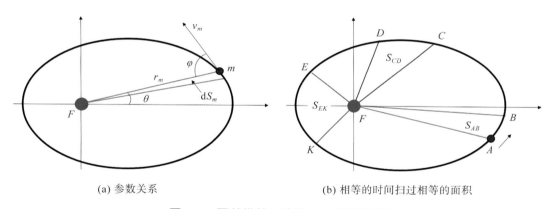

(a) 参数关系　　　　　　　　　　　　　(b) 相等的时间扫过相等的面积

图 4-3　开普勒第二定律——面积定律

3. 开普勒第三定律——调和定律

开普勒第三定律是开普勒根据第谷的观测数据计算出来的,也叫行星运动定律。表述为:绕以太阳为焦点的椭圆轨道运行的所有行星,其各自椭圆轨道半长轴的立方与周期的平方之比是一个常量。

如图 4-4 所示,a 为行星半长轴,T 为行星公转周期,则有:

$$\frac{a_1^3}{T_1^2} = \frac{a_2^3}{T_2^2} = k(\text{常数}), \quad k = \frac{GM}{4\pi^2} \tag{4-2}$$

式中：M 为中心天体质量；k 为开普勒常数，这是一个仅仅与被绕星体有关的常量；G 为万有引力常数，2006 年国际推荐数值为 $6.67428 \times 10^{-11} \, \mathrm{m^3/(kg \cdot s^2)}$。

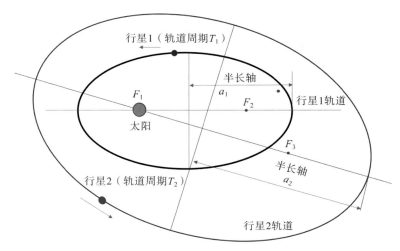

图 4-4　开普勒第三定律——调和定律

开普勒第三定律为经典力学的建立、牛顿万有引力定律的发现奠定了重要基础。

二、宇宙速度

人造卫星之所以能围绕地球运行是因为有恰当的速度，如果速度不够大，就会落回地面；如果速度过大，则会脱离地球引力场或太阳引力场。宇宙速度是指从地球表面向宇宙空间发射人造地球卫星、行星际和恒星际飞行器所需的最低速度。

4-2　宇宙速度

1. 第一宇宙速度

第一宇宙速度是指物体在地面附近绕地球做匀速圆周运动的速度，是航天器环绕地球的基本速度，也称为航天器最小发射速度、航天器最大运行速度、环绕速度。

依据牛顿的万有引力公式，地球表面上质量为 m 的物体受到的地球引力为

$$F = mg = G \times \frac{M \times m}{R^2} \tag{4-3}$$

式中：G 为万有引力常数；M 为地球质量；R 为地球半径。当物体所受的引力与其沿地球表面做圆周运动时的向心力相等时，在不考虑大气摩擦损耗的情况下，物体将不再会掉落到地面，而是将持续地以此速度绕地球飞行。此时有：

$$G \times \frac{M \times m}{R^2} = \frac{m v_1^2}{R} \tag{4-4}$$

$$v_1 = \sqrt{\frac{GM}{R}} = \sqrt{gR} \tag{4-5}$$

将地球半径 $R = 6.375 \times 10^6 \, \mathrm{m}$，地球质量 $M = 5.965 \times 10^{24} \, \mathrm{kg}$，万有引力常数 $G = 6.67 \times 10^{-11} \, \mathrm{m^3/(kg \cdot s^2)}$ 代入，并开平方，得第一宇宙速度 $v_1 \approx 7.9 \, \mathrm{km/s}$。

实际上，地球表面 30km 高度以内存在稠密的大气层，直到 100km 高度以上大气才变得稀薄。航天器不可能贴近地球表面做圆周运动，必须飞行在大气极其稀薄的高空，才能绕地球做圆周运动。随着高度的增加，地球引力下降，环绕地球飞行所需要的飞行速度也降低，几乎所

有航天器都是在距地面 150km 以上的大气层外飞行,在此高度下的环绕速度约为 7.8km/s,略小于第一宇宙速度 7.9km/s。

2. 第二宇宙速度

第二宇宙速度是指航天飞行器实现无动力脱离地球引力束缚所需的最小速度。若不计空气阻力,它是第一宇宙速度的 $\sqrt{2}$ 倍,为 11.2km/s,又称为地球逃逸速度。

一个质量为 m 的物体具有速度 v,则它具有的动能为 $mv^2/2$。假设该物体在无穷远地方的引力势能为零,即 $GmM/r^2=0$,其中 M 为地球质量。设物体在地球表面的速度为 v_2,地球半径为 R,则由能量守恒定律可知,在地球表面物体动能与势能之和等于在 r 处的动能与势能之和,即

$$\frac{mv_2^2}{2}+\left(-G\times\frac{Mm}{R}\right)=\frac{mv^2}{2}+\left(-G\times\frac{Mm}{r}\right) \tag{4-6}$$

当物体摆脱地球引力时,r 可看作无穷大,引力势能为零,则上式变为

$$\frac{mv_2^2}{2}+\left(-G\times\frac{Mm}{R}\right)=\frac{mv^2}{2} \tag{4-7}$$

显然,当 $v=0$ 时,所需的逃离速度 v_2 最小,即

$$v_2=\sqrt{2\frac{GM}{R}}=\sqrt{2gR}=\sqrt{2}v_1 \tag{4-8}$$

不同天体有不同的逃逸速度,公式(4-8)也同样适用于其他天体。逃脱引力束缚并不代表不受引力,它只代表物体不会再因为引力而无法到达更远的地方。引力是一个长程单向力,无论距离引力源多远,引力都不会消失。只是因为在距离引力源足够远时,引力影响变得极弱,足以忽略不计。

3. 第三宇宙速度

第三宇宙速度是指从地球起飞的航天器飞行速度达到 16.7km/s 时,无须后续加速就可以摆脱太阳引力的束缚,脱离太阳系进入更广袤的宇宙空间。

在地球轨道上的航天飞行器要脱离太阳引力所需的初速度原本约为 42.4km/s,由于地球绕太阳公转时已经使地球上的物体具备了约 30km/s 的初速度,因此,若沿地球公转方向发射航天飞行器,只需要在脱离地球引力的第二宇宙速度 v_2 的基础上再额外加上 $\Delta v=12.4$km/s 的速度,飞行器所需要的总动能为

$$\frac{1}{2}mv_3^2=\frac{1}{2}mv_2^2+\frac{1}{2}m\Delta v^2 \tag{4-9}$$

由此可以得出第三宇宙速度 $v_3=16.7$km/s,如果发射方向不一致,则所需要的速度就要大于此值(见图 4-5)。

以此类推,第四宇宙速度是可以脱离银河系而进入河外星系的速度,该速度估计为 110~120km/s。可以飞出本星系群的最小速度被称为第五宇宙速度,由于本星系群的半径、质量均未有足够精确的数据,所以无法准确计算其大小。当前科学家认为本星系群的大小约为 1000 万光年,质量约为 6.5 万亿个太阳质量,第五宇宙速度估计在 1500~2250km/s 之间。

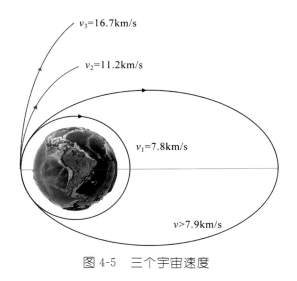

图 4-5　三个宇宙速度

三、探测器发射与飞行轨道

1.发射轨道

运载火箭从发射台上点火起飞直到将航天器送入预定轨道的飞行轨迹,称为发射轨道。其中,火箭发动机工作期间飞行的轨道段称为主动段;发动机关闭后不产生推力,这段轨道称为惯性飞行段或滑行段。运载火箭的发射轨道有两种基本形式:一种是连续推力发射轨道;另一种是具有中间轨道(惯性飞行段)的发射轨道。

连续推力发射轨道是用火箭推力直接将飞行器送入预定轨道,如图 4-6 所示。这种发射方式的动力段飞行时间较长,且由于要求连续推力加速,对发动机推力要求也较高,从能量角度来说不是最佳,比较合适于发射低轨道卫星。

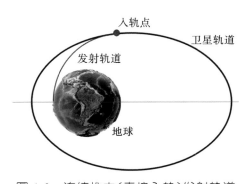

图 4-6　连续推力(直接入轨)发射轨道

具有惯性飞行段(中间轨道)的发射轨道是发射卫星的常用形式,适用于发射中、高轨道卫星,如图 4-7(a)所示。第一次入轨点位于中间轨道的近地点、第二次入轨点位于中间轨道的远地点时,称为最佳转移。此时,两次入轨点之间的地心夹角约为 180°,这种轨道的入轨航程(即发射点到入轨点的航程)较长。具有两个中间轨道的发射轨道如图 4-7(b)所示,中间轨道 1 是数百千米的近地轨道,中间轨道 2 是远地点高度为同步轨道高度的椭圆轨道。发射过程为:先在第一次入轨点处进入中间轨道 1;然后在第二次入轨点处进入中间轨道 2;最后在第三次入轨点处进入地球同步轨道。通常称远地点高度为同步轨道高度的中间轨道为转移轨道（或过渡轨道），近地点中间轨道为停泊轨道。

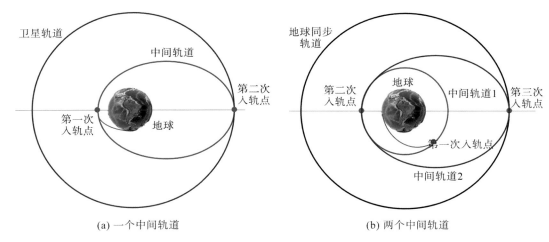

(a) 一个中间轨道　　　　　　　　　　(b) 两个中间轨道

图 4-7　具有中间轨道的发射轨道

在非赤道地区发射地球同步卫星（轨道倾角为 0°），需要使用两个中间轨道。这是由于地球同步轨道要求轨道倾角为 0°，在非赤道地区发射地球同步卫星时，必须要求转移轨道的半长轴在地球赤道平面内，即转移轨道的近地点幅角 $\omega = 0°$（或 $\omega = 180°$）以保证在转移轨道远地点变轨时，能进入零倾角的地球同步轨道。因此，对初始转移轨道近地点幅角要加偏置量。由于转移轨道是一个惯性轨道，所以可以在轨道上任意点进入，但一般选择近地点附近进入转移轨道。

运载火箭从发射架上点火起飞后，首先在稠密的大气层内加速飞行，经过最大动压区后，飞出大气层，最终将航天器送入预定轨道。运载火箭的飞行轨道经历了垂直起飞段、程序转弯段和入轨段。

火箭发射通常采用垂直起飞的方式，这样既可以缩短穿过大气层的时间，减少速度损失，又可以充分利用运载火箭的能量，有利于迅速加速。这种发射方式所适应的地面发射设备简单可靠，有利于临射前加注、瞄准等操作。在火箭飞行的垂直段，火箭尚未获得任何水平分速增量，所以此时全靠发动机的推力来克服重力。

当运载火箭飞离发射台一段时间后，火箭开始按预定的俯仰角程序转弯，对准发射方向飞行（程序转弯段）。为了减小空气阻力，顺利跨过声速，火箭在大气层内采用零攻角飞行。当火箭飞出稠密的大气层时，一级火箭一般已经分离，改由二级火箭加速。飞离大气层后，整流罩被抛掉，火箭按照最小能量的飞行程序继续转弯，以等角速度做低头飞行。运载火箭在这个阶段的轨道飞行时，任意一点的速度都可以分解成垂直方向和水平方向的分速。火箭在轨道的每一段都尽量利用它运动所产生的惯性离心力去抵消其重力，火箭的水平分速越大，它所产生的惯性离心力也越大，对重力的抵消就越有效。当火箭的水平分速小于环绕地球所需的速度时，惯性离心力不足以抵消重力，此时整个火箭的重量还必须借助火箭的推力来抵消。当火箭的水平分速到达环绕速度时，克服重力就只需要惯性离心力了，此时火箭的推力就是控制进入轨道的动力了。

在接近入轨点时，火箭做最后的水平加速，达到入轨速度后运载火箭与航天器分离，卫星被送入运行轨道。入轨速度等于入轨点高度的圆轨道环绕速度时，航天器将进入圆轨道运行，高于环绕速度时，将进入以入轨点为近地点的椭圆轨道；相反，入轨速度低于环绕速度，航天器将进入以入轨点为远地点的椭圆轨道，倘若速度过低，近地点将降到稠密大气层内甚至地面，航天器将不能入轨。

入轨段可有直接入轨、滑行入轨和过渡转移入轨三种方式。发射近地轨道卫星可以采用直接入轨方式,由各级运载火箭相继工作,用连续的主动段将航天器直接送入轨道;发射中、高轨道航天器可采用滑行入轨方式,倾斜飞行段的后期是无动力的滑行段,待滑行到轨道高度之后,再进入入轨加速段;发射高轨道航天器和深空探测器时,一般先将其发射到近地停泊轨道,之后再进行轨道转移进入运行轨道。

2. 卫星运行轨道

地球卫星按照轨道高度可以分为四类:近地(球)轨道(Low Earth Orbit,LEO)、中地球轨道(Middle Earth Orbit,MEO)、地球同步转移轨道(Geostationary Transfer Orbit,GTO)、地球同步轨道(Geostationary Orbit,GEO),如图 4-8 所示。近地轨道高度为 400～2000km,绝大多数对地观测卫星、测地卫星、空间站以及一些新的通信卫星系统都采用近地轨道。中地球轨道高度在 2000～36000km 之间,

4-3　卫星轨道类型

用于导航的 GPS、GLONASS、北斗等卫星都属于此类轨道。地球同步转移轨道是指近地点在 1000km 以下、远地点为地球同步轨道高度(36000km)的椭圆轨道,经加速后可达地球静止轨道。地球同步轨道是位于地球赤道平面上的圆形轨道,高度为 36000km,卫星的运行方向与地球自转方向相同,运行周期与地球自转一周的时间相等,即 23 时 56 分 4 秒,其运行角速度等于地球自转的角速度。

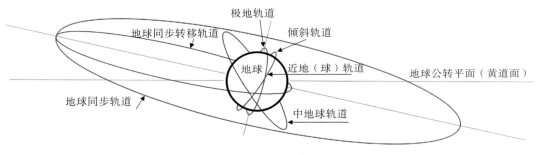

图 4-8　地球卫星轨道类型

卫星按照轨道倾角的大小可以分三种:第一种,倾角为 0°,卫星轨道平面与地球赤道平面重合,卫星始终在赤道上空飞行,这种轨道称为赤道轨道。第二种,倾角为 90°,卫星轨道平面与地球赤道平面垂直,卫星飞越南北两极上空,称为极地轨道。气象卫星、资源卫星、侦察卫星经常采用这种轨道。第三种,轨道倾角既不是 0°也不是 90°,统称为倾斜轨道。其中倾角大于 0°而小于 90°的,卫星自西向东顺着地球自转方向运行的,称为顺行轨道;倾角大于 90°而小于 180°,卫星自东向西逆着地球自转方向运行的,称为逆行轨道。

太阳同步轨道(Sun-Synchronous Orbit,SSO)是逆行倾斜轨道,倾角在 90°～100°之间,轨道高度在 500～1000km 之间,是一种近极地轨道。它的轨道平面绕地轴的旋转方向和周期,与地球绕太阳的公转方向和周期相同。这种轨道的特点是太阳光和轨道平面的夹角保持不变。沿太阳同步轨道运行的卫星,每次从同一纬度地面目标上空经过,都保持同一地方时、同一运行方向,具有相同的光照条件,因此可在同样条件下重复观测地球。倾斜地球同步轨道(Inclined Geosynchronous Orbit,IGSO)是指倾角不为 0°的地球同步轨道,其星下点轨迹是一个跨南北半球的"8"字,其星下点轨迹与赤道相交于一点,该点常被称为交叉点。

3. 星际飞行轨道

深空探测器的飞行总体上可以分为以下三个阶段:

一是从地球上发射到脱离地球引力作用范围前的阶段。探测器在这一阶段中的飞行时间很短,除了受地球引力之外,还受地球大气阻力和月球引力、太阳引力的作用,它相对于地球的运动轨道接近于双曲线。

二是脱离地球作用范围后进入目标行星引力作用范围前的轨道过渡阶段。探测器在这一阶段主要是在太阳(有时还要考虑邻近的行星)的引力作用下,相对于太阳的运动轨道基本上是一个椭圆。这一阶段的飞行时间最长,是探测器飞行的主要阶段。

三是进入目标行星引力作用范围后的阶段。这时探测器在目标行星和太阳引力作用下飞行,相对于被探测行星是一条近似于双曲线的运动轨迹。若要实现环绕探测或是着陆探测,则必须在靠近目标行星的时刻开启探测器上的发动机实施制动减速,让探测器被目标行星的引力俘获,进入行星的环绕轨道。

有些探测器是一路上飞行经过多个行星的,例如美国的"旅行者1号""旅行者2号"探测器等。这些飞行器除了上述三个阶段外,当接近过路行星进入其引力作用不能忽略的范围内时,其轨道计算必须同时考虑太阳和该行星的引力作用,直到完全脱离为止。

对于需要采样返回的探测器来说,返回轨道也经历了上述三个阶段,只是过程相反,即把目标行星当作出发星体,把地球当作目标星体。

1925年,德国物理学家瓦尔特·霍曼(Walter Hohmann)提出了一种探测器轨道的变换方法,途中只需两次引擎推进,通过轨道变换实现行星际飞行,可相对地节省燃料。该轨道被称为霍曼转移轨道(Hohmann Transfer Orbit)。如图4-9所示,为将探测器从低轨道①送往较高轨道③的霍曼转移轨道,探测器在原先轨道①上瞬间加速后,进入一个椭圆形的转移轨道②;由此椭圆轨道的近拱点开始,抵达远拱点后再瞬间加速,进入另一个圆轨道③,此即为目标轨道。图4-9中显示的三个轨道的半长轴是越来越大的,因此两次引擎推进皆是加速,总能量增加而进入较高(半长轴较大)的轨道。反过来,如果三个轨道的半长轴是越来越小的,也可用霍曼转移轨道来实现,不过是通过两次减速而非加速。

在太阳系行星探测中,霍曼轨道以太阳为一个焦点,远日点和近日点分别位于地球轨道和目标行星轨道上,如图4-10所示,轨道的长轴等于地球轨道半径与目标行星轨道半径之和,沿着双切轨道运动的探测器从地球出发到目标行星的飞行时间是这个椭圆运动周期的一半。根据各个行星的平均轨道半径,可以求出从地球沿双切轨道向行星发射的探测器的速度和飞行时间。

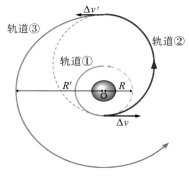

图4-9　霍曼转移轨道

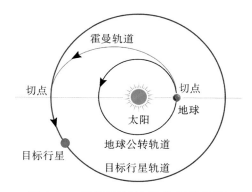

图4-10　采用霍曼轨道的行星探测

行星引力辅助变轨是指从地球发射的航天器飞近太阳系某行星时,利用此行星的引力改变航天器轨道和飞行速度,向另外的目标星球飞去。这种利用行星引力进行变轨的方式也被称为"借力飞行"或"近旁转向技术"。当航天器靠近借力行星时,受该行星引力的作用,相对于该行星是双曲线轨道。设航天器相对于无穷远目标行星的速度为 v_∞、借力行星的公转速度为 v_p,则当航天器离开借力行星时就被加速到了 $v_\infty + v_p$;同时航天器的飞行方向也发生了偏转,使得其日心轨道发生了变化,得到了一个新的近日点距离和轨道周期,因此可以缩短飞到目标行星的路径,节省飞行时间。由于借力飞行不需要任何燃料消耗,并且可以达到改变航天器轨道能量和轨道面方向的目的,因此在深空探测中是一种节省燃料和飞行时间的常用方法。据测算,如果航天器选择最经济的双切椭圆轨道飞行,从地球飞向土星需要 6 年,飞向天王星需要 16 年,飞抵海王星需要 31 年;而借助木星作为引力跳板,飞抵土星只需 3~4 年,飞到天王星只需 8~9 年,飞近海王星也只需 12 年。

为了解决和缓解工程上面临的直接转移轨道发射窗口较窄、到达目标行星的测控和光照条件不理想等问题,在深空探测器飞行过程中还往往会增加深空机动的能力。深空机动(Deep-Space Maneuver,DSM)是在转移轨道过程中施加一个速度变化脉冲,以弥补发射条件的不足,改变轨道平面和飞行速度。美国 NASA 在 20 世纪 70 年代论证火星环绕探测任务时就进行了这方面的研究。结果表明,深空机动方案对任务性能有显著的提高,并增加了任务设计的灵活性。近年来,以电推进、离子推进、太阳帆推进为代表的小推进技术得到了迅速发展并受到广泛关注,为深空探测任务中的轨道机动提供了多种技术可能。

四、深空探测典型轨道类型

1. 月球探测

月球探测任务有硬着陆、飞越、绕飞与环绕、软着陆、采样返回等几种探测方式,执行不同任务方式的轨道会有一些差别,大多数月球探测器的飞行轨道通常包含发射、地月转移、月球环绕、着陆、上升、月地返回、再入大气等多个轨道阶段中的几个或是全部。

中国探月三期高速再入返回飞行试验器(CE-5T)是为了验证以第二宇宙速度安全返回地球而进行的一次飞行试验,CE-5T 试验器的飞行轨道包括:发射段、地月转移段、绕月段、月地返回段、再入段五个部分,如图 4-11 所示。

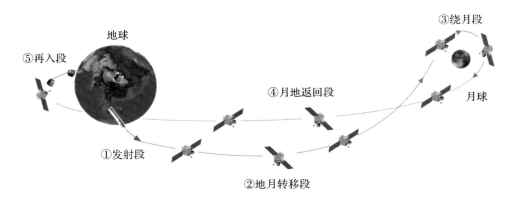

图 4-11 探月三期飞行试验器(CE-5T)飞行轨道示意图

CE-5T 的发射段经历了从运载火箭发射至器箭分离的过程,运载火箭为探测器提供了进入地月转移轨道的速度,使探测器进入近地点高度为 209km、远地点高度为 41.3 万 km 的地月转移轨道;探测器在此段飞行中成功实施了 2 次轨道中途修正,飞抵距月球 6 万 km 的区域,受月球引力影响进入绕月飞行段,在月球近旁转向飞行,距月面最近距离约 1.2 万 km;经过 32 小时飞行后,CE-5T 离开月球引力影响范围,进入月地转移轨道返回地球;在距地面高约 5000km 处,CE-5T 返回器与服务舱分离进入再入段,以接近第二宇宙速度进入大气层。返回器实施初次气动减速下降至预定高度,然后向上跃起跳出大气层,在跳到最高点后开始逐渐下降再次进入大气层,实施二次气动减速;在降至距地面约 10km 高度时,返回器打开降落伞在预定区域顺利着陆。而服务舱在与返回器分离之后再次进入地月转移轨道飞到月球附近,并成功实施近月制动,进入远月点高度约 5300km、近月点高度约 200km、飞行周期约 8 小时的环月轨道,并开展相关在轨拓展试验。CE-5T 服务舱为"嫦娥五号"任务的关键飞控技术进行了先期试验验证,并在环绕月球的轨道上对"嫦娥五号"预选着陆区地形地貌进行了高分辨率成像勘查。

2. 行星探测

行星探测的轨道类型与月球探测有相似之处,探测器首先要摆脱地球引力进入转移轨道。所不同的是:月球探测的转移轨道是一个环绕地球,且远地点靠近月球的大椭圆轨道;而行星探测的转移轨道是一个环绕太阳,且远太阳点靠近目标星体的大椭圆轨道。行星探测器在飞行过程中会更多地使用行星借力飞行、深空机动和小推力轨道控制等方式,以优化飞行轨迹,节省燃料和飞行时间。若要实现对行星的环绕探测和着陆探测,则探测器在进入目标行星引力影响圈后,需通过制动减速被目标行星引力俘获进入环绕段轨道,并择机实施下降段操作。这一阶段的轨道类型与月球环绕和着陆探测有相同之处。

美国"旅行者"系列探测器是第一个使用行星借力飞行的航天飞行器。"旅行者 2 号"和"旅行者 1 号"分别于 1977 年 8 月 20 日和 9 月 5 日先后发射。两个探测器的设计理念基本相同,即只需要少量燃料以作航道修正,其余时间可以借助各个行星的引力加速,以一个探测器就能实现外太阳系多个行星的飞越探测(见图 4-12)。

"旅行者 1 号"于 1979 年 3 月 5 日在距离木星中心 349000km 处近距离飞越木星。探测器在此前后 48 小时的飞行时间中,对木星的卫星、环、磁场以及辐射环境实施了高分辨率成像和精细的物理探测。在顺利地借助了木星的引力后,"旅行者 1 号"于 1980 年 11 月掠过土星,最近距离土星最高云层 124000km 以内。离开土星后"旅行者 1 号"偏离了黄道平面,飞向了太阳系的边缘,2013 年 9 月 12 日,美国航天局官方证实"旅行者 1 号"探测器已经成功飞出太阳系,进入星际空间。"旅行者 1 号"是第一个提供了木星、土星以及其卫星详细照片的探测器,也是距今离地球最远的人造卫星。

"旅行者 2 号"发射后进入了一个较慢的飞行轨道,使它能够保持在黄道平面之中。在探测木星之后,"旅行者 2 号"于 1981 年探测了土星,并通过土星的借力加速飞往天王星和海王星。正因如此,"旅行者 2 号"并没有像"旅行者 1 号"一样能够如此靠近土卫六,但它成了人类历史上第一个飞越天王星和海王星的探测器,也因此完成了人类探测器一次飞行抵达外太阳系四大气态巨行星的壮举。

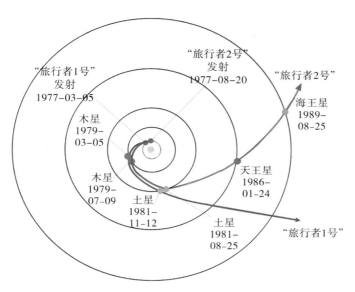

图 4-12　美国"旅行者"系列探测器飞行轨道

3. 小行星探测

小行星按其运行轨道划分有:靠近地球轨道的近地小行星、在火星与木星之间的主带小行星、在太阳系外围的柯伊伯带小行星等多种类型。根据被探测目标小行星距离地球的远近不同,小行星探测所采用的转移轨道也不同。对于近地小行星,一般可采用从地球到小行星的直接转移轨道,转移过程中可包括深空机动和中途修正等多次变轨操作;对于远离地球的主带小行星,由于其所在的日心轨道能量远高于地球轨道,要求探测器的速度增量很大,一般需要采用多次行星借力轨道设计并结合相应的微推进技术,来减少任务所需的推进剂。

美国"近地小行星交会"(NEAR)探测器是 NASA 首个小行星探测任务,也是国际上首个绕飞小行星的探测器。如图 4-13 所示,NEAR 探测器 1996 年 2 月发射升空后,于 1997 年 6 月飞越近地小行星"马西德"(Mathilde),在通过深空机动(Deep-Space Maneuver,DSM)和 1998 年 1 月的地球借力后,于当年 12 月飞越"爱神"(Eros)小行星;1999 年 1 月通过第二次深空机动以后,于 2000 年 2 月进入"爱神"小行星轨道,环绕飞行了近 1 年时间,拍摄了 20 万张"爱神"小行星照片,探测了该小行星的物理和地质特性,确认其矿物组成和元素成分。2001 年 2 月 12 日,NASA 控制 NEAR 探测器,以 3m/s 的速度在"爱神"小行星表面成功着陆,并发回了信号。

2007 年 9 月 27 日发射的美国"黎明号"(Dawn)小行星探测器,是人类第一个探测小行星带的探测器,也是第一个先后环绕谷神星(Ceres)与灶神星(Vesta)这两个体积最大主带小行星的探测器,飞行轨道如图 4-14 所示。

"黎明号"在飞行过程中使用了 3 台小推力离子发动机,并通过火星借力,是实现火星以远距离的多目标、多任务深空探测轨道设计技术的成功范例之一。小推力离子发动机的特点是将太阳能转化为电能,再通过电能电离惰性气体(氙气)的原子,产生离子流作为推动力,使得"黎明号"探测器能够完成从太阳引力范围到小行星引力范围中的多次飞行转换,进入并离开多个小天体的轨道。

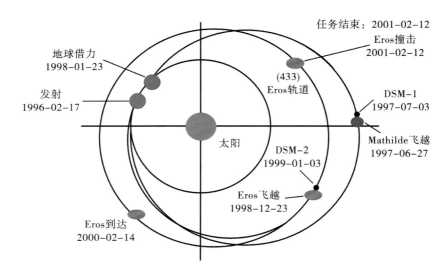

图 4-13　NEAR 的飞行轨道

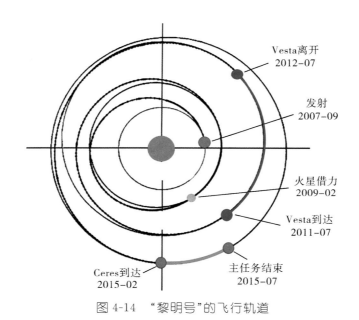

图 4-14　"黎明号"的飞行轨道

4. 平动点上运行的探测器

平动点是指天体间的引力平衡点,即拉格朗日引力平衡点 L1、L2、L3、L4、L5。理想状态下,当一个质量可忽略不计的探测器处于两个天体的拉格朗日平衡点附近时,它的受力基本平衡,在无动力状态下随着这两个天体系统而转动,并与这两个天体的相对位置保持静止。日地和地月平动点附近是实施一些深空探测任务的理想位置。

平动点任务的主要轨道类型有利萨如(Lissajous)轨道和晕(Halo)轨道。我国深空探测器已经三次成功进入平动点:"嫦娥二号"进入日地 L2 点的利萨如轨道,"嫦娥五号"飞行试验器进入地月 L2 点的利萨如轨道,"嫦娥四号"中继星进入地月 L2 点的晕轨道,美国的詹姆斯·韦伯望远镜进入日地 L2 点的晕轨道。

我国"嫦娥四号"中继星进入地月 L2 点的轨道如图 4-15 所示。该中继星于 2018 年 5 月 21 日在西昌卫星发射中心发射升空,经过发射段、地月转移段,在近月制动后进入月球到 L2 转移段,最终于

2018 年 6 月 14 日成功实施轨道捕获控制,进入环绕距月球约 6.5 万 km 的地月拉格朗日 L2 点的晕使命轨道,成为世界首颗运行在地月 L2 点晕轨道的通信中继卫星。

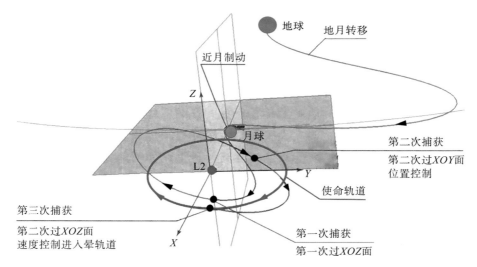

图 4-15　"嫦娥四号"中继星飞行轨道示意图

§4-2　深空探测器基本概念

　　深空探测器是指对月球和月球以远的天体和空间进行探测的航天器,又称空间探测器或宇宙探测器,是实施深空探测的主要飞行平台。深空探测器由运载火箭送入太空,飞向月球或行星,用所搭载的科学探测仪器和装置进行近距离遥感观测、着陆巡视或采集样品带回地球进行研究与分析。深空探测器按被探测对象,可划分为月球探测器、太阳探测器、行星和行星际探测器、小天体探测器等;按探测形式和功能,可划分为飞行器(环绕器)、着陆器、上升器、巡视器(行星车)等。

　　深空探测器必须具备动力推进、供电、导航控制、测控通信、有效载荷、热控等航天器基本的结构系统。探测器在月球或行星表面着陆、行驶或采样时,还需要一些特殊形式的专门结构与装置。深空探测器各系统及其所搭载的所有装备必须承受十分严酷的空间环境,有时还需要采用特殊防护结构。探测器在深空或其他星球上长时间、远距离的飞行与行驶中,电磁波传输的时间滞后使地面不能进行实时指挥和遥控,因此往往需要探测器具备自主导航、自主决策与操控的能力。当深空探测器的飞行轨道远离太阳,太阳能电池阵不足以给探测器系统提供足够的能量保障时,还必须采用核能等其他能源供给方式。

一、深空探测目标与任务方式

　　深空探测既包括对月球的探测,也包括对太阳、太阳系行星及小天体、行星际空间的探测,还将可能包括对太阳系边际、系外恒星及其行星、宇宙起源等科学问题的探测。深空探测的主要目的是:研究月球和太阳系的起源和现状,通过对太阳系各大行星及其卫星的考察研究,进一步揭示地球环境的形成和演变情况;认识太阳系的演化,探寻生命的起源和演变历史,探索宇宙起源等科学问题;

利用宇宙空间的特殊环境进行各种科学实验,为人类文明发展和经济建设服务。

深空探测器上的有效载荷为各种科学探测仪器,用于执行各类空间探测任务。探测的主要方式有:空间天文观测、飞越探测、环绕探测、着陆探测、采样返回、载人探测等。

1. 空间天文观测

空间天文观测通常是通过在地球轨道上或地月、日地拉格朗日点上构建能够开展天文观测、长期运行的航天器,对深空目标进行远距离的科学探测。在外层空间建立空间天文台可以摆脱地球大气、磁场、天气、引力、光及电磁污染等诸多因素的干扰与影响,有利于实现对深空目标更有效的探测。空间天文台可以建立在近地轨道或地球同步轨道上,也可建立在日地、地月拉格朗日引力平衡点上。

4-4 哈勃望远镜

美国哈勃(Hubble)空间望远镜是历史上最成功的空间天文台之一,它运行在距离地面约 575km 的近地轨道上[见图 4-16(a)]。自 1990 年 4 月发射以来工作了 30 多年,共有 20 多个国家和组织的 2000 多名科学家利用这只"太空眼"进行了超过 11 万次的天文观测,取得了许多突破性发现,让人类有幸能触碰到亿万光年外的神秘世界。用哈勃空间望远镜获取的照片正从根本上改变着我们对宇宙的认识。

2021 年 12 月 25 日发射的詹姆斯·韦伯(James Webb)空间望远镜是迄今为止口径最大的空间望远镜(6.5m),其主镜面积为哈勃空间望远镜的 5 倍以上。2022 年 1 月 30 日,詹姆斯·韦伯空间望远镜顺利抵达位于日地拉格朗日 L2 点的预定使命轨道,开始正常工作。詹姆斯·韦伯空间望远镜的主要任务是观测宇宙微波背景辐射,调查作为大爆炸理论的残余红外线证据,研究我们今天可见宇宙在诞生初期的状态。它是人类有史以来最强大的空间望远镜,将成为哈勃空间望远镜的继任者[见图 4-16(b)]。

 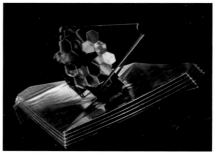

(a) 美国哈勃空间望远镜　　　　　(b) 美国詹姆斯·韦伯空间望远镜

图 4-16　空间天文观测望远镜

2. 飞越探测

飞越探测是指探测器从目标天体近旁飞过,进行较近距离的遥感探测,是人类早期实施月球和行星探测的任务执行方式,也是用一次探测器飞行执行多个天体探测的任务方式。飞越探测是人类对太阳系天体实施近距离探测的首选方式,比较容易实现,但是受飞越轨道和交会时间的限制,用该探测方法获取的信息量较为有限。

美国 1964 年 11 月发射的"水手 4 号"(Mariner 4),是第一个成功飞越火星的人类探测器,它回传了第一张充满火山、峡谷、陨石坑、荒凉而死寂的火星表面照片,成为人类深空探测史上第一个成功接近火星的探测器[见图 4-17(a)]。

1977 年 8 月 20 日发射升空的美国"旅行者 2 号"(Voyager 2)于 1979 年 7 月 9 日在距离木星云顶 570000km 处掠过,拍摄了一些木星和木卫一的照片,新发现了几个环绕木星的卫星;在 1981 年 8 月 25 日飞越了土星,用雷达对土星的大气层上部进行探测,并测量了气温及密度;在 1986 年 1 月 24 日从距离天王星的云层顶部 81500km 处飞过,新发现了 10 个之前未知的天王星天然卫星,并观察了天王星的行星环系统;在 1989 年 8 月 25 日接近海王星,并对海卫一进行了近距离飞越探测[见图 4-17(b)]。

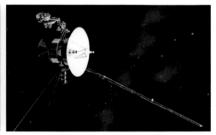

(a) 美国"水手4号"　　　　　　　　(b) 美国"旅行者2号"

图 4-17　典型飞越探测器

"旅行者 2 号"是人类唯一实现对木星、土星、天王星、海王星四大巨行星实现飞越探测的深空探测器。2018 年 12 月 10 日,"旅行者 2 号"探测器已飞离太阳风层,成为继"旅行者 1 号"之后第二个进入恒星际空间的人类探测器。

3. 环绕探测

环绕探测是将探测器发射到目标天体的附近,被目标天体重力俘获成为环绕其运行的人造卫星。用该探测方式可以进行长期反复的遥感观测,获取大量的探测数据。

1971 年 5 月 30 日发射升空的美国"水手 9 号"(Mariner 9)于 1971 年 11 月 14 日进入火星引力作用范围。在实施减速并被火星引力俘获后,"水手 9 号"成功进入近火点为 1390km、远火点为 17920km、运行周期为 12 小时 34 分钟的环绕火星轨道。随后"水手 9 号"用所搭载的有效载荷开展了科学探测,研究火星大气及地表的变化,观测了火星全球性沙尘暴和不均匀重力场,观测了火卫一和火卫二,传回了 7329 张火星表面遥感图片,基本完成了火星全球表面制图。"水手 9 号"成为人类第一个环绕除地球以外太阳系第一颗行星的深空探测器[见图 4-18(a)]。

"金星快车"(Venus Express)是欧空局首个金星探测器[见图 4-18(b)],于 2005 年 11 月 9 日搭乘俄罗斯"联盟号"运载火箭升空。在经过 5 个月、4100 万 km 的长途飞行后,2006 年 4 月 11 日"金星快车"抵达金星附近,在完成减速过程后顺利进入环金星椭圆形轨道。"金星快车"对金星进行了 8 年多的科学探测,取得了丰硕的成果,创下了多项探测纪录:第一次运用全球监测系统探测金星低空的近红外线;第一次对金星表面不同高度的大气温度和气流运动情况做系统研究;第一次测量金星表面气温变化的区域分布;第一次对金星中、高层大气的不同气体如氧气、氮气等的释放进行研究;第一次运用不同的分光仪(从紫外到热红外)对金星进行不间断的观察。

(a) 美国"水手9号"　　　　　　　　(b) 欧空局"金星快车"

图 4-18　典型环绕探测器

4. 着陆探测

着陆探测是指人类探测器在目标天体上实现软着陆,在着陆点附近就地开展探测活动或通过巡视装备(月球车、火星车)在着陆点周围区域进行考察与探测。这是一种人类与地外天体超近距离真切接触的探测方法。

4-5　着陆火星的三种方式

美国于 1975 年 8 月 20 日发射的火星探测器"海盗 1 号"(Viking 1)在经历 10 个月的飞行之后,于 1976 年 6 月 19 日进入火星轨道,随后着陆器与轨道器分离,3 小时后在火星表面成功实现了软着陆,并传回了第一张火星表面的照片。尽管"海盗 1 号"着陆器上的地震仪、机械手等无法完全正常工作,但它还是在火星上运行了 2245 个火星日,开展了验证广义相对论"重力的时间延滞"现象等科学实验。"海盗 1 号"着陆器成为全球首个成功实施火星着陆探测的深空探测器(见图 4-19)。

图 4-19　美国"海盗 1 号"火星探测器(着陆)

1996 年 12 月 4 日,美国"火星探路者"(Mars Pathfinder)离开地球向着火星挺进,经过 213 天的飞行进入环绕火星的轨道。1997 年 7 月 4 日,"火星探路者"在经历了打开降落伞、小火箭反向点燃减速、触地、气囊十多次弹跳缓冲后,终于安全抵达火星表面(见图 4-20)。随后"火星探路者"实施安全气囊排气收缩,张开三片六角形太阳能板,伸出并启动天线、摄影机、天气感测器和其他仪器。"索杰纳号"(Sojourner)火星车在地面控制中心的遥控下启动,并与着陆器分离,随后在一个足球场大的范围内行驶,拍摄了火星地表的岩石照片并分析其化学成分。"索杰纳号"成为人类第一部成功行驶在火星表面的火星车。

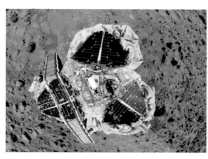

| (a) 着陆器 | (b) 火星车 |

图 4-20　美国"火星探路者"

并不是所有地外天体都适合人类实施着陆探测,如木星、土星、天王星和海王星没有陆地表面,根本无法实现着陆。金星大气与表面环境非常恶劣,人类试图着陆金星的探测器均没有存活较长的时间。到目前为止人类比较成功的着陆探测是在月球、火星、土卫六和小行星上。

5.采样返回

采样返回是指探测器在目标天体表面实施软着陆,实地获取样品并安全返回地球,目标天体样品在地球实验室环境中进行细致的分析与研究。

1970 年 9 月 12 日,苏联发射了"月球 16 号"(Luna 16)探测器,它完成了人类历史上第一个在月球上自动取样并送回地球的任务[见图 4-21(a)]。整个探测器由下降级和上升级组成:下降级位于下部,负责采集月球样品、通信联络、提供电能,同时它还充当上升部分的发射平台;上升级位于上部,负责把装有月球样品的返回舱送回地球。1970 年 9 月 20 日,"月球 16 号"成功实现月面软着陆,1 小时后下降级的月样采集系统开始工作,取得 10g 月球样品并存入上升级。在月面停留了 26 小时后,上升级接收到地面指令启动发动机离开月面。三天后返回舱以 11km/s 的速度进入大气层,通过气动减速、降落伞舱打开、圆柱形气囊充气膨胀与弹跳缓冲等动作,"月球 16 号"返回舱成功降落地面,月球样品被送往氮气环境实验室进行研究。

2003 年 5 月 9 日发射的日本"隼鸟号"(Hayabusa)的任务是探测"糸川"小行星 25143,并采集该小行星的样本返回地球[见图 4-21(b)]。它是世界上首个从小行星上带回物质的探测器。2005 年 7 月 29"隼鸟号"第一次接近并捕捉到小行星"糸川",在进行了多次降落与采样的尝试后,终于成功完成采样。2010 年 6 月 13 日,"隼鸟号"返回地球并成功回收了探测器样品舱。2011 年 3 月 10 日,日本宇宙航空研究开发机构的研究小组在美国得克萨斯州的"月球与行星科学大会"上,首次对外公布了对"隼鸟号"带回样品微粒的初步分析结果:小行星"糸川"微粒样品中存在橄榄石、斜长石等岩石的大型结晶,微粒与地球上发现的一种陨石特征一致,但微粒受热后产生的气体不具备地球物质的特征。

采样返回探测可以将空间天体的样本带回地面实验室进行长期精细化的研究,对人类揭示太阳系的起源与演化具有重要的意义。

(a) 苏联"月球16号"探测器　　　　　　(b) 日本"隼鸟1号"

图 4-21　典型采样返回探测器

6. 载人探测

载人探测是指用载人飞船将人类送上被探测的目标天体,就地开展有人参与的深空科学探测活动并安全返回。目前在人类历史上只有美国"阿波罗"工程实现了载人登月的壮举。

"阿波罗"(Apollo)计划是美国组织实施的一系列载人登月飞行任务,它历时约 11 年,始于 1961 年 5 月,在 1972 年 12 月第 6 次登月成功后结束。它是世界航天史上具有划时代意义的一项成就。

在完成前期多次无人和载人飞船试验验证之后,1969 年 7 月 16 日"阿波罗 11 号"飞船搭载"土星 5 号"运载火箭发射升空飞向月球,美国航天员尼尔・阿姆斯特朗和巴兹・奥尔德林完成了人类历史上首次载人登月任务。在"阿波罗"随后的载人登月任务中,除"阿波罗 13 号"因服务舱液氧箱爆炸中止登月任务外,其余 5 次均取得了成功,共有 12 名美国宇航员登上了月球(见图 4-22)。

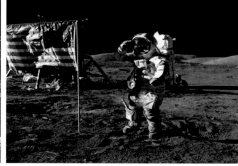

图 4-22　"阿波罗"载人登月

载人探测活动能够使人类亲临地外天体进行实地探测,在探测活动中具有更大的操作灵活性和现场分析能力,有可能取得更大的探测成果。但是载人探测风险巨大,极高的系统可靠性要求和生命保障系统大大增加了探测器系统的负担与代价,也使得近 50 年来各航天大国迟迟没有再次实施载人深空探测。近年来美国重启了载人重返月球的"阿尔忒弥斯"(Artemis)计划,并开始规划载人探测火星的任务;中国也启动了载人登月任务的关键技术攻关。相信在不远的将来,人类开展地外天体载人探测活动的高潮就要到来。

二、深空探测器基本组成

深空探测器是在人造地球卫星技术基础上发展起来的，因此在系统总体结构上与卫星相类似，通常由推进分系统、结构与机构分系统、电源分系统、热控分系统、导航与控制分系统、数据管理分系统、测控与通信分系统、有效载荷（科学探测仪器）分系统、特殊任务分系统等组成，如图4-23所示。

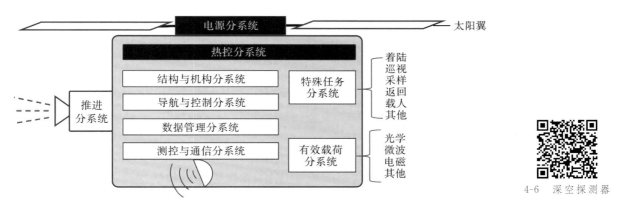

4-6 深空探测器

图 4-23 深空探测器的基本组成

推进分系统是为探测器提供动力，实现深空机动、轨道修正、反推减速等操作，是保证探测器按设计轨道抵达被探测目的地的关键系统。常用的推进方式有化学推进、电推进、离子推进、太阳风推进等。结构与机构分系统构成了探测器的主体框架，并为其他所有分系统提供可靠的承载结构，常用的结构形式有盒式、筒式、框式、桁架式等。电源分系统通常包含太阳翼、电能转换与分配控制系统、二级和三级电源等，为其他各分系统中的设备与载荷提供足够功耗的电源供应。热控分系统是使探测器在飞行和执行任务的环境中始终处于合适的温度范围之中，是器上所有机电部件可靠工作的保障。导航与控制分系统是实现探测器自主导航，保证其长时间、远距离沿正确轨道飞行的关键，通常包括星敏感器、光学或惯性导航敏感器、姿控执行部件等。数据管理分系统是探测器的大脑，接收各分系统传来的状态信息和探测数据，并实施在轨处理和存储，或分发给各分系统执行各种类型的操作。测控与通信分系统的任务是保持探测器与地面控制中心的通信联系，及时接收地面发来的操作指令、反馈探测器及其各分系统的工作状态、传输科学探测数据等。

上述各分系统是深空探测器的基本组成，对无论完成何种探测任务来说都是必备的。而对于执行不同的探测任务和探测方式而言，有效载荷分系统和特殊任务分系统的配置则可能会有很大的区别。有效载荷（科学探测仪器）分系统中通常包括光学、微波、电磁、粒子等探测设备，根据探测任务的科学目标而配置，是获取探测信息的重要手段。特殊任务分系统是指以特定方式完成特定探测任务所需要的系统装备、自成一体的器或舱等，如着陆装置、采样装置、巡视器、载人舱、返回舱等。

由于探测任务和方式的不同，一次飞行任务有可能由多个探测器组合构成。如中国首次火星探测器"天问一号"为同时完成对火星的环绕、着陆和巡视探测，在奔向火星的过程中整个探测器系统由着陆巡视器和环绕器组成；在进入火星大气在火星表面成功实现软着陆后，着陆巡视器又分离成着陆平台和火星车(见图4-24)。"天问一号"的各器之间既自成系统可独立工作,又能相互配合与信息交互,共同完成中国首次火星探测任务。

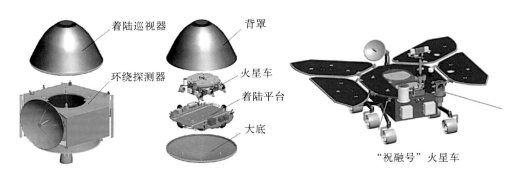

图 4-24　中国"天问一号"探测器组成

美国"帕克"(Parker)太阳探测器是第一个飞入太阳日冕层的飞行器,太阳科学家打算利用它所携带的科学探测仪器来更好地认识太阳风的形成以及日冕的极端加热机理。"帕克"的使命轨道最靠近太阳的位置在太阳表面上方仅9个太阳半径处,其目标是对附近以及日冕底部的偶极结构进行成像,探测太阳附近的等离子体、磁场和波、高能粒子和尘埃。"帕克"探测器的结构如图4-25所示。

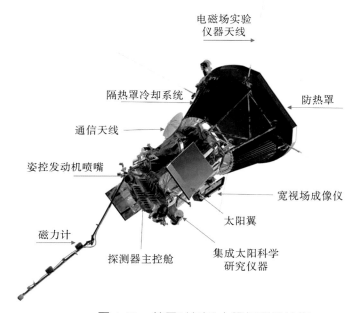

图 4-25　美国"帕克"太阳探测器结构

"帕克"太阳探测器在与动力舱分离之后,依然有几个小发动机来保持探测器的姿态控制,并在必要时给探测器以动力加速;电源系统主要依靠太阳翼发电,由于是越来越靠近太阳,因此"帕克"的太阳翼相比其他深空探测器要小很多;位于探测器外部的伞状通信天线用于建立和保持与地面基站的通信联系和信息传输。由于要在史上最小近日点上对太阳进行探测,位于探测器前端的防热罩和防热罩冷却系统是"帕克"的最大特点,它用于保护探测器中央控制系统和科学仪器在太阳高温辐射环境下正常工作,执行探测器导航与控制、有效载荷控制与探测数据管理的主控舱位于防热罩和防热罩冷却系统的后端。

"帕克"太阳探测器上携带的科学研究仪器包括:太阳风电子、阿尔法粒子与质子仪——用于太阳风内电子、质子和氦离子的计数和特性测定;太阳风宽视场成像仪——用于对太阳日冕、太阳风和探测器周围激波进行三维成像;磁力计和电磁场仪——将对穿越太阳大气等离子体的电场和磁场、无线电辐射及激波进行直接测量,并充当一个巨型宇宙尘埃探测器;高能粒子仪——用于监测太阳大气中被加速到高能状态的电子、质子和离子等。

2018 年 8 月 12 日,"帕克"太阳探测器成功发射,它先后借助 7 次金星飞越来降低其椭圆轨道的近日点。2021 年 4 月,"帕克"越过阿尔文临界面,进入太阳大气层;2024 年 12 月,"帕克"的近日点距离将减小到 616 万 km;整项任务共计划开展 24 次抵近太阳的飞越探测。

美国"阿波罗"计划是史上最宏大的载人月球探测工程,其探测器系统也较为庞大和复杂,如图 4-26 所示,由指令舱、服务舱、登月舱(上升段和下降段)组成。

其中,指令舱与服务舱组合在一起主要承担携带 3 名宇航员前往月球并安全返回地球的任务。指令舱与服务舱主要包含推进系统(推进器喷嘴、燃料罐等)、电源系统(燃料电池等)、通信系统(高增益天线、甚高频弯刀天线等)、控制系统(反应控制系统机组、反应控制推进器、反应控制发动机等)、返回系统(主降落伞、漏斗形减速伞等)和生命保障系统(乘员座舱等)。

登月舱主要是携带 2 名宇航员在月球表面实现软着陆,并在完成科学考察活动后从月面起飞,在月球轨道上与指令舱月球对接,2 名宇航员回到指令舱并安全返回地球。登月舱系统主要包括着陆发动机、上升发动机、燃料、着陆支撑腿、机组隔舱、进出舱门、步行梯子等与着陆、上升和宇航员踏上月面相关的装备,还包括了调姿控制系统、各类通信天线、科学仪器等必需的仪器装备。

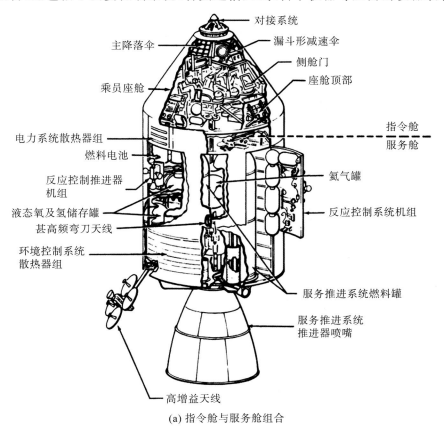

(a) 指令舱与服务舱组合

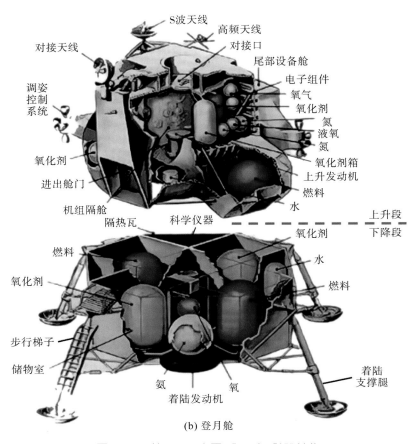

图 4-26　美国"阿波罗"登月探测器结构

　　虽然执行不同任务的深空探测器在总体结构组成上具有不同的特点,但相比于环绕地球运行的人造卫星而言,深空探测器的各个分系统还是具有一些显著的技术特点的。

§4-3　深空探测器技术

一、动力推进技术

　　深空探测目的地与地球相距非常遥远,探测器需要通过复杂的轨道机动,经历长距离、长时间的飞行才能抵达目标天体。探测器的动力推进系统在这漫长的任务实施过程中所起的作用至关重要。深空探测对推进技术提出了大推力、高比冲、长寿命、高精度变推力、对恶劣环境适应性强等技术需求。由于需要在长时间旅程中提供足够的推进能力,满足轨道机动所需要的速度增量要求,除传统化学推进技术外,对电推进、特种推进等新技术在深空探测中的应用需求越来越迫切。

　　目前航天器上应用的推进系统大多属于主动控制式,包括化学推进、冷气推进、电推进和新概念推进等。

1.化学推进

4-7 液体推进
火箭发动机

化学推进是利用液体或固体推进剂燃烧或推进剂催化分解,将推进剂工质的化学能转变成工质的内能和压力势能,然后释放产生推力。化学推进的最大特点是推力大、推力范围宽、可靠性高,特别适用于总冲要求大和快速机动要求高的航天器。化学推进可分为液体推进、固体推进、固液混合推进、冲压喷气推进等,其中液体推进是航天器中最常用的推进技术。液体推进系统又分为单组元、双组元、双模式三类。

单组元推进系统的推进剂是采用单一化学物质或几种化学物质的混合物,由喷注器喷入催化床,在一定的高温、高压或催化条件下分解成燃气,通过喷管高速喷出产生推力。常用的推进剂包括肼、硝酸羟胺、过氧化氢、混氨、混肼等。其中肼在单组元发动机上应用最为广泛,其他推进剂及其混合物在提高性能和减小毒性方面具有潜在的优势。单组元推进系统结构简单,适用于推力需求为几牛至几百牛量级的探测器。

双组元推进发动机需要两种推进剂,即氧化剂和燃料。这两种推进剂通过喷注器喷入燃烧室中进行剧烈燃烧,产生高温高压的燃气;高温燃气通过喷管加速,形成高速气流排出,从而产生推力。硝基氧化物与肼类燃料组合是双组元推进系统目前常用的推进剂,而氢氧组合、氟类组合、过氧化氢类组合是双组元推进剂的未来发展方向。双组元推进系统具有高性能、低污染的优势,常应用于推力需求为几十牛至上万牛量级的探测器主发动机和要求工作寿命较长的高性能辅助发动机。

双模式推进是指既能实现双组元推进,又能实现单组元推进的发动机系统,一般使用单元肼作为燃料、四氧化氮作为氧化剂。单元肼既作为双元推进模式中的一个组元,又作为单元推进模式中的推进剂。双模式推进系统常用于探测器的轨控与姿控发动机,特别适用于轨控和姿控推力要求差别很大、姿控推力和总冲要求都较小,但寿命要求长的探测器。轨控采用双组元模式,而姿控采用单组元模式。双模式推进系统可以依据飞行控制过程中的实际需求,实现对单、双组元发动机的最佳配置和使用;把单组元推进系统的高可靠、低推力、脉冲性好的优点和双组元推进系统的高比冲优点有机地结合起来,使系统具有更好的整体性能。

液体发动机通过调节与控制可以在很宽的范围内改变推力,实现变推力推进。变推力发动机大大提高了发动机的使用灵活性,常常应用于探测器的机动飞行、空间对接、轨道机动、地外天体着陆等任务。"嫦娥三号"着陆器的 7500N 变推力发动机系统结构如图 4-27 所示。发动机主要由氧化剂断流阀、燃料断流阀、流量调节阀、推力室及管路等组成,其中推力室由流量定位针栓式喷注器、喷管和燃烧室等组成。该系统采用了流量定位双调开环控制方案,推进剂采用挤压式输送方式。在发动机变推力过程中,针栓式喷注器可根据上游发动机流量的大小自主调节喷注器的喷嘴面积,使不同工况下的喷注压降基本恒定,从而确保了不同推力工况下发动机的性能。

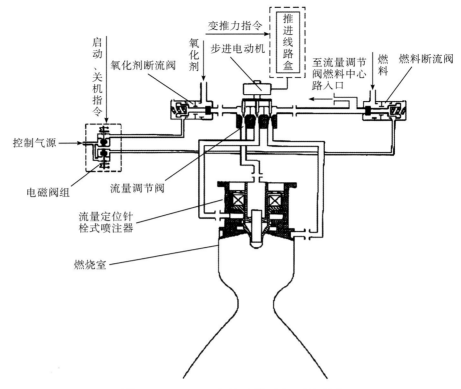

图 4-27　7500N 变推力发动机系统结构

2. 冷气推进

冷气推进是利用贮气瓶中的高压气体,通过喷管释放膨胀并加速而产生推力。氮气和氦气常常作为冷气推进系统的工质。图 4-28 所示是一种典型的冷气推进系统,加注泄出阀用于加注氮气,通过一个高压隔离阀,把气瓶与下游部分隔开。一旦隔离阀被驱动到打开位置,高压氮气便流向压力调节组件。压力调节组件将高压氮气的压力调节到比气瓶压力低许多的额定压力,推力器阀按照指令打开,氮气流经超声速喷管产生推力。该系统最大的特点是结构简单、性能可靠、成本低廉及无毒无污染,最大的不足在于推进能力较弱,一般情况下真空比冲只有 50～70 秒。

冷气推进系统一般不用于深空探测器的主要动力系统。但是由于其结构简单、无污染和使用维护方便等特点,在一些小型探测器中也偶有使用。如欧空局"罗塞塔"彗星探测任务中,小型着陆器"菲莱"上就携带了一套小型冷气推进系统,作为其主动下降中的控制,这套以氮气作为推进剂的系统仅配置了一个推力器。

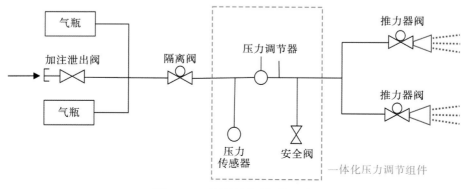

图 4-28　典型冷气推进系统

3. 电推进

电推进系统是利用太阳能电池阵或核反应堆发电产生的能量,使推进剂产生喷气速度,从而推动探测器。电推进系统一般由推力器、电源处理单元、推进器供给系统、接口与控制系统四部分组成,可以分为电热式、电磁式和静电式三大类。电热式推进是利用电能加热推进剂,增加其焓值,从而达到比较高的比冲。电磁式推进是用电能击穿推进剂产生等离子体,等离子体在电场力和磁场力的综合作用下加速形成推力。静电式推进选用电离势较低的推进剂,经电离后在静电场中加速,其比冲是电推进系统中最高的,范围在1000~10000s。霍尔电推进器和离子电推进器是电推进技术中的主要代表。

霍尔电推进器(Hall Thruster)包括稳态等离子体推进器(SPT)和带阳极层推进器(TAL)两种。在推进器的环形腔中,交叉电磁场捕获从阴极发射的电子,电子绕磁力线旋转并在放电区内做角向漂移,此角向漂移的电子电流称为霍尔电流;角向漂移是交叉的径向磁场与轴向电场作用的结果(即霍尔效应)。SPT典型的工作原理是:
4-8　霍尔电推进器
推进器中的陷阱电子置于磁场中可电离所携带的推进剂(通常为氙气),即通过阳极注入环形放电室的气体推进剂分子与角向漂移电子发生碰撞后被电离并形成等离子体,其中带电离子在磁场产生的电场作用下加速,形成等离子体喷射流高速喷出,反向推动探测器前进,如图4-29所示。

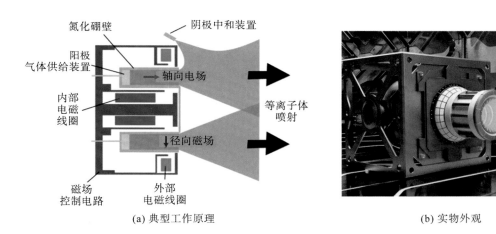

(a) 典型工作原理　　　　　　　　　　(b) 实物外观

图4-29　霍尔电推进器

影响SPT性能的主要因素有:工质的离子化效率和离子的加速方向。离子化效率与推进器的流量密度和磁场的磁通量有关,控制这两个参数就有可能使离子化效率达到最大;改善磁场的结构可以控制加速电场的强度分布,从而尽可能减少加速电场的径向分量,提高SPT的效率。欧空局的"智慧1号"(Smart 1)探测器的主推进采用的就是霍尔电推进系统,发动机由氙气瓶及其供给系统、电能供应系统、推力器、接口和通信系统等部分组成,干质量仅29kg。

离子推进器主要由空心阴极、铁磁包围的放电室、同轴阳极、加速栅极、中和器、氙气供给系统组成,其工作原理如图4-30所示。

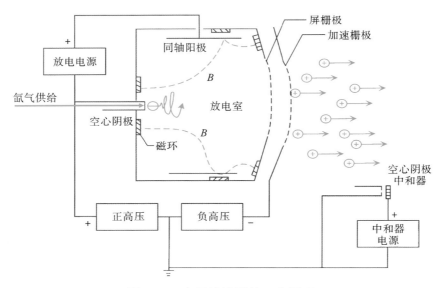

图 4-30　离子推进器的工作原理

离子推进器的推进剂气体(氙气)通过轴向的空心阴极和旁路分配器输入到圆柱形放电室内,阴极和同心圆柱阳极之间的直流放电使进入放电室内的气体电离,并通过略微扩张的偏转磁场,提高电离效率。高度离子化的等离子体,向放电室下游低端的打孔格栅漂流,正离子被这些格栅间的电场抽取并被加速。格栅的间距很小,一般为 0.5~1mm,但其间的电压很高(超过 1100V),离子在很短的时间内被加速到很高的速度(30~50km/s)并喷出形成推力,流出的离子束中的正离子被从外面中和释放器释放出来的电子中和。

影响离子推力器性能的主要因素有推力器尺寸大小、磁场分布与强度、热稳定性、电源供应和处理系统性能等。离子推力器的体积要比同等推力的霍尔推力器要大,其优点是寿命长(可达 1 万小时)、效率高(65%)、比冲大(可达到 3000s),尤其适用于深空探测和地球同步轨道卫星的南北位置保持任务。美国的"黎明号"小行星探测器采用了三台 30cm 的离子推力器。

4. 核能推进

核能推进是指将核能转化为动能的推进技术,主要有核电推进和核热推进两种形式。核能推进可以长时间为探测器提供能量,且对于空间辐射不敏感,因此对于长任务周期的深空探测活动而言具有不可替代的优势。

核电推进系统是核能源技术与电推进技术的有机组合,即先将核能转变成电能,再由电能驱动电推进系统工作,这是一种间接的驱动方式。核热推进技术是利用核裂变能加热工质,再将加热后的高温高压工质通过发动机喷嘴喷出产生推力,其特点是大推力、长寿命、高比冲,且不易受外界环境影响。核热推进器结构如图 4-31 所示。采用氢气工质的核热发动机比冲可以达到 1000s。

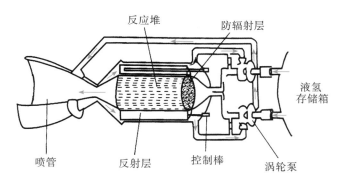

图 4-31 核热推进器结构

随着空间活动规模的不断扩大,要求航天器的飞行时间不断延长、载荷能力不断提高。传统的化学推进系统由于比冲小、能量密度低,已很难满足未来深空探测任务的需求;在远离太阳的飞行任务中,依靠太阳辐射给探测器提供能源和推进动力的方法也受到很大的限制。核热推进的各方面优势在此类深空探测任务中就显得更加明显。尽管在美国"海盗"系列、"旅行者"系列、"先驱者 10 号"/"先驱者 11 号"、木星和土星探测器中,都使用了核能供电系统,但是将核能技术用于空间推进还处于理论与实验研究阶段。在未来的载人登陆火星的计划中,核热推进将成为任务执行的首选方案。

5. 太阳帆推进

太阳帆推进是一种不需要携带燃料的推进技术,其机理是利用太阳光的光压产生的推力进行宇宙航行。齐奥尔科夫斯基和他的同事灿德尔早在 1924 年就明确提出过"用照到很薄的巨大反射镜上的阳光所产生的推力获得宇宙速度"的技术设想。

光是由具有动量的光子构成,当光子撞击到光滑的平面上时可以被反弹回来改变运动方向,并给撞击物体以相应的作用力。单个光子所产生的推力极其微小,在地球公转轨道上(距太阳 1 个天文单位),光在 $1m^2$ 帆面上产生的推力只有 0.9 达因(1 达因力可使质量 1 克的物体产生 $1cm/s^2$ 的加速度)。如果太阳帆的直径增至 300m(面积 $70686m^2$),由光压获得的推力为 34kg。根据理论计算,这一推力可使重约 0.5 吨的航天器在 200 多天内飞抵火星。若太阳帆的直径增至 2000m,它获得的 1.5 吨的推力就能把重约 5 吨的航天器送到太阳系以外。因此,为了最大限度地从阳光中获得加速度,太阳帆必须很大很轻,而且表面要十分光滑平整(见图 4-32)。

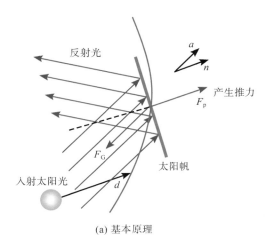

(a) 基本原理

(b) 太阳帆推进探测器概念图

图 4-32 太阳帆推进技术

由于来自太阳的光线提供了无穷尽的能源,携有大型太阳帆的航天器最终可以以 24 万 km/h 的速度前进。这个速度要比当今以火箭推进的最快航天器快 4～6 倍。即比第二宇宙速度快 6 倍、比第三宇宙速度快 4 倍。

2005 年 6 月,美俄曾合作开发了一艘太阳帆飞船"宇宙一号",进行太阳帆的首次受控飞行尝试。但飞船在起飞 83 秒后遭遇失败,"宇宙一号"的太阳帆面积为 530.93m²,光压获得的推力仅为 255 克力。

2010 年 5 月 21 日,日本星际风筝船——"伊卡洛斯号"随同"拂晓号"金星探测器同时发射升空,同时飞往金星。太阳辐射驱动的"伊卡洛斯号"通过张开的太阳帆,借助光的微弱压力实现加速,并利用安装在太阳帆上的液晶元件,通过部分改变光的反射率来使太阳帆倾斜,从而改变行进方向。经过半年多的飞行,日本宇宙航空研究开发机构宣布:世界上第一艘依靠太阳能驱动的太空帆船"伊卡洛斯号"已成功完成全部实验项目,初步完成了利用太阳能实现航天器加速和变轨等操作的技术验证。

与太阳帆推进技术相似的还有利用探测器周围的磁场来获得推力的磁场帆推进技术,以及利用太阳风的等离子体来获得推力的等离子体帆推进技术。由于探测器周围的磁场或者等离子体场具有不确定性,所以这两种推进方式还需要其他推进系统来辅助协同。太阳热能推进也是一种新概念推进系统,它是通过聚集器收集太阳能辐射,聚焦并转化为热能,利用热能加热推进剂并有效产生高性能推力。

随着航天科技水平的不断提高,深空探测活动的深度和广度都在不断地扩大,对推进系统也提出了更高的要求。能够缩短探测周期的大功率电推进技术、不消耗推进剂的无工质推进技术、运用正反物质湮灭所产生能量的反物质推进技术等新一代技术将成为未来航天器推进技术发展的新趋势。

二、电源系统技术

电源系统是航天器中用于产生、贮存和分配电能的装置,其重量占整个航天器重量的 15%～25%。按能源产生方式不同可分为太阳电池电源、化学电源和核电源三类。深空探测器的飞行距离更远、经历的环境更复杂,任务形式更多样,则对电源系统的要求也更高。电源系统的选择取决于用电系统的工作寿命、负载特性和要求(平均负载和峰值负载)、太阳辐照情况、工作环境、重量、体积和结构等。

深空探测器的电源系统与目标天体位置和任务执行方式密切相关。对于水星与金星等靠近太阳的天体探测,将经历高光强、高温度的环境,探测器系统特别是太阳电池阵需要考虑耐高温和抗辐照的措施;而对于火星、木星、土星等地外行星探测,将面临低光照、低温的环境。物体接收到的太阳光辐照强度与到太阳距离的平方成反比。当目标行星远离太阳时,那里的太阳光强度很弱,对于太阳能电源系统需要尽可能采用转换效率高、面积大、功率高、质量小的光电池阵列,采用在最大功率输出时能够保持静态和动态阻抗相等的 MPPT 型电源控制器,最大限度地提高太阳能利用效率,必要时可采用空间核电源。

对于要进入天体实施着陆和采样返回任务的探测器,电源系统还需考虑被探测天体的大气和尘埃等因素对太阳光谱和入射强度的影响,或采用核能供电系统。

1. 太阳电池

太阳能电源是航天器最常用的供电方法，世界上已发射的航天器中约有 60% 以上使用太阳能电源。其基本原理是利用太阳电池的光电效应，将太阳能转化为电能，并与蓄电池一起组成太阳电池阵-蓄电池组电源系统，以解决探测器进入阴影区时的供电问题。这种电源系统的工作寿命可长达 10 年，输出功率最大可达 20 千瓦以上，最大太阳电池阵面积可达 250 平方米。在探测器的飞行过程中，太阳光强发生的变化会影响太阳电池阵的发电效果。在没有阳光或光强极弱的场合，或是执行任务时间超过十几年的探测器不适宜使用这种电源。

太阳电池是一种将光能直接转换成电能的半导体器件，是组成太阳电池阵的基本单元。可用于航天器的太阳电池种类很多，包括非晶体硅光电池、单晶硅光电池及Ⅲ-Ⅴ族元素的化合物电池。应用较多的太阳电池是硅太阳电池和锗为衬底的单结和三结砷化镓电池。常规硅光电池的转换效率为 12%～12.5%，加背场工艺后可达到 15%，低阻背场的绒面硅光电池的转换效率可达 16.7%。大面积单结 GaAs/Ge 电池的转换效率约为 19%，三结 GaInP/GaAs/Ge 电池的转换效率可达 28.5%。

三结砷化镓太阳电池在结构上由 3 个子电池串联而成，如图 4-33 所示，顶电池是 CaInP，中电池是 GaAs，底电池是 Ge；各子电池选择性地吸收不同谱段的太阳光，整体电池电压是子电池电压之和减去隧穿结电压。整体电池电流满足连续性原理，流经各子电池的电流相等，输出电流受限于其中最小光电流的子电池。因此三结电池应尽可能实现各层子电池的光生电流相等，减少电流损耗。据报道，通过对三层光电池结构的优化，目前国际上该类电池片的最高光电转换效率可超过 42%。

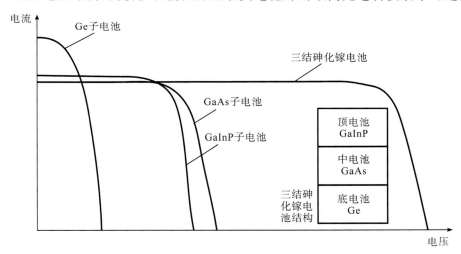

图 4-33　三结砷化镓太阳电池的结构和伏安特性

对于进入地外天体实施着陆和采样返回任务的探测器，由于天体表面的太阳光谱可能受到大气与尘埃等因素的影响，其太阳能电源系统还需考虑光谱匹配和除尘技术。例如，火星表面的大气成分主要有二氧化碳和尘埃，二氧化碳的吸收谱段主要在红外，而在可见光波段基本没有吸收。太阳光谱经过尘埃后，光谱透过率在蓝光波段数值小于红光及近红外波段。火星表面经常出现扬尘天气，尘埃对光谱的调制作用更为显著。因此，总体来说到达火星表面的太阳光谱蓝光较弱、红光和红外谱段相对较强。因此火星着陆器或巡视器上的太阳电池的光谱设计是有别于在地球轨道和环火轨道上的航天器太阳翼，为实现光电转换的最佳效率，需要进行专门的光谱试验以得到最佳的光电池光谱匹配。对于三结砷化镓电池而言，可以通过降低顶电池带隙使其吸收光谱带红移，保证上两结电池的电流平衡,再通过调节和均衡分配顶、中电池的电流,降低结间电流的失配度,有利于整体电流输出的最大化。

火星尘埃沉积在光电池表面会降低太阳光的透过率、改变电池表面的热物理特性,从而降低光电池性能。除尘技术主要有机械振动、喷吹、擦拭等主动方式;也有通过光电池表面的微结构,形成具有"荷叶效应"的不黏层,以减少灰尘的附着力;还有通过高压电帘在表面形成瞬间电场,移除灰尘粒子的除尘方式。

2. 化学电池

化学电池在航天探测器中主要用于电能储存,其主要任务是在有光照时将太阳翼产生的电能储存起来,并在光照不足或没有光照时释放储能为航天器提供电能。航天器用的储能装置分为化学储能、机械储能和超级电容器等几类。化学电池是航天器电源系统中应用最为普遍的储能方式。

20世纪80年代镉镍蓄电池在航天探测器上应用非常普遍,90年代后逐步被氢镍蓄电池所取代。镉镍蓄电池具有良好的机械性能、导热性能和低温工作性能,具有良好的充电特性和大电流放电性能。镉镍蓄电池长期在某一固定倍率下浅充放电,会产生记忆效应而导致储电容量下降,可通过小电流深放电的方法恢复其性能。氢镍蓄电池与镉镍蓄电池相比具有耐过充过放的能力,同时具有比能量和比功率高、循环寿命长、可高倍率放电、平均放电电压高、可全充放或按80%深度充放电循环使用等优点,其内部压力可作为充电状态的遥测参数,其缺点是能量体积比小。

锂离子蓄电池具有更高的单体比能量,单体电压更高,更安全,性能更稳定。常见的锂离子电池主要由正极、负极、隔膜、电解液、外壳及各种绝缘、安全装置组成(见图4-34)。锂离子蓄电池一般采取恒流-恒压充电方式,先恒流充电,在单体电池的电压达到预定值之后转为恒压充电,充电电流逐步减小,恒压充电状态下的电流变化规律近似于指数函数。

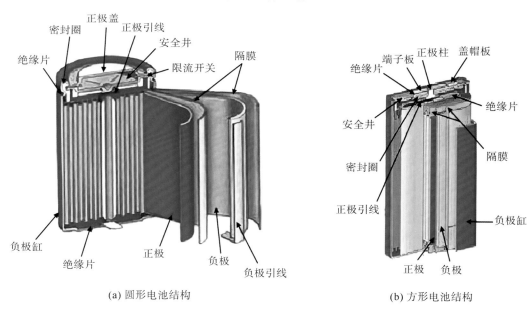

(a) 圆形电池结构   (b) 方形电池结构

图 4-34　锂离子蓄电池结构

锂离子蓄电池的正极一般为锂嵌入化合物,常用的材料有 $LiCoO_2$、$LiMn_2O_4$、$LiNiO_2$、$LiFePO_4$ 等;负极一般为可以发生可逆的脱锂和嵌锂,且氧化还原点位尽可能低的材料。常用的负极材料有:石墨、MCMB、硅基负极材料、锡基负极材料、钛氧基化合物负极材料等。图4-35展示了一种锂离子电池的工作原理。随着第三代锂离子蓄电池的发展，电池充电电压的上限逐渐从 4.25V 提高到了 4.9V。

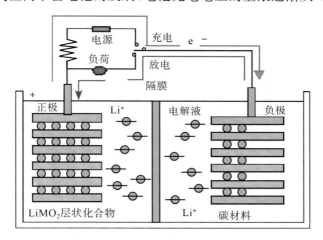

图 4-35　锂离子蓄电池工作原理

　　深空探测器上的锂电池往往要面临低温工作环境。锂离子蓄电池组在低温放电时，输出电压低，导致可使用的能量减小；在低温充电时，若电流较大，则可能出现负极表面析锂，影响电池循环寿命。合理选择正极材料是提高锂离子电池低温性能的关键，实验表明 $LiCoO_2$ 体系的空间用锂离子蓄电池的低温放电性能优于 $Li(Ni_xCo_yAl_{1-x-y})O_2$ 体系。

3. 电源控制技术

　　常见的航天器电源系统主要由太阳电池阵、储能蓄电池组、电源控制器等组成。图 4-36 展示了一种基于高低压双母线的典型电源系统结构。电源控制器要实现的功能是：当太阳电池阵输出功率超过负载和蓄电池充电需要时，分流调节器处于分流状态；当太阳翼输出功率减小或负载功率增大并达到功率平衡时，分流调节器逐渐退出分流状态；当太阳电池阵的输出功率不能满足负载和蓄电池充电需要时，则充电电流自动减少直至完全停止充电；当太阳电池阵输出功率小到不能满足负载需求时，蓄电池自动通过放电调节器开始放电。

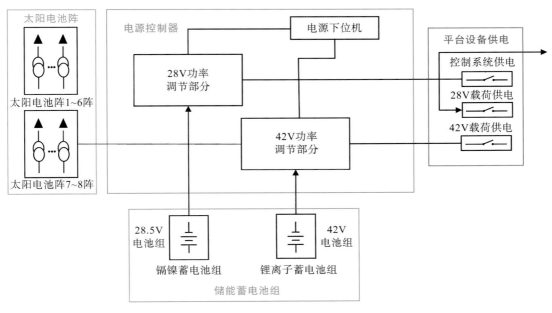

图 4-36　一种双母线航天器电源系统

具体包括以下几种电源控制方法：

（1）一次电源母线调节

一次电源母线负责将功率输送给配电器，再由配电器输送给各用电负载，有单母线、双母线和多母线几种电路结构。母线调节方式可分为：部分调节和全调节。部分调节是指当探测器处在光照期，太阳电池阵受分流调节器的控制输出稳定的母线电压；当处在阴影期时，蓄电池组通过继电器开关或放电二极管直接耦合到母线，母线电压随蓄电池组电压的变化而变化。全调节是指探测器无论是处于光照期还是阴影期，太阳电池阵的输出电压都处于受控调节状态，使母线电压保持在规定范围内。

（2）太阳电池阵功率调节

通过分流调节器将太阳电池阵产生的多余输出功率对"地"分流，以保证太阳电池阵寿命初期和末期的母线电压稳定。太阳电池阵分流调节方法有串联型和并联型。对于深空探测器而言，其寿命初期和末期受到的光强、温度变化差异较大。如火星探测器在火星轨道的平均光强仅为地球轨道的43%，且在一个公转周期内还有±19%的变化量。因此，采用最大功率点跟踪（Maximum Power Point Tracking，MPPT）方式，按照负载功率需求控制太阳电池阵的输出功率，可以最大限度地利用太阳电池阵的输出功率。MPPT技术的原理是：在最大功率点时，太阳电池阵的静态和动态阻抗是相等的，在太阳电池阵的输出存在扰动时，保持其输出电压低变化量与输出电流的变化量相等，则可以使太阳电池阵保持在最大功率输出状态。采用MPPT技术的电源系统常见结构有如图4-37所示的三种形式。

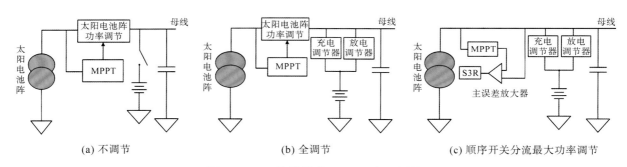

(a) 不调节　　　　　　(b) 全调节　　　　　　(c) 顺序开关分流最大功率调节

图 4-37　三种常见的 MPPT 电源结构

（3）蓄电池组放电控制

主要有降压、升压和降升压三种放电调节方式。调压器的主要电路包括：输入过流保护和输出电流限制、电源变换电路、输出滤波和输出隔离电路等。控制电路采用集成脉宽调制器，采取多个放电调节模块并联的热备份方式，每个放电调节模块输出端设置隔离电路进行故障隔离，同时对多个放电调节模块实行均流控制。

（4）蓄电池组充电控制

主要包括充电功率调节和过充电保护控制。充电功率调节实际上是对蓄电池进行充电电流限制，主要是利用太阳电池的恒流特性设置太阳电池充电控制阵，或是设置蓄电池组充电调节器，调节蓄电池组的充电电流和电压。在过充电保护方法中，主要有利用蓄电池组容量、电压和温度之间的函数关系曲线进行控制的 $V\text{-}T$ 曲线法；也有利用单体电池充足时的稳定状态，作为蓄电池组充电控制阈值的方法。

4. 核电源技术

航天探测器所用的核电源主要有放射性同位素电源（Radioisotope Thermo-electric Generator，RTG）和核裂变反应堆（Fission Reactor，FR）。它们都是利用原子核的裂变或衰变所释放的热能，由热电转换器转换成电能来为空间探测器供电，主要由热源和热电转换器两部分组成（见图 4-38）。

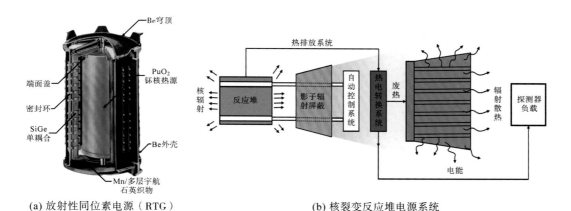

(a) 放射性同位素电源（RTG）　(b) 核裂变反应堆电源系统

图 4-38　航天核电源

空间核电源的热电转换方式有静态转换和动态转换两类。静态转换系统内部无运动部件，包括温差发电、热离子发电和热光伏发电等，产生直流电。动态转换系统有朗肯循环、布雷顿循环和斯特林循环等，产生交流电。温差发电方式的静态转换系统已经在深空探测任务中多次成功应用。动态转换方式的效率比静态方式的要高，其中斯特林循环是适合空间应用且技术成熟度较高的一种方式。

空间核电源具有如下技术特点：

• 可不受太阳辐照条件的制约。太阳系各大行星附近的光照强度由于其与太阳距离不同而差异明显，到了木星附近的光照强度只有地球附近的 3.7%。因此对于外太阳系天体的探测任务而言，太阳辐射功率密度越小，太阳电池的效能越低。与此同时，若探测器工作在太阳不能连续照耀的天体阴影区或天体极区，如月球背阳面（月夜）、月球南北极阴影坑时，基于太阳电池的能源产生和存储都将成为难题。而核电源是利用核衰变和核裂变产生的热能发电，不依赖太阳光就可以连续提供电能，是目前执行该类深空探测任务电源的最佳选择。

• 环境适应性强。太阳能电源在太阳阴影区无法工作，在强磁场和高辐射环境中性能也会下降，在地外天体特殊的大气环境中亦存在很多不可测因素。高辐射环境中的带电离子和中子会使太阳电池中的半导体晶格发生变化，使得其电流电压特性严重衰减；含有高浓度硫酸的金星大气、高甲烷浓度的土卫六大气等环境因素也会对太阳能电池产生损伤。而核能电源是依靠自身核材料的衰变和核裂变产生能源，能够在恶劣的辐射、磁场、空间离子、大气环境中正常工作。

• 功率范围宽，使用寿命长。采用核能的电源系统输出功率可以小到几十毫瓦、大到数百千瓦，输出功率范围非常宽。它既可为主探测器提供能源，也可为局部任务分系统提供电源。另外，核材料的衰变和裂变过程是一个长时间的稳定变化过程，核电源系统的寿命非常长。美国"旅行者"1 号和 2 号上的放射性同位素电源系统的工作寿命长达 40 余年。

综上所述，高效能太阳能电池和核电技术将是未来深空探测发电技术的重点发展方向；基于先进材料制造技术、安全性技术、新型储能管理技术的锂电池蓄电池是未来储能技术的发展重点。在未来 20 年中，航天器的供配电系统的总质量预计可以减少 10%，能源利用率可以提高 5%～10%。高效率、大功率、高可靠、小质量、智能化等关键词将成为新一代深空探测器电源系统技术的发展方向和主要特征。

三、制导、导航和控制技术

制导、导航和控制（Guidance，Navigation and Control，GNC）是探测器抵达被探测目标，实现地外天体环绕、着陆、巡视、采样返回等探测任务的关键技术，涉及轨道控制、地外天体着陆、大气进入、地外天体巡视等技术。飞向月球通常是靠地面测控网和空间探测器的轨道控制系统配合进行控制。行星际飞行距离更遥远，无线电信号传输时间长，地面不能进行实时遥控，所以其轨道控制系统应有自主导航能力。此外，为了保证轨道控制发动机准确的工作姿态，通信天线始终对准地球，并使其他系统正常工作，探测器还必须具有自主姿态控制能力。

1. 轨道控制技术

深空探测器飞离地球几十万到几亿千米，入轨时速度大小和方向稍有误差，到达目标天体时就会出现很大偏差。例如，火星探测器入轨时，若速度误差 1m/s，到达火星时距离偏差约为 10 万 km。因此探测器在漫长飞行中必须进行精确的轨道控制和导航。随着飞行距离的增长和任务复杂度的提高，轨道精确控制问题和燃料消耗问题显得尤为突出。

轨道控制（轨道机动）是指深空探测器通过推力器作用主动改变飞行轨道的操作，即探测器不再只受空间中各个天体的引力而飞行，而是主动地改变自身轨道，这是轨道力学和天体力学的重要区别之处。深空探测任务的轨道控制需求主要有：小冲量精确控制和大冲量控制。

（1）小冲量精确轨道控制

小冲量精确轨道控制一般用于转移轨道阶段的轨道修正或使命轨道运行阶段的轨道保持。深空探测器由于存在入轨初始误差、导航误差、轨道控制执行误差以及各类摄动引起的漂移，需要以合适的加速度增量方式对误差和漂移进行补偿，使探测器在经过一定时间的飞行后能满足最终状态的要求。小冲量精确轨道控制的关键是如何保证控制精度，在实际任务中有时对变轨精度要求很高，速度增量的精度要求在厘米级。小冲量精确轨道控制在深空探测中主要有轨道中途修正和拉格朗日平动点维持两种应用需求。

• 轨道中途修正。深空转移轨道的误差主要源自两个方面，一是在入轨、测定轨道及轨控过程中引起的误差，二是各类摄动力引起的力学模型误差。前者是轨道修正的主要误差，后者带来的误差相对较小，可以通过建立更为精确的力学模型来降低误差，有时甚至可以忽略不计。

轨道中途修正是通过在巡航过程中的一次或数次精确轨道机动将最终瞄准误差控制在一个可以接受的范围内。通常第一次修正可以减少入轨误差的 99%，但仅靠第一次修正通常是难以满足要求的；第二次修正又可以减少第一次修正后残差的 99%，如此类推，一般经过 3～4 次修正就能够满足飞行轨道精度的要求。轨道中途修正进行得越早，偏差累计量越小，需要的速度增量越小，越节省推进剂燃料；但从精度方面考虑，修正得越晚，最终抵达目标天体的精度越高。

第一次轨道修正主要是修正入轨偏差，修正后的残余误差与修正时间关系不大，而后续修正所需的速度增量随修正时间的推迟而增大;因此提高入轨精度减少初始偏差,同时尽早进行第一次轨道修正,能够有效节约探测器燃料。第二次轨道修正除了要考虑修正后的残余误差及所需的速度增量外,还需要考虑导航误差;尽早实施第二次修正可以节省燃料,在较晚时间段实施第二次修正可以提高精度。后续的第三次、第四次轨道修正所需的速度增量很小,残余误差曲线随修正时间下降很快,燃料消耗很小,可根据具体的轨道精度要求选择修正时间。

•拉格朗日平动点维持。航天器在太阳系中实施行星探测的飞行任务,常常可以描述成一个小质量天体在两个运动完全确定的大质量天体间的限制性三体问题。在这一运动模型下有五个拉格朗日平动点,位于平动点的航天器受到两个大质量天体的引力及离心力之和为零。只要具有一定的初始速度,就能够与第二质量天体以同样的运动周期绕第一质量天体运行。其中位于两大天体连线上,并相对于第二质量天体对称的 L1、L2,又称为共线平动点,是深空探测中的重要位置。环绕平动点并与两个质量天体连线垂直的轨道称为晕轨道(Halo Orbits)。L1、L2 是不稳定平动点,即便探测器初始状态满足共线平动解的条件,但只要有微小的扰动,就会远离平动点,相应的轨道控制误差会指数放大。例如,"嫦娥二号"在环绕日地 L2 运行的过程中,0.01m/s 的轨控误差在 3 个月后会增大到 2.16m/s,这就需要在轨进行周期性的轨道维持。根据推力器的不同,轨道维持控制方法有:脉冲式和连续小推力式。

（2）大冲量轨道控制

大冲量轨道控制一般用于速度增量较大的轨道转移过程,即通过改变轨道参数使探测器从初始轨道转移到过渡轨道或最终轨道的过程。例如,由地球环绕轨道转移到地月转移轨道,由地月转移轨道转移到月球环绕轨道等。大冲量轨道控制的关键是如何优化轨道控制策略,实现对燃料的最大利用。

对于执行环绕探测任务的探测器,一般都存在由转移轨道到目标环绕轨道的轨道控制过程,这个过程也称为轨道制动控制。如何在实现任务目标的前提下,尽量减少燃料消耗成为深空探测器轨道制动控制的关键。由齐奥尔科夫斯基方程可得出有限推力变轨所产生的速度增量公式为

$$\Delta v = -I_{sp} \ln\left(1 - \frac{\Delta m}{m_0}\right) \tag{4-10}$$

式中:Δv 为初始时刻到制动结束时刻的速度增量;I_{sp} 为轨道控制的发动机比冲,即发动机的等效排气速度;m_0 为制动开始前的探测器初始质量;Δm 为制动过程中消耗的推进剂重量。要减少推进剂的消耗量,主要可以从两方面考虑:增加发动机的比冲和减小制动所需要的速度增量。前者为发动机的推力表征参数,比冲越大,产生同样推力需要的推进剂质量越小。而比冲在很大程度上取决于推进剂的种类,也与发动机喷管出口面积及喉部面积比成正比。通过自动控制策略设计可以有效减少速度增量的需求,达到减少燃料消耗的效果。使用单脉冲制动控制是最理想的方式,通过合理选择地外天体接近轨道能够大幅度降低所需要的推进剂消耗量。当发动机点火持续一段时间后,就存在重力消耗,即实际变轨与理想变轨之间的燃料消耗差。在深空探测任务中,探测器总质量规模较大,制动量大,轨控发动机推力有限,使得重力消耗效应尤为明显。为了减少重力消耗需要根据具体的变轨需求制定相应的制动策略,这个策略包含了推力方向角控制策略和轨控时间区域策略。

常见的制动推力方向角控制策略有三种:惯性定向控制、沿迹控制、匀速转动控制,如图 4-39 所示。其中,惯性定向控制是指发动机推力方向始终与双曲线轨道近点速度方向相反,是目前应用最为广泛的一种控制策略;沿迹控制是指发动机推力方向始终跟踪当前时刻速度的反方向;匀速转动控制介于上述两者之间,指发动机推力方向以特定的角速度匀速转动。

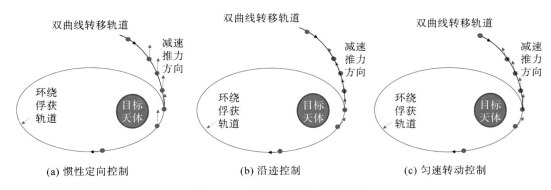

图 4-39　推力方向角控制策略

相比较而言,惯性定向控制的工程可实现性好、可靠性高,但是制动时间长、燃料损失较大、效率较低;沿迹控制的效率最高,但控制复杂,工程实现风险较大。以火星近点俘获轨道制动任务为例,沿迹控制方式与惯性定向控制方式的重力损耗可以相差一倍以上。同时,惯性定向控制会抬高轨道高度,对飞行安全没有影响,这也是大多数轨道捕获选择惯性定向控制策略的原因之一;而沿迹控制会使探测器的轨道高度降低,存在影响飞行安全的风险。

在同样推力下,探测器在速度越大的轨道弧段实施制动,所需的速度增量越小。因此脉冲控制变轨的理想位置是轨道近点。然而,实际轨控发动机的工作时间不是一瞬间,而可能持续几百秒到几千秒。因此从哪个时刻点火到哪个时刻停止都影响着变轨效率。最基本的轨控时间区域策略是以近点时刻为中点,在轨控发动机近点前后相同的对称时间段工作。若是进行减速制动,点火时刻可比对称点火时刻略提前一些;若是进行加速轨控,点火时刻可比对称点火时刻略为推后,这样可以使点火时间段分布在速度较高的时间段。优化后的策略不但能降低重力损耗,还能减少点火时间。相对于推力方向而言,轨控时间区域的选择对重力损耗影响较小,并且与总点火时长密切相关。在同一引力系统下,对重力损耗影响最大的因素是发动机推力。增大发动机推力将有效减少重力损耗,也意味着优化策略的作用也会相应地减少。

（3）制导、导航和控制系统的基本组成

制导、导航和控制系统(GNC)主要由敏感器、控制器和执行机构组成,如图 4-40 所示。敏感器中包含陀螺、加速度计、星敏感器、太阳敏感器和对目标天体的敏感器;敏感器给出探测器在飞行过程中的航向、位置、姿态、加速度等信息,是 GNC 系统的输入;控制器包括控制计算机、配电器、二次电源及各执行机构的驱动和控制电路;执行机构包括动量轮、太阳翼驱动机构、定向天线驱动机构、微推力器、发动机等。

探测器在变轨准备与实施过程中,制导、导航和控制系统通常有如下四种工作模式。恒星捕获模式:在探测器建立轨控点火姿态之前,利用敏感器信息预估探测器的惯性姿态,进行姿态控制。惯性调姿模式:用于建立探测器轨控点火姿态,实现探测器三轴大角度姿态机动。恒星定向模式:在探测器建立轨控点火姿态之后,保证探测器的稳态指向。轨控定向模式:进行轨控发动机开/关机控制,确定探测器的点火姿态,并进行点火期间的姿态稳定控制、变轨控制后恢复。

上述模式的工作流程为:探测器在建立轨控点火姿态前,进入恒星捕获模式,对陀螺漂移和加速度计零位偏差进行标定;随后探测器自主转入惯性调姿阶段,进行三轴大角度再定向的姿态机动,建

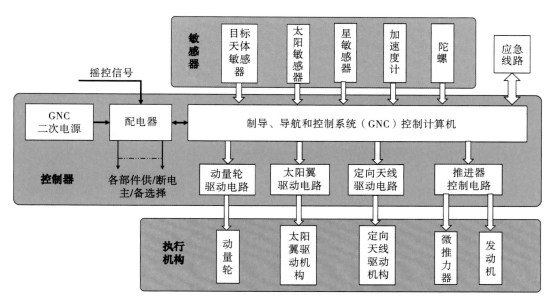

图 4-40 制导、导航和控制系统组成

立探测器轨控点火姿态；调姿到位后，探测器自主转入轨控前的姿态稳定阶段，即恒星定向模式，利用星敏感器对探测器姿态进行滤波修正；随后探测器自主进入轨控定向模式，星上自主控制轨控发动机开/关机操作并实时控制其姿态。探测器在经过一段时间稳定后，则自主转入太阳定向模式并恢复其巡航姿态。

2.天体进入与着陆控制技术

深空探测器在进入目标天体实施着陆时，由于其轨道与姿态变化快、着陆过程时间短，无法通过地面进行实时遥控，通常要求探测器具有高度自主的制导、导航和控制能力。按照进入天体的不同，通常分为有大气着陆和无大气着陆。探测器返回再入地球和火星大气进入、下降与表面着陆是目前典型的有大气进入与着陆任务；月球表面的动力下降软着陆属无大气进入与着陆任务。

4-10"天问一号"着陆控制

（1）大气进入控制

大气进入控制分为进入大气前和进入大气后两个阶段。进入大气前的控制主要是指通过变轨等方式使探测器到达预定进入位置，满足大气进入所需要的初始进入角、初始位置等关键参数；进入大气后的控制主要是通过倾侧角调整控制升力，进而实现进入减速弹道的控制，最终保证探测器在高度、动压、马赫数等方面满足开伞点条件。

根据飞行器的升阻比不同，进入大气后的飞行可分为弹道式、弹道-升力式、纯升力式，在具体实施时采用何种进入大气的方式主要取决于目标天体的大气特性。如再入地球大气时，首先采用弹道式，不需要升力控制。而进入火星时，由于火星的大气密度极为稀薄，其密度、温度、风场等条件有较大不确定性，因此着陆探测器除了经过气动减速、伞降两个环节外，还需要建立姿态和导航基准，实施基于反推发动机的减速控制，具备自主进入与着陆控制能力。进入大气内的轨道控制系统的逻辑关系如图 4-41 所示。

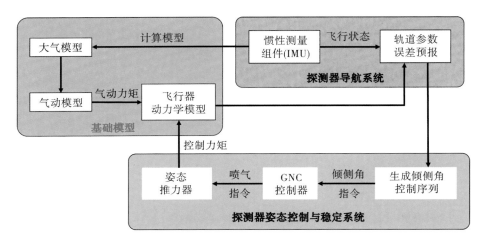

图 4-41 进入大气内的轨道控制系统框图

目标天体的大气模型与探测器气动模型是构建探测器控制系统的基础模型，飞行器动力学模型是数据计算的理论基础。当着陆器进入大气后，通过惯性测量组件（IMU）获取当前飞行状态数据和倾侧角状态，并基于轨道参数误差预报，生成倾侧角控制序列，形成倾侧角指令，通过 GNC 控制器驱动姿态推力器输出控制力矩。将着陆器 IMU 实时测试结果输入到大气模型、气动模型，再结合推力器控制力矩，通过飞行器动力学模型再次给出轨道参数误差预报。如此往复形成闭环，直到满足精度要求为止。这里的控制量是倾侧角序列，输出量是预报的落点误差。在导引方法设计中，首先在标称轨迹附近对动力学方程进行线性化拟合，得到终端航程偏差与状态量和控制量的小扰动项之间的函数关系，并在此基础上优化设计反馈增益系数，从而形成闭环制导控制。

（2）动力下降控制

探测器在运用反推发动机实现动力下降和软着陆的过程中，关键技术包括：优化推进剂消耗、导航策略和触地关机策略。

在无大气的月球表面软着陆、火星着陆末期的下降与着陆中，多采用动力下降减速方式。在动力下降制导、导航过程中需要通过导引方法设计，尽可能地实现推进剂消耗的最优化，即以最小的推进剂消耗代价实现减速与安全着陆。在初始速度、高度相同的条件下，动力下降的初始推重比越大，越能缩短减速下降的时间，有效降低重力损耗影响、减少推进剂消耗。

动力下降过程中，基本采用惯性导航方法。依靠着陆器上的陀螺和加速度计提供角速度和加速度测量数据，运用动力学方程外推计算探测器的姿态、位置和速度。为解决惯导系统自身存在的初始基准误差、IMU 误差、引力场模型误差、积分步长误差等问题，探测器上设计有测地雷达。运用雷达实时测量数据，对下降过程中的高度、速度参数进行误差修正，以保障降落过程的导航精度。

在触地阶段，需要适时关闭减速发动机，保证着陆器在接触天体表面时的垂直与水平速度均控制在较小的范围内，满足最终触地时着陆缓冲装置的工作条件。目前的关机策略主要有触地关机和触地前关机两种。触地关机方式需要使用安装在着陆缓冲器机构上的触地开关，在触地的瞬间通过机械开关动作，实现信号回路在断开和闭合之间的转换。触地前关机方式是在最终着陆前 1～2m 高度处，由伽马关机敏感器给出关机信号关闭发动机。

（3）着陆危险识别与规避

目标天体的表面往往有复杂的地形，如月球、火星表面有起伏的山脉、撞击坑和大小不一的岩石。为避免倾覆危险,确保安全着陆,着陆器需要在着陆区上空进行短暂的悬停,近距离获取降落区的三维地形,识别其中的危险点,找出理想的平坦着陆点,通过平移到达着陆点上空,并缓速下降到着陆点。

目前主流的着陆危险识别方式有两种,即激光三维成像和双目立体成像。激光三维成像是向着陆区发射激光点阵列的主动成像方式,通过接收并计算各激光点的回波数据,得到着陆区的三维点云数据(三维地形)。该方法具有高程精度高、计算量小、识别速度快、不受光照条件影响等优点,其水平方向的分辨率取决于激光点阵的密集程度。双目立体成像是通过两台安装基线较长的光学相机同时成像,并对两幅具有一定视差的图像进行三维重建处理,获取着陆区的三维地形地貌。双目立体成像的高程精度与基线长度成正比,与识别高度的二次方成反比。受探测器横向尺寸的限制,双目视觉的高程精度相对较低,同时还存在图像计算量较大、识别速度较慢、所需悬停时间较长等问题。尽管如此,光学成像仍然具有平面分辨率高、图像直观易于识别等优势。目前着陆器下降和着陆工程中常用的方法是:用一台激光三维雷达来获取着陆区的三维地形数据,同时用一台光学降落相机来获取着陆区的平面图像,配合激光雷达识别着陆中的可疑危险点。

3.天体表面巡视器制导、导航和控制技术

巡视器导航一般又称为定位,是指确定巡视器在探测天体表面上的位置。巡视器制导又称为路径规划,是在给定的能量或距离等代价函数,以及速度、加速度、转弯半径等约束条件下,解算出巡视器所要经过的路径点序列,找到一条最佳行驶路径。巡视器行驶控制是实时采集自身运动状态并计算控制律,给出执行机构的实时控制指令,使巡视器按规划的路径到达指定的目标区域。除此之外巡视器控制还包括:定向天线与太阳翼的指向控制,承载相机和其他载荷的桅杆、云台的指向控制,机械臂的运动协调控制等。

巡视器 GNC 技术中要解决的关键技术包括:在器载计算资源的约束下具有自主实现对所在天体表面地形与环境的探测与感知能力,具有在复杂条件下安全行走的驱动能力,同时在运动中能够以一定精度实时维护巡视器的位置信息。这些技术涉及环境感知、位姿确定、运动控制、路径规划等多个方面。

(1)环境感知

视觉是对未知环境感知的最直接和最有效的技术手段,常用的巡视器环境感知的建模方法是双目立体视觉法和激光测距法。其中,双目立体视觉法具有硬件系统简单可靠、图像空间分辨率高的优势,但也有距离分辨率相对不足的缺点。有的巡视器采用以双目视觉感知为主、以激光测距为辅充的系统配置方式。

双目立体视觉系统是用两台以上的小型相机同时获取场景图像,在测量过程中选用任意两台相机的图像进行处理,计算出图像中每个像素点的三维坐标。首先,选取并输入图像对,并对图像进行几何校正,消除光学畸变的影响,对图像进行辐射校正,消除亮度偏差;然后,选取足够数量的特征匹配点,通过三维几何模型计算出对应的距离估计值,并通过滤波处理和逆向检查,剔除不可靠的匹配点和孤立点噪声;最后,运用几何模型将视差值映射为三维空间的坐标值。

(2)位姿确定

巡视器的定位能力决定其运动控制的精度,同时也是实现路径规划和自主避障的必要条件。目前的定位方法主要有:基于星敏感器定位、视觉里程定位、自然地标定位、基于甚高频多普勒跟踪定

位、惯性导航与里程计联合定位、光束平差定位等。

在相对平坦和行驶条件较好的地形上,巡视器使用惯性导航系统和轮子码盘就可以给出相当好的位置估计值,位置偏差一般可以控制在 3‰左右。但是在陡峭的山坡、沙石混杂的地形上,巡视器的轮子易出现纵向和横向打滑现象,则视觉里程的定位方法能够更好地实现巡视器的定位。视觉里程方法是用装载在桅杆上的两个导航相机采集前方景物的图像对,通过软件自主选择并跟踪两对(四幅)图像间的地形特征,并通过运动估计,获取巡视器的位置与姿态。

(3)运动控制

巡视器的运动控制对于完成天体表面的巡视探测任务至关重要。为应对被探测目标天体表面复杂的地形地貌,需要对巡视器进行运动性能优化设计、自主智能化运动控制设计等。六轮驱动的巡视器是常见的运动结构形式,当巡视器运动时,摇臂被动地适应地形,每个轮子尽可能与地面保持接触,如何在各种地形中驱动每个轮子成为运动控制的关键。

当巡视器在较为平坦的地形中行驶时,通常可以根据指定的运动速度,将基本的几何运动变换成线速度和角速度对,以此确定六个轮子中每个轮子的指令转速。此指令信号周期性地更新并传递到移动机构底层电动机的伺服控制器,而轮子通过测角计的反馈进行角度、角速度对伺服控制。

当巡视器在松软、崎岖的天体表面运动时,存在严重的侧滑、滑转、轮子抓地力减弱的现象。为了适应不同起伏与表面特性的地形,需要对每个轮子分配不同的负载。为了协调轮子的驱动和转向、优化其驱动效率,需要对转向控制和驱动策略进行优化,具体涉及的控制包括:基于运动学速度分解的转向和驱动控制、基于巡视器全转向和驱动动力学的解耦控制、基于简化动力学模型的滑转率优化控制、基于滑转/滑移估计的运动学控制等。

(4)路径规划

从立体视觉得到的三维信息中可获取地形分析数据,在此基础上可实施巡视器的路径规划。由于近距离环境的立体视觉数据精度总是高于远距离环境的数据,因此在巡视器行进过程中,必须以新数据覆盖老数据,以提高巡视器的行驶鲁棒性。

常用的 GESTALT 地形分析方法是用测距数据进行局部平面拟合。通常将一个巡视器面积大小的地形块作为一个地形分析单元,将此单元格内特征点的 3D 数据拟合成一个平面。通过台阶滤波器、倾斜滤波器、崎岖度滤波器来评估该地形块的适宜度,用以表征巡视器进入该地形块的安全性。巡视器通过双目视觉图像的获取和计算,可以得到一张在前方一定距离范围内的地形适宜度图。寻找和规划一条安全的行驶路径,也就是在该适宜度图上找到一条大于一个单元格宽度且适宜度满足安全阈值要求的路线。

除此之外,巡视器路径规划的算法还有:人工势场法、A＊与 D＊算法、Tangent-Bug 与 Wedge-Bug 算法等。

展望未来深空探测制导、导航和控制技术的发展趋势,导航敏感器正朝着微小型化、模块化、集成化、一体化方向发展。基于光学成像测量的自主导航仍然是工程应用中的主要技术手段。随着探测器上的图像处理精度、速度和鲁棒性方面的不断进步,该类导航技术的能力还有进一步提升的空间。与此同时,如 X 射线脉冲星绝对导航等基于新测量原理的导航技术也在不断发展,在理论上可以达到优于光学成像导航的性能指标。为了适应日益多样和复杂的深空探测任务,多源信息融合的组合导航系统将在未来逐渐取代单一的导航手段,向更高精度与可靠性、更强自主能力的方向发展。

四、通信系统技术

测控通信系统的基本任务是测量并预报探测器的位置、通过下行链路获取探测器的健康状态和科学探测数据、通过上行链路发送遥控指令对探测器进行控制与操作。这三个基本任务被称为TT&C，即跟踪（Tracking）、遥测（Telemetry）、遥控（Command）。

跟踪分系统是通过测距、测速和测角等技术手段实现对探测器位置的实时测量，并根据轨道模型预计探测器的未来飞行轨迹，完成对探测器的跟踪任务。遥测分系统是通过采集探测器的状态和科学探测数据，以组帧等方式形成数据信息，再通过适当的调制方式将数据信息加载在射频信号上，通过无线传输方式送到地面站进行记录和处理，完成对探测器的遥测任务。遥控分系统是探测器接收来自地面站发射的无线射频信号上调制的控制数据信息，实现对探测器的各种动作控制，完成遥控任务。将三个分系统的射频载波统一起来合并成一体，就构成了一个公用的测控应答机。

工作在X频段的典型深空探测器测控系统的基本组成如图4-42所示，由测控应答机、统一频率源、数传调制器、行波管放大器、定向天线、中增益天线、低增益天线（X频段天线）、双工器和多个开关单元组成。为保证近地段飞行中的全空间覆盖，X频段接收与发射天线采用了上、下半空间覆盖的方式，避免了探测器中间部位的测控盲区；由测控应答机、数传调制器和行波管放大器组成的X频段测控与数传系统具有A、B两个通道，互为备份；统一频率源用于给系统提供标准频率基准；低增益天线用于发射段和近地段的上行与下行通道X频段信号的接收与发射；定向天线用于远离地球测控通信时的信息接收和发送；中增益天线用于应急测控；双工器的作用是将发射和接收讯号相隔离，保证接收和发射都能同时正常工作；依据探测器在不同飞行段的具体情况，探测器可以用多个开关单元组合完成在A、B两个通道之间、各类天线之间的通道切换，以实现测控通信系统的最优工作配置。

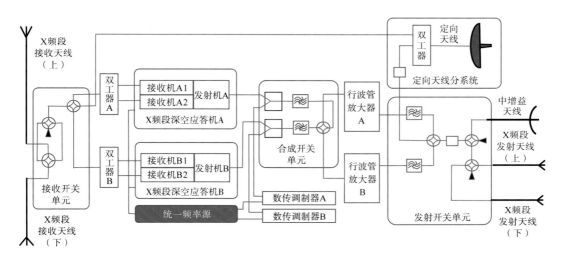

图 4-42　典型深空探测器测控通信系统组成框图

深空探测器遥远的飞行距离造成了测控通信系统存在延时量大、路径损失大的难题。测控信号的大延时量将大大降低常规测距、测速和测角的精度，同时也使得对探测器的实时遥控变得几乎不可能；测控信号巨大的路径损失使得接收端的信号电平非常微弱，甚至无法被识别和解码，造成通信链路不能正常建立,这是深空测控通信领域中必须突破的瓶颈。

1.深空无线电测量技术

(1)深空测距

获取探测器与地面站径向距离的基本原理是:地面站发射调制有测距信息的上行射频信号,经航天器应答机相干转发后,再由地面站接收解调测距信息,通过比较得到收发测距信息的时延差并与光速相乘得到距离量。

测距方式可分为双向测距和三向测距。双向测距是通过同一个地面站实施信号发送和接收,是较为常用的测量手段。但当深空探测器距离地球非常遥远时,测控空间延时巨大,再加上地球自转的影响,接收站无法收到本站发送的距离信号。此时不可能实施单站双向测距,而只能通过异站收发进行三向测距。三向测距的实现方法是:地面站 A 在 t_1 时刻发射信号,该信号经应答机相干转发后,地面站 B 在异地 t_2 时刻接收到该信号,通过对比 t_1 时刻的相位,完成对探测器与地面站之间径向距离的测量。如果发射站 A 与接收站 B 之间用光纤链路或微波链路相连接,保证站间频率的相干性,被称为同源三向测距;如果发射站 A 和接收站 B 之间的距离很远,无法保证站间频率的相干性,这种方式称为非同源三向测距。深空探测任务中主要采用的是非同源三向测距。通常三向测距的精度要低于双向测距精度,提高三向测距精度的关键是收发站之间的时钟精准同步,同时尽可能分离收发链路距离零值,减小由设备标校引入的三向测距误差。

按照测距信号体制的类型不同,可以将测距方式分为侧音测距、伪码测距和音码混合测距三种。

侧音测距信号由一系列正弦波或方波组成,通常被称为测距单音信号或测距侧音信号。纯侧音测距具有便于和遥测副载波、遥控副载波公用测控信道形成统一测控系统的优势,且技术成熟;但也存在侧音信号依次发送使得系统捕获时间需更长、受发送能量限制及空间路径损耗影响使得测控站接收信号弱等不足。纯侧音测距的最小侧音信号一般只能做到 0.5Hz,对应的最大无模糊作用距离为 $3.0 \times 10^5 \text{km}$,不能满足月球以远深空测控的实际需要。

伪码测距信号由一组伪随机码组成,利用伪随机序列自相关函数的二值性,确定接收码相对于发射码的延时,进而得出探测器与地面站之间的径向距离。伪码测距中的码长决定最大模糊距离,通过适当地加长码长,可以进一步扩展距离解模糊能力。按照应答机的工作方式,伪码测距又可以分为非再生伪码测距和再生伪码测距两种。其中,再生伪码测距具有上行噪声不影响下行信号的优点,在深空探测远距离微弱信号的检测中具有优势。但是伪码测距存在占用带宽大、捕获复杂、占用时间长等缺点。

音码混合测距系统则是综合了伪码测距和侧音测距两者的优点。它利用了侧音测距的高分辨率和良好的信噪比性能,以及伪码测距码解模糊的特点。虽然其遥测信号的抗干扰性能不如伪码测距,但是可以通过选择侧音频率避免大多数情况下的干扰。

(2)深空测速

深空探测器的速度测量是通过对载波的多普勒频率漂移测量来完成的。依据多普勒效应,当发射机与接收机相对运动而彼此接近时,接收机所收到的信号频率 f_R 将高于发射机发射段信号频率 f_T;而当彼此远离时,接收到的信号频率 f_R 将低于发射段信号频率 f_T。根据测量模式的不同,探测器的速度测量可以分为三种方式:单向多普勒测量、双向多普勒测量和三向多普勒测量。

单向多普勒测量是探测器以其高稳频振荡器为参考,产生频率为 f_T 的标称下行发射信号;地面站接收到该信号后,以地面站高稳频振荡器为参考,精确复制探测器信号频率 f_R,则多普勒频移 f_d 可以由下式计算求得:

$$f_d = f_R - f_T = \left(\sqrt{\frac{c+v}{c-v}} - 1\right) \times f_T \approx \frac{v}{c} f_T \tag{4-11}$$

式中:c 为光速;v 为径向速度。由上式可以计算出 v。显然,单向多普勒测速的精度直接与探测器发出信号频率的稳定度有关。

双向多普勒测速是探测器与地面站之间同时互发和接收信号(见图4-43)。

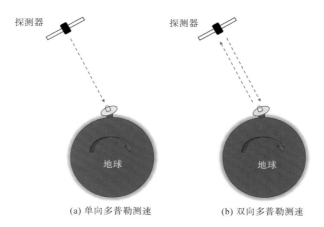

(a) 单向多普勒测速 (b) 双向多普勒测速

图 4-43　单向与双向多普勒测速方式

设地面站发射频率为 f_T,探测器相对于地面的径向速度为 v,则探测器接收到的信号频率 f'_R 为

$$f'_R = \sqrt{\frac{c+v}{c-v}} \times f_T \tag{4-12}$$

设探测器对接收信号进行相干转发的转发比为 q,则探测器的发射信号频率 f'_T 为

$$f'_T = q \times f'_R = q \times \sqrt{\frac{c+v}{c-v}} \times f_T \tag{4-13}$$

地面站的接收信号频率为

$$f_R = \sqrt{\frac{c+v}{c-v}} \times f'_T = q \times \frac{c+v}{c-v} \times f_T \tag{4-14}$$

因此,测量得到的多普勒频移为

$$f_d = f_R - q f_T = \left(\frac{c+v}{c-v} - 1\right) q f_T \approx \frac{2v}{c} q f_T \tag{4-15}$$

在双向多普勒测量中,一般采用同一个地基频率标准作为上行链路信号和下行信号的参考信号,并且使用高稳定的氢钟,因而能够得到高精度的多普勒数据。

当探测器距离地面站很远时,由于信号延时和地球自转的影响无法完成双向多普勒测量,这时就必须采用三向多普勒测量的方法,如图4-44所示。三向测速系统一般由地面站G1的发射设备、探测器上的相干应答机、地面站G2的接收设备组成。

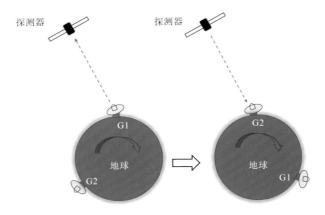

图 4-44 三向多普勒测速方式

设地面站 G1 的发射频率为 f_{G1-T}，探测器相对于地面站的径向速度为 v_{G1}，则探测器接收到的信号频率 f'_R 为

$$f'_R = \sqrt{\frac{c+v_{G1}}{c-v_{G1}}} f_{G1-T} \tag{4-16}$$

设探测器对接收信号进行相干转发的转发比为 q，则探测器的发射信号频率 f'_T 为

$$f'_T = q \times f'_R = q \times \sqrt{\frac{c+v_{G1}}{c-v_{G1}}} \times f_{G1-T} \tag{4-17}$$

设探测器相对于地面站 G2 的径向速度为 v_{G2}，则地面站 G2 的接收信号频率为

$$f_R = \sqrt{\frac{c+v_{G2}}{c-v_{G2}}} \times f'_T = q \times \sqrt{\frac{c+v_{G2}}{c-v_{G2}} \times \frac{c+v_{G1}}{c-v_{G1}}} \times f_T \tag{4-18}$$

考虑到探测器相对于地面站非常遥远，可以认为 $v_{G1} = v_{G2} = v$，因此有

$$f_R = \frac{c+v}{c-v} q f_T \tag{4-19}$$

若地面站 G2 能够精确复制地面站 G1 的发射信号频率 f_T，则可测得多普勒频移为

$$f_d = f_R - q f_T = \left(\frac{c+v}{c-v} - 1\right) q f_T \approx \frac{2v}{c} q f_T \tag{4-20}$$

由此可见，三向多普勒测量与双向多普勒测量基本相似，所不同的就是接收设备与发射设备采用的频率参考源不同，它们之间的偏差将直接转换为测速误差。采用氢钟可以将这一偏差控制到不对测速精度产生太大影响的范围内。

（3）深空测角

航天器角度测量的方法主要有幅度比较测角和相位比较测角两种。幅度比较测角的原理是用同一个地面站天线接收信号并测量来波射频信号的幅度，信号的幅度反映了探测器对地面站天线射频轴向的偏离情况，从而给出航天器相对于地面站天线指向的俯仰和方位角度。该方法原理简单、易工程实现，其测角精度和可靠性与获取射频信号的信噪比相关，因此比较适用于距离较近的地球轨道卫星的测角。由于深空探测器距离遥远，用幅度比较法难以满足精度要求。

相位比较测角是基于相位干涉的原理，通过不同地面站同时接收探测器发出的信息，测量来波射频信号的相位差，获取地面站和探测器连线矢量与地面站坐标轴的方向余弦，从而给出探测器相对地面站天线的俯仰和方位角度。该方法可获得较高的测角精度，是目前深空探测的主要测角方式。常用的工程实现方案有甚长基线干涉测量（Very Long Baseline Interferometry，VLBI）技术，以及在此基础上改进的差分甚长基线干涉测量（Delta VLBI，即 ΔVLBI）和同波束干涉测量（Same Beam Interferometry，SBI）技术。

VLBI 技术是用两个或多个地面基站来精确测量同一射电源的信号。每个基站接收信号的瞬时相位被记录在每个通道上，将各基站记录的数据送至同一个处理中心。将来自两个基站匹配通道上的数据进行互相关，便可确定信息传输到这两个基站之间的几何时间延迟。通过考虑其他介质等因素的影响修正，即可得到信号方向与基线方向的夹角。在获取足够多个基线的数据后，通过模型解算可以得到每个基站的站址坐标、被观测源的位置及其他一些与信号传播路径有关的参数。当基线长度达到上万千米时，VLBI 技术测角精度能够达到 20～30nrad。将 VLBI 测角数据与测速和测距数据结合起来，能够有效地提高定轨精度，满足深空探测的应用需求。

影响 VLBI 精度的因素包括：传输路径中的对流层和电离层延迟，太阳等离子体的影响，两个基站钟差及钟差率影响，设备相位抖动和相位延迟等。因为这些误差的变化规律比较复杂，采用经验模型校正的效果往往不够理想，而采用差分测量技术，即 ΔVLBI 能够较好地解决这一问题。

差分甚长基线干涉测量（ΔVLBI）技术是在被测目标附近的小区域内同时或几乎同时观测一个参考源（射电星），将参考源的系统差用于待测源，求出待测源的延时。其中，窄带 ΔVLBI 技术（也称为 ΔDOD 技术）是应用 VLBI 获取探测器下行信号的多普勒频移，然后将其与用相同方式获取的角距相近的射电星信号的多普勒频移做差分，形成的观测量为双差多普勒频移；而宽带 ΔVLBI 技术（也称为 ΔDOR 技术）是应用 VLBI 获取探测器宽谱信号的相位信息并生成群延迟，然后将其与用相同方式获取的角距相近的射电星的群延迟做差分，形成的观测量为差分延迟。ΔDOR 提供了在以射电星定义的坐标系下探测器在天平面内直接的几何角测量，且双差分极大地消除了测量中的系统误差，通常可以达到 2nrad 的高精度测角，因此在深空探测导航中被广泛应用。

同波束干涉测量（SBI）是指当两个航天器在角度上非常接近时，可以在一个地面天线的同一波束内被观测。使用两个地面站天线对两个航天器同时进行观测，从而可以形成差分干涉测量。SBI 技术的基本思想与 ΔDOR 技术相同，但测量的是载波相位延迟，因此能够达到更高的精度，同时也具有不受行星星历及各种动力学模型影响的优势。

2. 深空射频系统技术

射频是一种高频交流变化电磁波的简称。当电磁波频率高于 100kHz 时，可以在空气中、真空中传播，形成远距离传输能力。深空射频通信是利用了射频进行远程信息的无线传输。

（1）发射与接收

深空探测要实现远距离信息传输，提高探测器的等效全向辐射功率（Equivalent Isotropic Radiated Power，EIRP）尤为重要。EIRP 由发射机功率和天线增益两方面决定。受探测器重量、尺寸、功耗的限制，大幅度提高射频发射功率受到很大的制约，过高的射频发射功率还会带来电缆功率损失大、热控困难、有微放电风险等不利因素。一般地，月球探测器的测控发射功率在 20W 左右，火星探测器的测控发射功率在 100W 左右。

天线增益与其口径的平方成正比关系，增大天线口径能够提高对微波能量的汇聚能力，缩紧天线波束，等效降低了射频的空间损耗。目前，深空探测器的高增益天线口径已达 2～4m。为了使天线波束中心指向地面测控站或数据接收站，还需配置相应的天线转动机构。由于天线增益与载波频率之间是平方关系,因此可以通过提高载波频率来获得同样天线口径下的高增益。目前深空探测主要频段为 X 频段,未来将提高到 Ka 频段甚至更高。但是随着频段的提高,对天线的面型精度、探测器姿态控制精度、天线指向精度也将提出更高的要求。

由于受各种条件的限制,在深空探测中接收到的信号具有高动态、低信噪比的特征。通常采用锁相环路的方法来实现对调频、调相信号的解调。锁相环路具有低门限的优良特性,能在低信噪比条件下工作。只要将环路设计成窄带,就可以把淹没在噪声中的微弱信号提取出来;只要输入信号的相位调制频率低于环路的自然频率,环路就可以良好地传递相位调制,压控振荡器的输出相位就可以良好地跟踪输入相位的变化,环路的误差相位很小。变带宽跟踪技术是锁相环在较宽的捕获带入锁,然后逐步减小环路带宽,直至达到需要的环路信噪比。这样可以缩短环路锁定时间,提高环路跟踪能力。

根据锁相环路良好的载波跟踪和调制跟踪特性,可以组成两种锁相解调器:第一种是用锁相环提取调制信号的载波信息,再通过鉴相器对调制信号鉴相,输出解调信号;第二种是利用锁相环的调制跟踪特性直接进行锁相解调。为了提高对高动态、低信噪比信号的跟踪能力,传统的二阶锁相环已经不能满足应用需求,往往要采用三阶锁相环进行载波相位的跟踪。

(2)射频调制

目前深空探测的测控系统采用成熟的统一载波体制,主要是用副载波方法兼容数据传输和侧音测距两方面的信息,大大地节省了探测器和地面相关设备的数量。但是由于多路副载波调制在一个载波上,占用总带宽较大,其中的非线性效应还将产生交调频谱及上行噪声在下行返回信道中的再调制,使其功率利用率不高;且由于多路副载波分配功率,会使每一路副载波的实际功率受到限制。

如果采用以移相键控(Phase Shift Keying,PSK)为基础的数字直接调制方法,则在理论上可以避免这些调制损失。相对较好的调制有 OQPSK、QPSK、GMSK、MSK、CPM 等。关键是在数据直接调制中如何有效地插入测距信息,有采用通过 UQPSK 或 OQPSK 实现对数据与测距伪码的调制载波方法,也有把测距信息作为应用基础平台的一种业务纳入虚拟信道调度的方法,以解决延时不确定性问题。

通过调制体制也可以等效降低系统噪声,例如可采用反相对称调制、自适应通信等新型体制。反相对称调制是在发射端同时发射两路互为反相、处理方式相同的信号,它们所受到的干扰基本一致,处理中可以使其信号叠加、噪声相互抵消,达到提升信噪比的目的。自适应通信体制是指自适应可变码率、可变帧长和结构的体制,它打破了传统帧长和码率固定的概念,可以更好地适应在深空探测器飞行过程中信道和信源有较大变化的情况。

3.深空遥测和数据通信技术

(1)数据格式

传统的航天遥测遥控采用基于脉冲编码调制的 PCM 格式。这是一种固定的数据流格式,适用于点对点封闭链路的信息传输。在具体工程实现中,需要对遥测数据和遥控命令进行编码和译码处理,以满足可靠性和安全性的要求。

PCM 遥测的工作原理是:探测器通过多路开关的选择,将从器上各遥测点获取的模拟量参数转化成数字量,然后与其他数字量综合在一起,按预定格式编排,再加上同步字后进行副载波调制,最后由发送端通过射频调制发送到地面。地面接收端收到信息后,依次进行射频解调、副载波解调和数据处理,对遥测数据进行记录、存储,并分发给各个用户终端。

PCM 遥控的工作原理与遥测相似:地面测控站将遥控命令和上行注入的数据输入遥控编码器进行格式化编码,形成数字遥控帧,然后进行副载波调制、射频调制并通过无线信道发送。探测器收到地面信号后,依次通过射频解调、副载波解调得到 PCM 码,通过译码和格式识别区分出遥控命令和数据,输出给各执行分系统。

随着深空技术的发展,探测任务越来越复杂,对探测器自主管理也提出了更高的要求。传统 PCM 遥测遥控体制已经不能完全适应任务需求,出现了如程控、延时命令、载荷与能源管理、系统级重组、各分系统之间数据交换与共享等空间数据系统技术。

在空间数据系统咨询委员会(Consultative Committee for Space Data System,CCSDS)建议的遥测遥控技术中,目前正在广泛使用的两种主要标准数据类型是:空间包和传送帧。空间包是由探测器上应用程序产生的数据包,可以在开放式系统互联通信(Open System Interconnection,OSI)参考模型的应用层、传输层、网络层传输;传送帧对应于 OSI 模型的数据链路层,具有射频链路的探测器和地面之间依靠传送帧方式通信。每一个协议都是基于 OSI 模型单层的通信协议,并且可以与其他层的协议共用。

分包遥测的方式是在时分制遥测基础上,将不同源的数据组成不同数据包,然后组成传送帧,以标准规定的方式通过信道传送,按包发送给各个用户的遥测。由于在单一物理信道上实现了动态复用,分包遥测提高了信道利用率。由于能够按自身需求自主生成不同长度的包源,不受固定采样率的限制,分包遥测能够充分支持各种应用过程中不同数据的需求。由于提供了虚拟信道机制以及不同等级的数据服务,分包遥测能够兼容各种信源的不同特性、不同实时性的要求。由于没有固定遥测格式的限制,数据系统可以与总体和用户系统同步设计。在系统联试中,不需要改变系统设置就可以直接对信源进行增减和调整。采用分包遥测的系统标准化程度高、自适应能力强。

分包遥控与分包遥测相类似,也是以包源和虚拟信道为基础,同样采用分层体制。将探测器复杂的控制过程简化为由各层一系列简单的标准操作来实现。层与层之间按照一定的协议,由标准数据格式进行接口定义。从上到下依次分为应用过程层、系统管理层、分包层、分段层、传送层、信道编码层和物理层。

(2)信道编码

信道编码技术是在信号中引入适量冗余比特,以克服信息传输过程中受到的噪声和干扰的影响,是提高微弱信号接收能力的另一重要措施。

根据香农信道编码定理,对任意一个平稳、离散、无记忆的有信噪源,都有一个固定的信道容量。只要信息的传输速率低于信道容量,就必然存在一种编码方法,使得信息出现差错的概率随码长的增加趋于任意小;反之,当信息传输速率超过信道容量时,则不存在这样的编码方法。香农编码定理给出了特定信道上信息传输速率的上限。

卷积码级联 RS 码是一种经典的信道编码方法,在误码率为 1×10^{-7} 时,工程上通常能获得约 7dB 的信道增益。但在带宽和功率均受限的系统中,这种方法仍然不能满足应用需求。Turbo 码和 LDPC 码都具有很高的编码增益,在大多数情况下能够获得接近香农极限的编码性能。

码字级联是一种在可控译码复杂度范围内构造高性能码字的方法。级联的两个码字分别称作内码和外码。深空通信中常使用 RS 码与卷积码级联的方案,其中内码为 Viterbi 译码的卷积码,外码为 RS 码。内码通过卷积能够纠正足够多的错误,使得一个高码率的外码能够将错误率控制在很小的范围内。

Turbo 码的基本原理是多个子码通过交织器进行并行或串行级联,然后进行迭代译码,从而获得很强的纠错性能。Turbo 码的实现方法有 Turbo 乘积码(TPC)和 Turbo 卷积码(TCC)两种类型。

LDPC 码属于线性分组码,是最接近香农极限的一种编码方式,相当于构造了一个稀疏校验矩阵 H。该矩阵主要有随机构造和代数构造等方法,与随机构造法相比,代数构造法具有严谨的数学结构,更有利于性能分析,可以构造成循环或准循环结构以降低编码的复杂度。LDPC 可描述为 (N, i, j),其中 N 表示码长,i 和 j 分别表示校验矩阵 H 中的每行和每列中非零元素的个数,称为行重和列重。

展望未来深空探测任务中的测控通信技术发展趋势,更大基线的空间 VLBI、多基站高精度时统的干涉测量、弱参考源相位修正的相位参考干涉测量等高精度测角技术将是下一代高精度无线电测量的发展方向。在极低信噪比信号的接收与解调方面,反相对称调制等新型降噪体制、极窄带锁相跟踪环、自适应滤波、更高增益通信编译码等技术将有望实现新的突破。在信息传输方面,仿照地面微波站接力的因特网技术将在空间得到拓展。未来将构建由太阳系星际骨干网和行星附近的近空网组成的空间因特网,来自超远距离的深空探测信息将以空间逐级传输的方式传回地面站。

五、热控技术

航天器热控技术,涉及材料学、热学、计算数学、化学、光学、流体力学、电子学、计算机科学以及试验测量技术等诸多学科领域,其任务是通过合理组织航天器内部和外部的热交换过程,使航天器各部位的各种仪器设备的温度处于任务所要求的范围内,为正常工作提供良好的温度环境。

4-11 航天器
热控系统

相比地球轨道卫星,深空探测器任务过程复杂,经历的热环境变化大,需要采用更多调控能力强的主动热控技术以适应复杂、多变的外界热环境。同时,深空探测器在质量和电功率等方面的资源非常珍贵,需要将热控系统设计融入探测器的总体设计之中,进行系统优化,必要时进行部分装置和设备的功能复用。深空探测器的热控往往是在充分借鉴地球轨道航天器热控技术的基础上,融入新型主动热控技术来满足任务的温控需求。

1. 深空热环境特点

深空探测器在行星际飞行中,环境加热主要来自太阳的热辐射;在飞越目标天体期间还会受到该天体红外辐射和反照辐射加热;在实施降落探测时,其温度环境直接与目标天体的表面环境相关。

地球距离太阳 1 个天文单位(AU),地球大气层顶附近的太阳辐照强度为 1 个太阳常数(S)。与太阳不同距离的太阳辐照强度可以按下式计算:

$$太阳辐照强度 = \frac{1367.5}{AU^2} \quad (单位:W/m^2) \tag{4-21}$$

为便于描述太阳系各大行星附近的热环境,科学家定义了一个等温的球体即"参考球"。"参考球"绕行星运行,轨道高度为 1/10 行星半径,其表面的太阳吸收比和半球红外发射率均为 1。"参考球"平衡温度可以粗略地表述行星附近的冷热程度(见表 4-1)。

表 4-1 行星"参考球"平衡温度

行星	"参考球"平衡温度/℃	行星	"参考球"平衡温度/℃
水星	174	木星	−150
金星	51	土星	−183
地球	6	天王星	−209
火星	−47	海王星	−222

水星是距离太阳最近的行星,所以也是最热的行星。水星的自转速度很慢,一天长达 176 个地球日,使得面对太阳的地方与太阳辐射热流处于热平衡,而背阳面则非常寒冷。水星没有大气削弱从表面向空间的辐射。

金星轨道的热环境不仅因其距离太阳较远而比水星的热环境冷,而且太阳辐射和红外辐射的相对分布也不同。金星完全被云层覆盖,其反照率是太阳系行星中最高的,造成轨道环境中红外辐射小、云顶层温度低。

月球没有大气且自转周期与公转周期相同,因此与水星有相似之处。月球的反照率平均值为 0.073,最大的区域也小于 0.13,所以有很高的吸收率。这使得日照区的表面温度较高,阴影区表面温度很低、红外辐射很小。

火星的太阳辐射热流约是地球的 42%。由于火星的轨道偏心率较大,在一个火星年中太阳辐射热流变化为 ±19%,比地球的太阳辐射热流变化大 3.5%。火星之所以看上去是红色的,是因为其反照的光谱峰值在 0.7 微米,偏红色。

从木星到海王星属外太阳系行星,它们距离太阳已经很远,太阳辐照、行星反照率和红外辐射都已很小,热环境的特点是非常冷。在多数情况下,可以忽略行星环境加热对探测器及其有效载荷的影响。太阳系各大行星轨道的热环境如表 4-2 所示。

表 4-2 太阳系各大行星的轨道热环境

行星	参数	近日点	远日点	平均值
水星	太阳辐照/(W·m⁻²)	14462	6278	9126
	反照率(日下点峰值)	0.12		
	红外辐射最大值(日下点)/(W·m⁻²)	12700	5500	8000
	红外辐射最小值(暗面)/(W·m⁻²)	6		
金星	太阳辐照/(W·m⁻²)	2759	2650	2614
	反照率	0.8±0.02		
	红外辐射/(W·m⁻²)	153		
月球	太阳辐照/(W·m⁻²)	1414±7	1323±7	1368±7
	反照率(日下点峰值)	0.073		
	红外辐射最大值(日下点)/(W·m⁻²)	1314	1226	1268
	红外辐射最小值(暗面)/(W·m⁻²)	5.2		

续表

行星	参数	近日点	远日点	平均值
火星	太阳辐照/(W·m⁻²)	717	493	589
	反照率(日下点)	0.29		
	红外辐射最大值(日下点)/(W·m⁻²)	470	315	390
	红外辐射最小值(极区)/(W·m⁻²)	30		
木星	太阳辐照/(W·m⁻²)	56	46	51
	反照率	0.343		
	红外辐射/(W·m⁻²)	13.7	13.4	13.6
土星	太阳辐照/(W·m⁻²)	16.8	13.6	15.1
	反照率	0.342		
	红外辐射/(W·m⁻²)	4.7	4.5	4.6
天王星	太阳辐照/(W·m⁻²)	4.09	3.39	3.71
	反照率	0.343		
	红外辐射/(W·m⁻²)	0.72	0.55	0.63
海王星	太阳辐照/(W·m⁻²)	1.54	1.49	1.51
	反照率	0.282		
	红外辐射/(W·m⁻²)	0.52		

2.热分析与热设计

热分析的主要目的是:在规定的输入条件下,通过分析计算确认探测器上全部设备、部件的温度是否在所要求的温度范围内,为热控设计提供理论及数值依据。探测器热分析主要包括轨道计算、外热流计算和温度计算三个方面的工作,是构建探测器热控系统的基础,同时也贯穿于探测器研制及任务实施的全过程。

热设计是根据任务需求和工作期间探测器所要经受的内、外热负荷的状况,采取各种热控措施来保证探测器运行过程中所有仪器设备和结构件的温度水平都保持在规定的范围之内。相比地球轨道航天器,深空探测器的热环境复杂,任务过程复杂,重量、功耗等资源约束苛刻,其热控系统必须具备更强的环境适应能力和调控能力。

探测器的热设计过程包括:方案选择、详细设计、关键技术评价、设计分析验证、可靠性与安全性分析、热平衡试验方案验证、研制流程规划。其热控系统设计的基本准则如下:

• 要全面考虑探测器在地面段、发射段、转移段、巡航段、进入段、行星表面运行段等各阶段的热控制要求,充分协调各阶段不同要求所采用的热控技术措施,充分利用探测器上通用的热控技术完成在各阶段中的所有要求,充分协调总体与各分系统之间的热控系统接口关系。

• 应具有较强的对空间环境条件不确定性变化的适应性,也需要具备对输入条件偏差导致设计修改的适应性。

• 需要从系统能源平衡角度出发,优化探测器的热交换、热传输、热利用和热排放过程,高效率、可控地利用探测器上的有限能源,简化热控系统设计,实现探测器内部热量的总量稳定。

　　• 要以尽可能减轻热控系统的质量为原则,优化系统配置和各热控部件,节约质量资源,将热控系统的质量控制在探测器总质量的 7%～10% 以内甚至更小。

　　• 应充分考虑探测器在地面热平衡试验方案验证中的可行性和便捷性。

　　热控系统的温控水平、安全性、可靠性和经济性与热控措施选择具有直接关系。热控措施选择应服务于热控设计目标的实现。其基本原则是先选择具有全局的、外部的热控措施,后选择局部的、内部的热控措施;先选择被动的措施,后选择主动的措施。一般来说,热控系统通常难以解决某设备在轨道运行中温度过高的问题,而可以通过电加热解决温度过低的问题。因此可以采用偏低温的设计思路,给高温留有更多的设计余量,同时采用电加热的方法保证不超过低温限。

3. 热控主要方式和关键技术

　　深空探测器在飞行、巡视过程中的热控可分为被动式和主动式两类。

　　被动式热控制依靠选取不同的热控材料和合理的总装布局来处理航天器内外的热交换过程,使航天器的各部分温度在各种工作状态下都不超出允许的范围。被动式热控制本身没有自动调节温度的能力,但它简单可靠,是热控制的主要手段。一般常用的技术有:①在航天器外壳表面覆盖特殊的温控涂层,以降低表面的太阳吸收率与热辐射率比值;②在外壳不同部位或仪器之间布置热管,把热端的热量导向冷端,减少部件、仪器之间的温度差;③在仪器或部件表面包敷多层隔热材料或低辐射率涂层,防止热量散失或阻隔其他热源;④采用在熔化、凝固过程中吸收和释放热量的相变材料,例如石蜡、水化物等,以缓和某些零部件的高低温交替变化。除此之外,通过对内部仪器设备的布局设计,使热源分布合理并安排足够的传热通道,选择温度变化不大的探测器表面作为载荷的散热热沉,以减少其温度波动。

　　主动式热控制是构建一个升温和降温控制系统,实现对航天器内部设备温度的自动调节。主动式热控制根据不同的传热方式分为辐射式、对流式和传导式三种。辐射式热控制是自动改变表面组合热辐射率,从而改变散热能力以保持设备的温度范围,如热控百叶窗和热控旋转盘。对流式热控制是通过改变流体的对流换热系数以实现温度调节,有液体循环和气体循环两种。其基本思路是让流体在泵或风扇的驱动下将探测器内部热量引出,流经热辐射器排向探测器的外部空间。传导式热控制是将航天器内部设备的热量通过传导的方式散至外壳表面排向宇宙空间。热传导系数可以随设备的温度升降而改变,从而达到对设备温度自动调节的目的,如接触导热开关和可变热导的热管。电加热器热控是将电加热丝(片)安装在被加热部件上,通过遥控或自动控制加热,这是一种结构简单、控制精度较高、使用方便的常用主动热控方式。

　　在深空探测器中还发展了一些特殊的热控关键技术,如重力辅助两相回路技术、水升华器技术、可变热导热管技术和气凝胶技术等。

　　重力辅助两相回路技术是一种依靠热驱动力和重力来设计循环路径,无须消耗电功率资源的热传输技术。回路由蒸发器、蒸汽管路、冷凝器(冷凝段)、液体管路、储液器、控制阀组成,如图 4-45 所示。其中,蒸发器与热源耦合安装在一起,冷凝段安装在需要热量的地方。

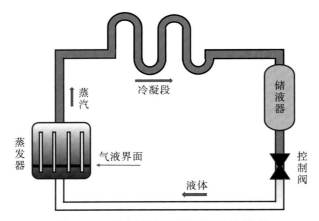

图 4-45 重力辅助两相回路系统组成

重力辅助两相回路工作时,蒸发器受热源加热后内部工质吸热由液态变成气态,使蒸汽管道内充满蒸汽。在重力场作用下,会形成液体管道内工质下降、蒸汽管道内工质上升的驱动力,使工质在管道内按设计的方向循环流动起来。重力辅助两相回路技术适用于地外天体着陆器或巡视器的热控系统。如探测器在月夜阶段断电休眠期间,在没有电功率的情况下,将同位素热源的热量传递到需要保温的隔舱中,实现探测器上设备的月夜保温与生存。

水升华器技术是指在环境压力低于水的三相点压力的环境中,固态冰吸收热量后,将不经过融化而直接升华为水蒸气。升华过程中吸收的潜热远高于液态水凝结释放的热量,从而起到散热的作用。水升华器的系统组成如图 4-46 所示,包括工质储箱、加排阀、液体减压阀、自锁阀、压力传感器、升华换热器、管路等。其中升华换热器是核心部件,一般由板-翅式气液转换器和多孔板组成。升华换热器的多孔板外表暴露在真空环境之中,水在一定压力作用下进入气液换热器的腔内,热量从一侧传输至腔内的水,当进入多孔板内的水达到三相点压力时,绝大部分液体将凝固成冰,同时少部分水升华变成水蒸气排散到真空环境中,以此带走热源的热量。

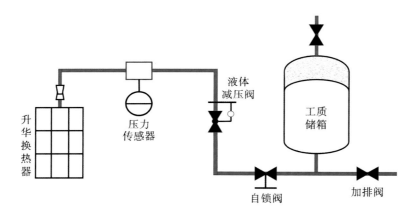

图 4-46 水升华器的系统组成

热管是具有很高热导的传热元件,由于其蒸发和冷凝传热系数在一定的热流和温度范围内变化不大,其热导可认为是基本不变的。为了实现可变热导,最为常见的是采用气体阻塞冷凝段的方法。其原理是:在热管内充以一定数量的不凝性气体(如氮、氦、氩等),当热管不工作时,气体与工作蒸汽混合分布于热管蒸汽空间内;当热管启动后,气体随蒸汽流到冷凝段,蒸汽在此处内壁凝结为液体后从管芯返回蒸发段,而气体由于不凝结而滞留在冷凝段的端部,形成一个气塞,如图 4-47 所示。

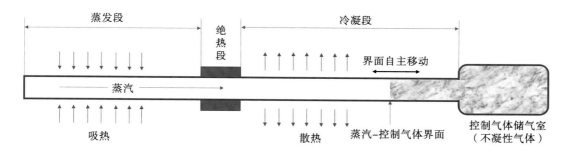

图 4-47　可变热导热管结构

当蒸发段的热负荷变大时,蒸发段内的气体温度快速上升,蒸汽压力升高,推动蒸汽-控制气体界面向储气室一侧移动,使冷凝段长度增加,散热能力增大;反之,当蒸发段的热负荷变小时,蒸发段内的气体温度降低,蒸汽压力减小,蒸汽-控制气体界面向远离储气室方向移动,使冷凝段长度变短,散热能力降低。可变热导热管具有随热负载的大小自主调节传热的能力,通常用于散热能力变化较大的场合,如月球探测器隔舱的月昼散热和月夜保温。

气凝胶是由纳米胶体粒子或高聚物分子构成的轻质、非晶和多孔性固体材料,具有极低的密度、高表面积和高孔隙率。气凝胶的孔径小于 50nm,小于空气分子的平均自由程(约 70nm),在气凝胶孔内无法形成空气对流,只存在气体分子与固体壁面之间的热交换。同时,固态气凝胶的热导率也很低,因此它被认为是目前所发现的隔热性最好的固体隔热材料。纳米气凝胶一般用于有气压环境的行星探测器(如火星着陆器、巡视器)的隔热材料,可以替代多层隔热组件,起到隔离热辐射及对流的功能。但是气凝胶是一种脆性材料,且其表面的二氧化硅气凝胶颗粒容易脱落形成多余物。因此在气凝胶隔热应用中必须做好对它的封装处理。

对于未来小行星探测、月球科研站、火星采样返回、木星系探测等深空探测任务而言,其复杂度和难度都是空前的,任务环境复杂多变,对热控系统提出了新的更高的要求。期望未来热控技术能在轻质高效隔热技术、高效热排散技术、可靠热传输技术和高温热防护技术等方面取得新的突破。

§4-4　科学探测载荷技术

有效载荷是装载在航天器上的科学仪器,随航天器到达被探测目标的合适观测位置并获取相关探测信息,是深空探测任务中获取科学数据、实现科学目标的重要仪器装备。

科学探测载荷根据探测器与被探测对象的相对位置,可以划分成原位探测载荷和遥感探测载荷两大类;根据探测任务和科学目标,则可以划分为形貌与表面探测载荷、表面物质成分探测载荷、天体内部与构造探测载荷、大气成分与气候探测载荷、天体物理和空间环境探测载荷、生命信息探测载荷等;根据工作原理和探测方法归类,主要有光学与光谱载荷、微波雷达载荷、元素成分鉴别载荷、空间粒子探测载荷、电场和磁场探测载荷、重力场和地震探测载荷等。

一、光学成像载荷

所谓百闻不如一见,光学相机能够获取直观的视觉图像,是人类认识与了解未知天体环境最直接和最有效的手段,是获取被探测天体形貌特征和数据的最重要载荷。光学相机按成像波段可以分为可见光与近红外相机、红外相机、紫外相机等;按成像距离可分为遥感相机、原位探测相机;按成像曝光模式可分为面阵快照式相机和线阵推扫相机。此外还有多光谱/高光谱相机、双目立体相机等。

1.可见光相机与红外相机

可见光相机焦平面感光的辐射光谱与人眼的视觉函数相匹配,如果焦平面探测器具有红绿蓝(RGB)感光能力,并赋予图像各像素点色彩值,则可获取与人眼视觉几乎一致的彩色图像。红外相机焦平面探测器的光电信号反映了成像景物中的红外辐射信息,将各个像素中探测到的辐射信息赋予不同灰度值后,红外图像展现了成像场景中的温度空间分布。

4-12 红外相机(詹姆斯·韦伯望远镜)

光学成像过程就是通过光学镜头将物方空间的景物信息映射到像方焦平面上,在焦平面位置安装的感光器件将光信号转变成电信号,记录来自物方的反射或辐射光信息而形成数字图像。光学相机的物像关系如图 4-48 所示。

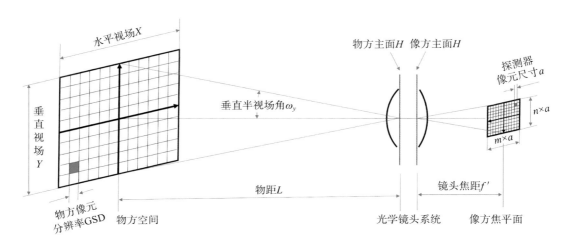

图 4-48　光学相机的物像关系

依据几何光学理论,对于成像物距 L 远远大于镜头焦距 f' 的理想光学系统,被摄物体与其成的像之间存在如下近似的几何关系:

$$\frac{X}{m \times a} = \frac{Y}{n \times a} = \frac{L}{f'} = \frac{\text{GSD}}{a} \tag{4-22}$$

式中:X 为物方水平视场宽度;Y 为物方垂直视场宽度;m 为探测器水平方向像元数;n 为探测器垂直方向像元数;a 为探测器像元尺寸;GSD(Ground Scale Distance)为像元分辨率,即物方对应像面一个像元大小的空间尺寸。GSD 的大小通常被用于描述光学相机的空间分辨率,由上式可以得出:

$$\text{GSD} = \frac{L}{f'} \times a \tag{4-23}$$

GSD 与相机的光学焦距成反比,与像元尺寸、成像物距成正比。GSD 越小,说明相机的空间分辨率越高。当然 GSD 不仅仅与上述参数有关,它还受到光学衍射极限、光学镜头像差的制约。

光学相机系统主要由光、机、电系统组成,其中机械结构是相机的框架支撑,典型 CMOS 相机的常见结构形式如图 4-49 所示。前端突出部位是光学镜头及其遮光罩,后端相机机身由前盖、后盖等结构零件支撑,机身内包括成像感光器件,成像电路板、接口与供电电路板等,其中光学镜头的后焦点位置是相机焦平面,成像感光器件的光敏面与之重合。追求光、机、电结构的轻量化是深空探测相机发展的重要方向之一。

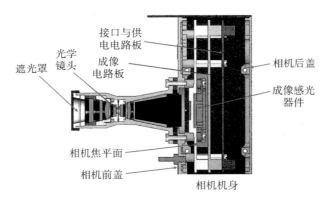

图 4-49　CMOS 光学相机的常见结构形式

光学镜头是相机的"眼睛",是保证成像效果与成像质量的关键。表征光学镜头的主要技术参数是光学焦距 f'、视场角 2ω、相对孔径 D/f'、光谱透过率 τ、光学传递函数 MTF 和畸变等。

光学焦距 f' 决定了整个光学系统的放大率,在同样的拍摄距离条件下,光学焦距越长,物体在焦平面上的像越大;视场角 2ω 决定了相机能够拍摄的视野大小,通常包含 X 方向的视场角 $2\omega_x$ 和 Y 方向的视场角 $2\omega_y$,或以对角线角度来定义;相对孔径定义为光学入瞳 D 与焦距 f' 的比值,它决定了光学相机的像面照度和所能达到的衍射分辨率极限,如下式所示:

像面照度公式:
$$E=0.25\pi\tau B_0\left(\frac{D}{f'}\right)^2=0.25\pi\tau B_0\left(\frac{1}{F}\right)^2 \tag{4-24}$$

式中:E 为像面照度;B_0 为相机入瞳处的景物亮度;τ 为光学系统的透过率;F 为相对孔径的倒数。

衍射极限分辨率公式:
$$d\approx1.22\lambda\frac{f'}{D}=1.22\lambda F \tag{4-25}$$

式中:d 为光学衍射弥散斑直径,λ 为成像光谱的中心波长。

显然,增大光学相对孔径不仅有利于提高相机在弱光下的成像能力,更有利于提高光学极限分辨能力。然而,大相对孔径会增加相机体积与重量上的负担,也会增加对光学像差的校正难度,从而使镜头组成更复杂,增加研制成本。

镜头的光谱透过范围要与相机感光器件的光谱曲线相匹配,透过率与选用的光学材料和光学镀膜直接相关,在可见光与近红外波段的光学镜头透过率 τ 通常可以达到 95% 以上。

光学传递函数 MTF 是表征光学成像质量的关键技术指标,定义为图像调制度(对比度)与景物实际调制度(对比度)的比值,如下式所示:

$$\text{MTF}(f_x)=\frac{\text{图像调制度(对比度)}}{\text{景物实际调制度(对比度)}} \tag{4-26}$$

式中:f_x 为空间频率,定义为空间采样周期的倒数;MTF 为一个与空间频率相关的函数,反映了在成像过程中的信息传递能力,也说明了光学像差的校正水平。一般要求在像面探测器的采样截止频率处,光学 MTF 要大于 0.3。

由于光学镜头存在衍射效应和光学像差等成像误差,物方空间的一个理想数学点经过光学成像后在像面上形成的是一个弥散斑,这个像点弥散可以用点扩散函数来表征,因此 MTF 在数学上也可以表示为像面点扩散函数的傅里叶积分:

$$\text{MTF}(f_x) = \iint \delta(x,y) \mathrm{e}^{-2\pi i f(x+y)} \mathrm{d}x \mathrm{d}y \tag{4-27}$$

通常要求探测器的像元尺寸与光学弥散斑直径相匹配。相机系统总的传递函数是光学 $\text{MTF}_{\text{optics}}$、焦面平面采样 $\text{MTF}_{\text{sensor}}$ 和成像电路 $\text{MTF}_{\text{eletricity}}$ 的乘积,如下式所示:

$$\text{MTF}_{\text{camera}} = \text{MTF}_{\text{optics}} \times \text{MTF}_{\text{sensor}} \times \text{MTF}_{\text{electricity}} \tag{4-28}$$

一般地 $\text{MTF}_{\text{sensor}}$ 略大于 0.5,$\text{MTF}_{\text{eletricity}}$ 略大于 1。

畸变也是光学像差中的一种,它反映了图像的变形程度。畸变量通常是成像视场的函数,越接近图像的视场边缘,畸变量越大。在需要较高平面精度的测绘光学相机中,对畸变校正有很高的要求。

在着陆器和巡视器上开展原位探测相机的成像距离较近,镜头焦距比较短,一般采用透射式光学镜头方案,如图 4-50(a)所示。而环绕器遥感相机的成像距离在百公里以上甚至更远,为达到高分辨率的成像效果,镜头焦距较长、光学孔径较大。为减小遥感相机的体积与重量,往往采用反射式光学镜头,如图 4-50(b)所示。

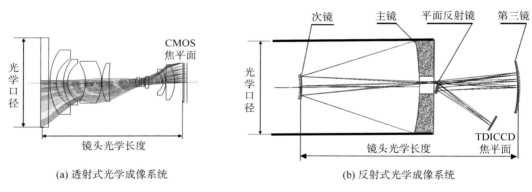

(a) 透射式光学成像系统　　　　　　　(b) 反射式光学成像系统

图 4-50　常见的光学镜头结构形式

反射式光学镜头的特点是焦距长,分辨率高,光谱范围可以覆盖可见光、近红外、中波和长波红外,但成像视场较小;透射式光学镜头的特点是成像视场大、结构紧凑,但是光谱范围受光学材料的制约,一般光学玻璃只能满足可见光到近红外的透过率要求,红外透射式光学镜头要采用单晶锗、硅和多晶硫化锌、氟化钙等特殊的透红外材料。

光学相机按焦平面种类与曝光方式可分为面阵相机和推扫相机。面阵相机的焦平面上安装了面阵 CCD 或 CMOS 探测器,成像过程中相机与景物需保持相对静止,每个像元的感光电荷量对应了物方一个景物点的光亮度值。面阵相机按照器件电荷转移模式不同有全局曝光和行扫描曝光之分。如图 4-51 所示,全局曝光通过栅极控制电路同时实现所有像素的同时曝光和感光电荷的转移,行扫描曝光通过转移栅扫描电路实现像素点逐行曝光和感光电荷的逐行转移。

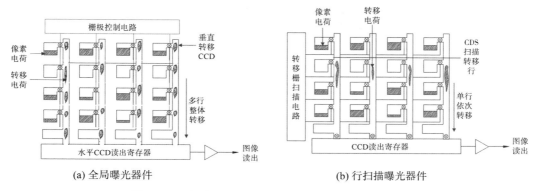

(a) 全局曝光器件　　　　　　　　(b) 行扫描曝光器件

图 4-51　常见 CCD/CMOS 器件的电荷转移方式

　　而推扫相机的焦平面上大多采用时间延迟积分（Time Delay Integration，TDI）器件，该器件由 m 个垂直于飞行方向的横向像元（TDI 幅宽）和 n 个平行于飞行方向的纵向像元（TDI 级数）组成列阵，如图 4-52 所示。成像过程中，通过相机随航天器的飞行，形成幅宽为 m 个像素数条带图像的推扫成像。垂直于飞行方向的景物线依次扫过每个纵向像元，保持电荷转移与图像在像面上移动的速度和方向的一致性，在完成 n 个像元累计积分后，通过电荷转移寄存器逐行读出图像。TDI 推扫图像的信噪比可以比单像素推扫图像提高 $\sqrt{n}$ 倍。

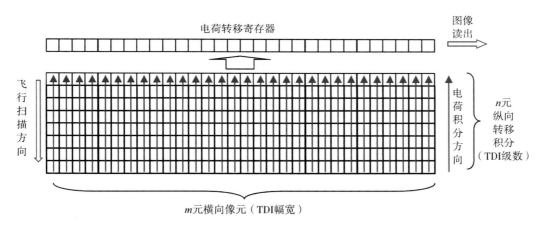

图 4-52　TDICCD 器件的电荷转移方式

　　红外相机探测器的感光单元多采用碲镉汞（HgCdTe）、锑化铟（InSb）等红外敏感材料，其读出方式与种类和可见光相机大致相同。由于红外辐射能量较弱、红外探测器的响应灵敏度不高等因素，目前红外探测器的像元尺寸多在 $15\sim30\mu m$ 之间，而可见光相机空间采用的 CCD/CMOS 器件像元尺寸多在 $3\sim10\mu m$，这也是同样体量的红外相机分辨率远远低于可见光相机的主要原因之一。

　　相机成像电路中除焦平面探测器外，还包括图像读出模块、图像预处理模块、图像缓存模块、时序控制模块、电源模块、遥测电路、图像输出接口、CAN 总线接口等。光学相机的电子学基本组成如图 4-53 所示。

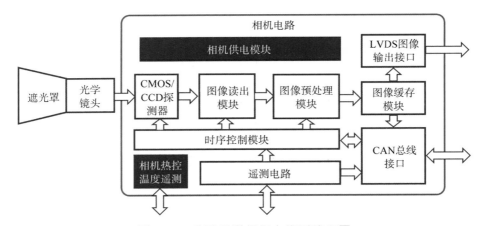

图 4-53　典型光学相机电路系统框图

光学相机的图像数据流控制、曝光控制、传输控制等功能主要通过一个主控 FPGA 来实现,电源模块完成从探测器提供的二次电源到相机各个芯片供电的转换。依据深空探测任务需求和相机工作环境状况,相机中的大功率芯片需考虑热传导设计,保证其长时间工作的温度稳定性。对于光学焦距较长、对成像质量要求很高的相机,光学镜头部位可采用主动温控措施,加装温度遥测和相机热控电路。

2. 双目立体相机

双目立体相机由两台基线距离为 b、成像技术参数完全相同的相机组成,其原理如图 4-54 所示。

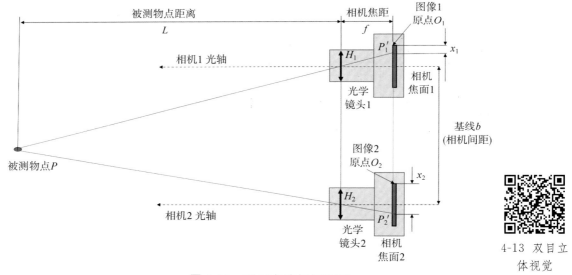

图 4-54　双目立体相机原理

两台相机具有相同的焦距 f,光轴平行地指向同一方向,H_1 和 H_2 分别是两台相机光学镜头的主面位置,距离相机镜头为 L 的被测物点 P 在两台相机的焦面上的像点分别为 P_1' 和 P_2',两台相机的图像原点距离像点的坐标分别为 x_1 和 x_2,由图 4-54 可知,$\triangle PH_1H_2$ 与 $\triangle PP_1'P_2'$ 是相似三角形,则有 $\dfrac{L}{d}=\dfrac{L+f}{d+x_2-x_1}$,由此可以得出:

$$L = \frac{d \times f}{x_2 - x_1} \tag{4-29}$$

这里 $x_2 - x_1$ 就是两台相机的视差，这样获取物方空间某点的空间距离就变成了求取该点在两个相机焦面上像点的视差了。而在两幅图像的景物中找到足够多的对应匹配点，就可以计算出这些点到相机的距离，再运用视差表现出的基本视觉规律，就可以重建出景物整体的三维图像。

用双目相机获取立体信息的基本步骤如下：

• 相机标定。相机标定的作用是将光学相机制造误差和双目安置误差精确地测试出来，为后续图像预处理修正和提升深度计算精度提供基础数据，主要包含单相机的内参标定和双目相机的外参标定。内参标定的目的是精确获取每个相机的焦距、光学主面位置、光学畸变等参数；外参标定的目的是获得双目相机之间的相机坐标系的旋转和平移关系。

• 图像校正。该步骤是根据相机的标定结果，对两个相机采集到的原始图像进行预处理，包括：进行图像滤波去除图像中的噪声、亮度归一化使得两幅图像对应点的亮度一致、校正光学畸变和透视畸变、校正由于安置误差造成的光轴偏差使两张图像位于同一平面且互相平行。

• 立体匹配。该步骤是根据校正后的图像，进行像素点的匹配，匹配成功的点表示真实世界中的某点在这两个图像中的不同位置。双目立体匹配可划分为匹配代价计算、代价聚合、视差计算和视差优化四个步骤。匹配代价计算是衡量待匹配像素与候选像素之间的相关性，代价越小则说明相关性越大，是同名点的概率也越大。代价聚合是让代价值能够准确地反映像素之间的相关性。视差计算是通过代价聚合之后的代价矩阵来确定每个像素的最优视差值。视差优化是对得到的视差图进行进一步优化，剔除错误视差、进行适当平滑以及子像素精度优化等，改善视差图质量（见图4-55）。

(a) 左相机图像   (b) 右相机图像   (c) 视差图

图 4-55　图像立体匹配生成视差图

• 深度计算。这是双目相机获取立体信息对的最后步骤，根据立体匹配结果得到视差图，通过视差图计算每个像素对应的深度，从而获得三维图。

对于在轨道上运行的环绕探测器光学相机而言，立体视觉也可以通过双线阵相机的形式来获取，如图 4-56 所示。可以在一台推扫成像相机中，在同一面阵 CCD 上选取两条曝光线阵，对同一成像区域拍摄两幅具有视差的推扫图像；也可以通过两台推扫相机获取两幅具有视差的图像。然后通过影像匹配和三维重建，构建景物的立体图像。用一台相机的方式结构紧凑，但是其前、后视角的大小受到相机整体视场角的限制，一般用于视场角较大、分辨率较低的遥感立体相机；对于高分辨率的遥感立体成像一般采用两台相机构成前、后视角的技术方案。我国"嫦娥一号"的立体相机采用了一台双线阵推扫的立体成像体制，而"嫦娥七号"环绕器立体相机则采用了两台相机的技术方案。

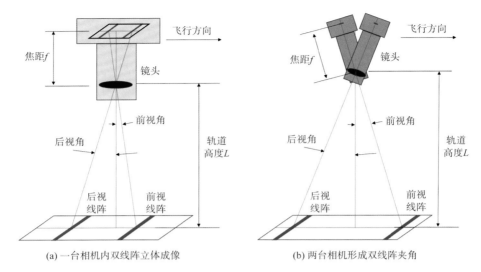

图 4-56　推扫型遥感立体成像方案

(a) 一台相机内双线阵立体成像　　　　(b) 两台相机形成双线阵夹角

3. 光谱相机

由于物质的光谱特征与它的属性密切相关,太阳光照射到物体上并与之发生相互作用,不同的物质将呈现不同的反射和吸收光谱特征。光谱相机就利用了这个原理,通过对探测获取的光谱图像与已知矿物典型多光谱序列进行比较,就可以得出探测目标矿物类型和含量的信息。在深空探测任务中,光谱成像相机可以用于对天体表面物质成分含量的探测、对天体大气与环境中成分的探测,是环绕器和巡视器上必备的重要载荷。光谱相机可以获取目标场景的连续单色光谱图像,在二维图像中再加上光谱维,构成光谱数据立方体,是一种高效的光谱定量化探测仪器,也被称为成像光谱仪。依据工作谱段(波长范围)不同,光谱相机可分为紫外可见($\lambda=200\sim760$nm)相机、可见近红外($\lambda=0.4\sim1.5\mu$m)相机、中波红外($\lambda=3\sim5\mu$m)相机、长波红外($\lambda=8\sim12\mu$m)相机。

可见近红外和红外成像光谱仪光谱范围宽,具有高空间分辨率和高光谱分辨率的特性,在深空探测任务中,被广泛地用于判断星体的矿物、岩石、有机物等组分。美国 OSIRIS 小行星探测器上配置的 $0.25\sim5\mu$m 光谱范围的多光谱成像仪(VIRTIS-M)和 $2\sim5\mu$m 光谱范围的高光谱仪(VIRTIS-H),主要探测彗核表面固体、有机物和气态成分的性质。欧空局“罗塞塔号”小行星探测器配备的紫外成像光谱仪(ALICE)是一种轻型、低功耗和低成本的紫外光谱仪,用于探测彗星的远紫外和极紫外光谱,光谱范围覆盖 $70\sim205$nm。该光谱相机发现彗核上方 1km 内的电子是由水受辐射降解而产生的,来自太阳的紫外线击中水分子并将其电离,射出高能电子的同时分解出氢原子和氧原子。

光谱相机依据成像方式的不同,可分为滤光型、色散型、干涉型、快照式等;依据光谱分辨能力的高低,可分为多光谱相机(光谱分辨率约为 $\lambda/10$)、高光谱相机(光谱分辨率约为 $\lambda/100$)、超光谱相机(光谱分辨率约为 $\lambda/1000$)。

(1)滤光型光谱相机

将多个谱段的滤光片置于相机的光路之中,通过每一种滤光片就形成该滤光片透过谱段的光谱图像。由于受滤光片切换数量和光谱宽度的限制,该技术方案更适用于光谱分辨率较低的多光谱相机。典型的滤光型光谱相机原理如图 4-57 所示。在面阵相机的光路中设置一个滤光片转轮,通过滤光片的切换来实现多波长的单色光谱成像探测,从而形成转轮式多光谱面阵相机[见图 4-57(a)]。该类光谱相机需要通过多次曝光来获取光谱信息,需要滤光片切换的时间,在深空探测中适用于着陆器或巡视器在静止状态下的就位探测。在 TDICCD 之前设置多个光谱滤光片条带，每一个光谱条带在飞行过程中就推扫出该谱段的二维图像。该类光谱相机内无运动部件，成像效率高，一次飞行便可获取多光谱数据立方体，适用于搭载在环绕轨道器上[见图 4-57(b)]。

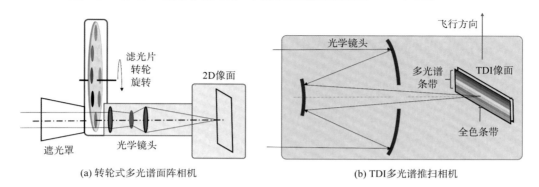

(a) 转轮式多光谱面阵相机　　　　　(b) TDI多光谱推扫相机

图 4-57　滤光型光谱相机

可调谐窄带滤光器的技术进展使得滤光片透过谱段可以通过电控来改变，从而可以取消机械转轮更换成像谱段的机构，更快捷、更灵活地实现谱段切换，有可能成为该类光谱相机未来的发展方向。可调谐窄带滤光器包括声光可调谐滤光器（AOTF）、液晶双折射可调谐滤光器（LCTF）、法布里-泊罗（F-P）滤光器等。

（2）色散型光谱相机

色散型光谱相机利用色散元件（光栅或棱镜等）将复色光色散分成序列谱线，然后再用探测器测量每一谱线元的强度。如图 4-58 所示，来自物方一个条带的景物上的光通过物镜、狭缝、准直镜后被色散元件扩展为各个谱段，相机焦平面上的面阵探测器在 y 方向上探测到的是景物的灰度分布，在飞行方向上是各个光谱谱段的展开。随着相机向前飞行，不断输出一个个条带的光谱维图像，便构成了景物的光谱数据立方体。

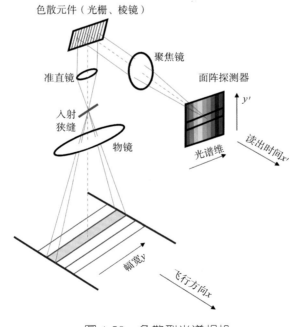

图 4-58　色散型光谱相机

色散型光谱相机中的狭缝越窄,光谱分辨率越高,但进入系统的瞬时光通量就越少。即光谱分辨率和光通量成为色散型成像光谱仪中相互制约的一对矛盾。

（3）干涉型光谱相机

干涉型光谱相机利用干涉原理获得一系列随光程差变化的干涉图样,通过反演可以得到目标物体的二维空间图像和一维光谱信息。干涉型光谱相机获取干涉图样的方式有:时间调制、空间调制和时空联合调制。

干涉型光谱相机的成像原理是将来自景物的光分成两束,通过控制两束光的光程差,并使两束光在感光元件处相遇并发生干涉,从而获得一系列由不同光程差得到的干涉图样。对干涉图进行逆傅里叶变换后才能够得到成像场景的光谱数据立方体,即获得景物中每一点的光谱曲线（见图 4-59）。

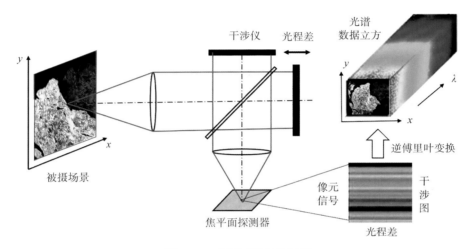

图 4-59　干涉型光谱相机

在干涉型光谱相机中同时测量的是所有谱元均有贡献的干涉强度,其光谱分辨率并不取决于通光夹缝。理论分析表明,在具有相同分辨率的条件下,干涉型光谱相机的通量比色散型光谱相机高200 倍左右,即光能利用率可提高 1～ 2 个数量级,更适用于高光谱成像。

（4）快照式光谱相机

快照式光谱相机顾名思义就是能够像面阵相机一样通过一次曝光就可获取被摄目标的光谱立方体数据。该类光谱相机的基本思想是:在成像曝光过程中通过一定的编码方式将景物的空间光强度和光谱信息同时记录在同一个焦平面感光器件上,然后以计算机图像重建的方式构建光谱立方体。常用的编码方式有孔径编码、衍射编码、像面微结构编码等。

编码孔径快照式光谱相机是用编码孔径板（通常为随机生成的二进制数字编码板）代替传统色散型光谱相机中的狭缝,如图 4-60 所示。后端的色散成像系统对经过编码板编码后的图像进行接收和色散成像,并将场景的连续光谱图像成像在探测器上。通过图像稀疏矩阵解析等方法进行解码和图像重建。编码孔径方式有移动式机械模板、液晶空间光调制器、数字微镜器件（DMD）等。

衍射编码快照式光谱相机是用衍射的方式在成像过程中将光谱信息加载在探测器获取的图像上。旋转衍射就是其中的一种编码方式,其基本原理如图 4-61 所示。相机成像镜头中含有一种特殊设计的微结构元件,使得点扩散函数（PSF）具有随入射波长而旋转的特点,而这一特性可以通过光谱实验而精确标定。依据其 PSF 特性结合神经网络图像处理算法,可以从相机获取的光谱混叠图像中重建出高光谱数据立方体。

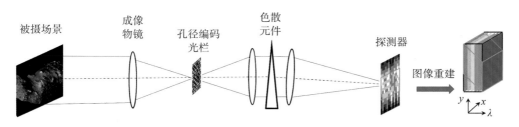

图 4-60 编码孔径快照式光谱相机原理

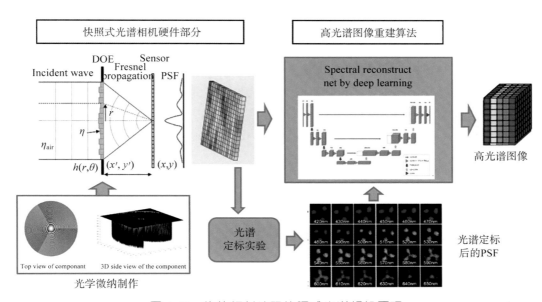

图 4-61 旋转衍射编码快照式光谱相机原理

像面微结构光谱编码是在二维探测器阵列上添加一个微结构像元编码,由多个像元组成一个编码单元,而每一种微结构编码又对应了特定的光谱特征曲线(见图 4-62)。依据这种特殊设计的编码方式构建光谱图像重建算法,可以从探测器获取的图像中得到光谱数据立方体。

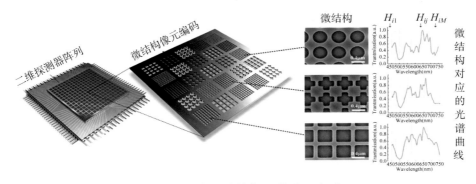

图 4-62 像面微结构光谱编码方式

相比传统的滤光型、色散型、干涉型光谱相机,快照式光谱相机具有可快速曝光成像、硬件结构简单紧凑等优势。但是孔径编码会造成通光能量的损失,衍射编码和像面微结构编码方式也是以空间分辨率为代价的;同时三种方法均是通过算法重建,间接地获取光谱数据立方体的,因此也存在光谱精度、光能量利用率、空间分辨率等方面的不足。

二、微波雷达载荷

微波是频率在 300MHz～300GHz、相应波长为 1m～1mm 的电磁波。与无线电波相比,微波具有频率高、频带宽、信息容量大、方向性好的特点;与光学波段相比,微波又具有波长长、易实现相干探测、能穿透云雾层等特点。

微波成像是指以微波作为信息载体的一种探测手段,其原理是用微波照射被探测目标,依赖电磁波与目标的相互作用,从散射回波信号中挖掘、提取相关信息,重构目标特征。也就是通过对目标外部散射场的测量来重构目标的形状或(复)介电常数分布。

由于微波雷达是一种主动式探测技术,相比光学相机而言具有不受光照限制,且具有一定的穿透云雾和表面土壤能力等优势,因此可用于探测地外天体两极永久阴影区的地形地貌、地下土壤与岩石厚度等,也可用于探测金星、土卫六等具有浓密大气天体的地形地貌。典型的微波载荷有雷达探测仪、合成孔径成像雷达等。

1.雷达探测仪

雷达探测仪是基于微波的穿透性与极化特征,通过分析微波雷达反射与散射回波,可探知地外天体的次表层特性(比如月壤的厚度、介电常数、地质结构等)以及天体表面及次表层是否存在水冰。雷达探测仪可以装载在环绕器上进行大范围的遥感探测,也可以装载在着陆器和巡视器上实现近距离就位精细探测,两种典型应用方式如图 4-63 所示。

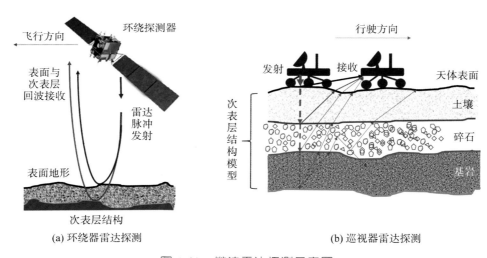

(a) 环绕器雷达探测   (b) 巡视器雷达探测

图 4-63　微波雷达探测示意图

环绕探测器上的雷达探测仪的发射天线向天体表面发射微波电磁脉冲,当脉冲遇到天体表面和次表层内不连续的分界面时,将产生回波信号。不同频率的微波具有不同的穿透深度,从不同深度回波的信息被雷达接收天线接收[见图 4-63(a)]。通过对回波信号的分析与解译,便可以获得天体次表层的地质结构信息。

图 4-63(b)中的巡视器探测雷达是一种工作在无载频毫微秒脉冲状态的时间域探测雷达,采用收发分置天线。其工作原理是雷达发射机产生超宽带无载频毫微秒脉冲,经过发射天线向下辐射、

耦合超宽带电磁脉冲信号。信号在土壤和岩石介质中传播时，如果遇到不均匀层、不同介质交界面、熔岩管、碎石等目标，将产生电磁波信号的反射、透射和散射。雷达接收天线获得信号后经过接收机放大、采样后获得相应的探测数据，通过对数据的分析、处理、图像重建等工作，可以得到巡视器行进路线上的土壤厚度、地下结构等信息。

图 4-64 展示了一种由雷达探测数据获取月壤厚度的数据处理流程。在处理过程中首先依托高分辨率遥感相机获取的地形数据对雷达入射角进行校正，然后基于雷达散射模型推演出月壤厚度。其中的雷达散射模型是算法的核心，是在前期已经获取的月球表面粗糙度，月岩大小及丰度，月壤中含钛、铁等元素电介特性测量值的基础上所构建的，散射模型的正确与否直接影响了对月壤厚度的数据处理精度。

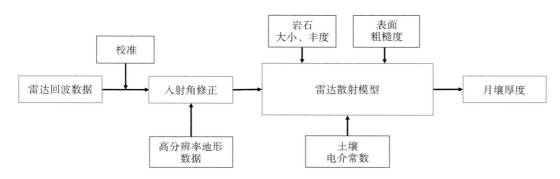

图 4-64　雷达探测数据获取月壤厚度的数据处理框图

微波雷达具有探测水冰的能力，这是由于水冰挥发物具有全内反射（Total Internal Reflection）性质，使散射信号中的电磁波保持原来的极化方式。而且冰冻挥发物比硅酸盐类岩石的传输损耗要低，相应的电磁波平均反射率更高，即水冰比表岩石能反射更多的电磁波。而月表硅酸盐类岩石则向所有方向散射电磁波，大部分能量不能被探测器雷达天线所接收。根据二者表面反射的电磁波具有不同极化方式和不同能量特征，可以对月壤、月岩与水冰进行区分。

雷达发射圆极化电磁波（左旋），接收一对正交线性电磁回波（水平极化和垂直极化），利用接收的电磁回波极化辐射能量可以算出斯托克斯矢量进而可以计算出圆极化率（CPR）：

$$CPR = \frac{SC}{OC} = (S_1 - S_4)/(S_1 + S_4) \tag{4-30}$$

S_1 为接收到的总能量，即

$$S_1 = <|E_H|^2 + |E_V|^2> = <|E_L|^2 + |E_R|^2> \tag{4-31}$$

S_4 为反向与同向极化总能量之差，即

$$S_4 = 2Im<E_H E_V^*> = <|E_L|^2 - |E_R|^2> \tag{4-32}$$

将 S_1 和 S_4 代入式（4-30）中可得：

$$CPR = \frac{SC}{OC} = \frac{|E_R|^2}{|E_L|^2} \tag{4-33}$$

式中：SC 为接收到的同向极化总能量；OC 为接收到的反向极化总能量；E_H 为水平极化能量；E_V 为垂直极化能量；E_R 为同向极化能量；E_L 为反向极化能量。

美国"克莱门汀"（Clementine）月球探测器在运行到月球南极上空 200km 处，出现雷达回波信号的同向极化增加、圆极化率明显增大的现象。这与月表岩石碎屑应具有的雷达回波特征明显不同，

而呈现出冰的特征(可能混合有土壤和沙砾)。这是人类第一次获取了能够初步判定月球两极存在水冰的证据。

中国"嫦娥一号"微波探测仪通过采用不同频率的微波辐射计分别接收来自月表同一区域不同深度的月壤微波辐射信号。通过比较分析测得的各频段信号之间的差异,能够反演出月表以下的次表层信息和月壤厚度信息,确定月壤富集区域。"嫦娥一号"在国际上首次实施了全月微波探测,任务期间微波探测仪获取了大量的数据,完成了对全月表的多次覆盖,构建了完整的"微波月亮"图库。科学家利用这些数据反演出月壤的厚度分布,并进一步评估了月壤中氦-3资源的含量与分布。

2. 合成孔径成像雷达

合成孔径雷达(Synthetic Aperture Radar, SAR)是一种通过合成大型孔径天线来实现高分辨率雷达成像的技术。雷达系统通过发射电磁波脉冲和接收地面目标回波信号进行多次成像,并根据雷达与目标之间的运动差异,对接收到的雷达回波信号进行相位校正和处理,从而合成出高分辨率的图像。在深空探测中,合成孔径雷达通常被装载在环绕探测器上。

4-14 合成孔径雷达

合成孔径雷达是按照探测器的飞行轨迹来测距和二维成像的,其二维坐标信息分别为距离信息和垂直于距离向的方位信息。方位分辨率与波束宽度成正比,与天线尺寸成反比。就像光学系统需要大型透镜或反射镜来实现高分辨率一样,雷达在低频工作时也需要大的天线或孔径来获得清晰的图像。如果探测器飞行轨迹存在扰动,会造成图像散焦,必要时需使用惯性和导航传感器来进行天线运动的补偿,同时需要对成像数据反复处理以形成具有最大对比度的图像。

合成孔径雷达成像通常以侧视方式工作。在一个合成孔径长度内,发射相干信号,接收后经相干处理从而得到一幅灰度图像。雷达图像像素的亮度正比于成像目标区域中对应景物所反射的微波能量大小。

图 4-65 中显示了微波雷达对地观测成像的几何配置。雷达以一定的侧视角 θ_0 发射一个椭圆锥状的微波脉冲束,这个椭圆锥的轴垂直于探测器飞行方向,与轨道垂直面内的椭圆锥顶角即波束高度角 ω_v 和雷达天线宽度 W 有关,而沿轨的椭圆锥顶角 ω_h 与雷达天线长度 L 有关,设 λ 为雷达所采用的微波波长,即存在:

$$\omega_v = \frac{\lambda}{W}, \quad \omega_h = \frac{\lambda}{L} \tag{4-34}$$

这个椭圆锥状的微波脉冲束在地表形成一个辐照带,辐照带可看作由许多小的空间面元所组成,每一个面元将雷达脉冲后向散射回去,由雷达接收并记录下来。实际上,对于影像平面内某一行像素,不同雷达斜距 R 对应于不同的像素。这样,在雷达飞行的过程中,一定幅宽的地表被连续成像,幅宽 W_G 由下式近似确定:

$$W_G \approx \frac{\lambda R_m}{W \times \cos\eta} \tag{4-35}$$

式中:R_m 为雷达中心到椭圆锥状辐照带中心的斜距;η 为中心点的雷达入射角。

可区分两个相邻目标的最小距离称为雷达图像的空间分辨率。显然,这个距离越小,分辨率越高。沿雷达飞行方向(即方位向)和雷达斜距向的分辨率分别为 ΔX 和 ΔR,将斜距分辨率 ΔR 投影

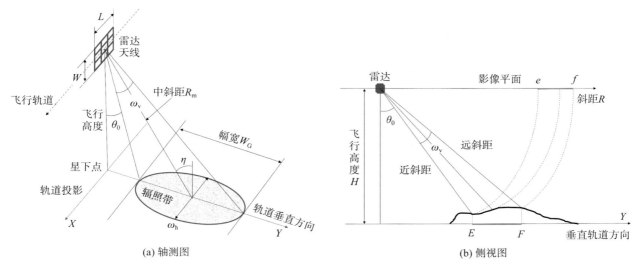

图 4-65　合成孔径雷达成像的几何关系

到水平地面时,则变为斜距向地面分辨率 ΔY。地面分辨率按下面公式来确定:

$$\Delta X = R\omega_h = \frac{\lambda R}{L}, \quad \Delta Y = \frac{\Delta R}{\cos(90° - \theta_i)} = \frac{c\tau_p}{2\cos(90° - \theta_i)} \quad (4-36)$$

式中: c 为光速; τ_p 为脉冲宽度; θ_i 为侧视角。

由式(4-36)可见雷达的方位向分辨率主要由雷达天线的长度所决定;雷达的斜距向地面分辨率仅与雷达波特征和雷达侧视角有关系,而与雷达天线的大小无关。当 ΔR 为定值时,随着侧视角 θ_i 在一定范围内的变化,则 ΔY 也在一定的范围内变化。也就是说,雷达斜距向的地面分辨率是变化的,越靠近星下点,斜距向地面分辨率越低,越远离星下点,斜距向地面分辨率越高,这也正是为什么成像雷达一定要侧视的主要原因。

当雷达沿轨道飞行时,被成像的地面目标与雷达间存在相对运动,因而被地面反射回来的雷达脉冲频率产生漂移。合成孔径雷达正是利用这一物理现象来改善雷达成像的方位向分辨率。图 4-66 显示了合成孔径侧视雷达成像的几何关系。设一个天线长度为 L 的真实孔径雷达天线从 A 点移动到 B 点再到 C 点,则被成像目标点 P 的雷达斜距会由大变小再变大,这样雷达接收从地面点 P 反射回来的脉冲频率会产生变化。通过精确测定这些接收脉冲的雷达相位延迟并跟踪频率漂移,最后可相应地合成一个脉冲,使方位向的目标被锐化,即提高方位向分辨率。相对于真实孔径雷达方位向分辨率来说,合成孔径雷达的方位向分辨率被大大地改善。

合成孔径雷达影像的每一像素不仅包含反映目标对微波的反射强度即所谓的灰度值,而且还包含与雷达斜距有关的相位值,这两个信息分量可用一个复数 $(a + bi)$ 来表达。其中, $\sqrt{a^2 + b^2}$ 为振幅,对应灰度信息; $\varphi = \tan^{-1}\left(\frac{b}{a}\right)$ 为相位值。因此 SAR 影像又被称为复数影像。振幅越大,表示目标反射强度越大。反射强度的大小取决于雷达侧视角度、雷达波长、雷达极化方式、目标表面朝向、表面粗糙度等诸因素。如平静的湖面在雷达灰度图像中呈全黑,而城市则呈现为亮区域。

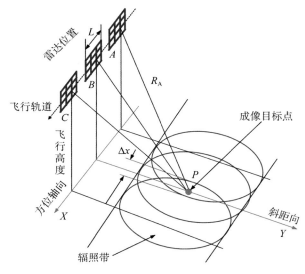

图 4-66　合成孔径雷达成像

　　从像素信息量来看,可见光遥感图像的每一像素仅包含灰度信息,SAR图像比可见光图像要丰富。从视觉效果来看,SAR灰度影像远没有可见光图像清晰。这主要是由于雷达成像时无法避免所谓的斑点噪声效应。因此,要获得好的视觉效果,一般要进行多视图平滑处理,以牺牲分辨率的代价来提高信噪比。

　　SAR成像载荷可以有多个工作频段(如11.6MHz、17.3MHz、30.0MHz等)、多极化和多种波束工作模式(标准波束、宽辐射波束、高分辨率波束、扫描雷达波束等)。

　　干涉合成孔径雷达(InSAR)是使用两幅或多幅合成孔径雷达影像图,根据雷达飞行过程中接收到的回波相位差来生成数字高程模型或者地形图。获取两幅合成孔径雷达图像的方式有:通过基线距与飞行方向垂直的两个天线同时对目标进行观测的距离向模式;通过基线距与飞行方向平行的两个天线对目标进行观测的方位向模式;通过重复轨道飞行以一定时间间隔进行两次平行观测的重复轨道模式。

　　由于目标与两个天线位置的几何关系,目标回波形成相位差信号,经两个复数影像的复相关形成干涉图。该干涉图包含了斜距方向上的图像点与两天线位置差的精确信息(回波相位的改变)。利用载荷的高度、雷达波长、波束视向及天线基线距之间的几何关系,可以获取目标的距离信息,精确地测量出图像上每一点的高程信息,从而获得高分辨率的目标区域三维图像。

三、激光雷达载荷

　　激光是光波波段的电磁波,波长远小于微波和毫米波,作为信息的载体,可以用振幅、频率、相位和偏振来搭载信息。激光雷达(Light Detection and Ranging,LiDAR)是以激光作为载波,测量目标距离、速度、角位置等运动参数,目标反射率、散射截面和形状等特征参数的光电设备,是深空探测中常见的工程和科学载荷。

4-15　激光雷达

　　1.激光雷达系统组成

　　激光雷达也是一种主动式成像系统,其基本组成与微波雷达有相似之处,主要由发射系统、接收探测系统、扫描系统、信息处理系统等组成。由于探测信息的载体是激光,因此激光雷达的系统构成具有鲜明的光学特征,其基本组成如图 4-67 所示。

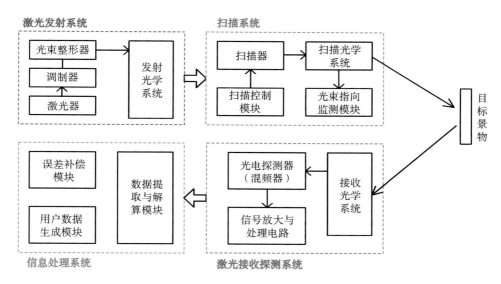

图 4-67 激光雷达基本组成框图

激光发射系统将激光调制、光束整形后,通过发射光学系统向外照射。在扫描系统的控制下,激光束按照设定的方式在空间扫描。当激光照射到目标时,一部分激光被反射回来,被激光接收光学系统收集,并将光信号转换成电信号,通过进一步的放大和处理,将需要的角度、距离、速度、回波强度等信息提取出来,输出至信息处理系统。信息处理系统主要负责用户数据的解算,以及激光雷达各项系统误差的补偿,最终生成能够供外部使用的有效数据。

激光发射系统主要负责为激光雷达提供稳定的激光光源,使激光束依照系统要求的方式(束宽、方位、波形、幅值和频率特性等)发射出去,照射到目标表面并产生所需要的激光回波信号,主要包括激光器、调制器、光束整形器以及发射光学系统 4 个部分。激光雷达采用的主流激光器包括:半导体激光器、二极管泵浦固体激光器、光纤激光器等。激光调制器能够对出射激光的幅值、频率、相位、偏振态等特性进行调制,并控制激光脉冲的占空比、脉宽、重复频率等参数,使出射激光按照激光雷达系统信息探测所需要的方式发射出去。光束整形器负责控制出射激光的指向、方位信息、光束排布状况、束宽等参数,使其形成一定的排布规则,常用的光束整形器件有衍射光栅、柱面镜、光纤等光学元件。发射光学系统包括发射望远镜和激光扩束镜等,能够提供符合系统要求的小发散角光束,达到高分辨率、高定位精度的目标。

激光雷达的扫描系统主要负责控制激光束和探测视场的运动,使其按照设计的方式运行,在目标表面形成所需要的扫描轨迹,达到覆盖成像目标区域的目的。当激光雷达搭载在飞行器上成像时,平台运动相当于为激光雷达提供了沿飞行方向的扫描,扫描器只需要再实现垂直于飞行方向的一维扫描便可。对于凝视成像激光雷达来说,并不需要扫描系统。目前,用于激光雷达系统的常见扫描方式按照基本原理可分为两类:光机扫描和非机械扫描。光机扫描是运用光学部件的精密机械运动来实现光束方向的变化,主要包括:旋转平面镜扫描、检流计振镜扫描、旋转多面反射镜扫描、光楔扫描、光纤扫描、快速指向镜微扫描、微机电器件扫描等扫描方式。非机械扫描主要包括:电光扫描和声光扫描。电光扫描是运用偏转器材料的电光效应,通过折射率变化来实现光束偏转。声光扫描是利用激光束在折射率周期性变化的声光材料中的衍射现象来实现对光束偏转的调制。

激光接收探测系统主要负责收集从目标表面反射回来的激光回波,进行波面校正和光谱滤波,把激光汇聚到探测器光敏面(或混频器)上实现光电转换,将有效信号提取出来,转换成可供后续处理的数据。激光接收探测系统主要包括接收光学系统、光电探测器,以及信号放大与处理电路等模块。接收望远镜是光学系统中的主要组成部分,负责收集从目标反射回来的激光信号。接收望远镜的口径很大程度上决定了系统的探测能力,一般采用较大口径的反射式望远镜,如卡塞格林望远镜、牛顿望远镜。光电探测器将望远镜接收到的激光信号直接转换成与之对应的电信号,或者将光信号与本振光混频,实现外差探测并将其转换为电信号。常用的光电探测器包括:光电倍增管(Photon Multiply Tube,PMT)、雪崩光电二极管(Avalanche Photodiode,APD)、增强型电荷耦合器件(Intensified Charged Couple Device,ICCD)等。信号放大与处理电路的主要功能是将光电探测器产生的电信号进行滤波、放大等预处理,结合对激光雷达扫描器和平台方位的实时探测数据,将激光雷达所需要的距离、速度、角度等信息提取出来。在直接探测型激光雷达中,数据的处理主要是恒比定时处理(CFD)和时间间隔测量;对于相干探测激光雷达,数据的处理主要是快速傅里叶变换(FFT)等对信号的硬件处理算法。

激光雷达的信息处理系统主要负责从激光雷达获取的大量数据中提取有效的信息,对其进行数据解算,进一步误差分析和补偿,最终生成工程与科学探测所需要的数据产品,如数字高程模型(Digital Elevation Model,DEM)图像、数字表面模型(Digital Surface Model,DSM)图像等。信息处理系统包含了硬件以及软件上的各种处理方法,主要可分为数据提取与解算模块、误差补偿模块以及用户数据生成模块。

2. 激光雷达方程

激光雷达方程是激光雷达探测的基本模型,以数学公式的形式表述了激光雷达的功耗、口径等参数与外部工作环境、雷达作用距离之间的关系,通过激光雷达方程能够有效地指导激光雷达系统的设计,并对激光雷达的性能参数作出评估。根据微波雷达方程和几何光学原理推导出激光雷达方程的一般形式为

$$P_r = \frac{\eta_o \rho T_a^2 A_r}{\pi R^2} \times \frac{A_i}{A_b} P_t \tag{4-37}$$

式中:P_r 为激光雷达接收到的激光功率;P_t 为激光雷达发射功率;η_o 为光学系统效率;ρ 为目标的表面反射率;T_a 为单程大气透过率;A_r 为光学系统有效接收面积;R 为目标与激光雷达的距离;A_i 为垂直于光束的目标被照面积;A_b 为目标处的光束截面积。

由式(4-37)可知,激光雷达接收到的激光功率与光学系统效率、光学有效接收面积、目标的表面反射率、目标被照面积、激光发射功率、单程大气透过率的平方成正比;而与目标距离的平方、目标处的光束截面积成反比。

当激光雷达探测平原、山地等截面积远大于激光束截面的目标时,可以认为目标是一种扩展的"面目标"。此时上式中可认为 $\frac{A_i}{A_b} = 1$,则激光雷达方程可改写为

$$P_r = \frac{\eta_o \rho T_a^2 A_r}{\pi R^2} P_t \tag{4-38}$$

当目标截面积小于激光束截面时,$A_b = R^2 \Omega_t$,其中 Ω_t 是激光发射立体角,激光束中的能量只有部分被目标散射回来。这种情况下,目标可以看作是"点目标"。此时,A_i 是一个固定值,不随 R 而

变化,激光雷达方程可以改写为

$$P_r = \frac{\eta_\circ \rho T_a^2 A_r A_i}{\pi \Omega_t R^4} P_t$$

(4-39)

3.激光雷达的类型与特点

激光雷达具有多种类型:按激光波段分,有可见光激光雷达、红外激光雷达和紫外激光雷达;按激光介质分,有固体激光雷达、光纤激光雷达、半导体激光雷达和二极管激光泵浦固体激光雷达等;按成像机制分,有扫描型激光雷达、凝视型激光雷达、合成孔径激光雷达;按激光发射波形分,有脉冲激光雷达、连续波激光雷达和混合型激光雷达等;按功能分,有激光测距雷达、激光测速雷达、激光测角和跟踪雷达、成像激光雷达等;按光电信号的接收和处理方法分,有相干式和非相干式激光雷达。其中,相干式激光雷达采用了相干接收方式接收信号,通过后置信号处理实现探测;非相干式激光雷达采用直接接收方式,主要是以时间间隔测量为基础的测距雷达。成像激光雷达是一种具有成像功能的激光雷达,能够在一定视场范围内获取目标的高程、反射率分布信息。

激光雷达具有以下主要特点:

• 具有极高的角分辨能力。由于工作波长较短,采用小的光学接收孔径就能获得极高的分辨率。如果对距离和多普勒信息进行相干处理,可获得更高角分辨的目标图像。

• 具有极高的距离分辨能力和速度分辨能力。由于激光脉冲宽度可做到皮秒量级,因此采用脉冲测距法的激光雷达的距离分辨率极高。在应用于测速时,激光雷达因工作波长较短、多普勒频率灵敏度高,故具有极高的速度分辨力。

• 可以获得目标的多种图像。既可以获得目标多反射或辐射能量的几何分布图像,也可以输出距离选通图像和数字高程模型(DEM)图像等。

四、元素成分鉴别载荷

在深空探测任务中,鉴别元素成分是研究被探测天体的元素构成、矿物和岩石成分、判断是否含有机物成分等科学问题的重要基础。除前述的被动式成像光谱仪外,用于元素鉴别的载荷还有拉曼光谱仪、X射线荧光光谱仪、激光诱导击穿光谱仪等以主动光源激发方式进行探测的仪器,以及可以探测元素及其同位素组成的质谱仪。

1.主动激发式光谱仪

(1)拉曼光谱仪

拉曼光谱仪(Raman Spectrometer)是基于拉曼散射原理进行光谱探测、用于分子结构研究的一种分析仪器,可识别无机物、有机物和生物组分。

当用一定频率的激发光源照射被测样品分子时,一部分产生瑞利散射光,另一部分产生拉曼散射光。在瑞利散射中只有分子和光子间的弹性碰撞,散射光频率和入射光频率相等;而拉曼散射是分子对光子的一种非弹性碰撞效应,散射光频率和激发光频率不相等。拉曼散射的概率极小,最强的仅占整个散射光的千分之几,最弱的甚至小于万分之一。

在拉曼散射中,当入射激发光子与样品分子中的电子云及分子键相互作用时,光子将分子中的电子云从基态激发到一个短暂的、非稳定的虚拟能级状态。当激发态电子返回到一个不同于基态的旋转或振动状态时,便释放出与激发光频率不同的散射光子(见图4-68)。相对于入射光频率变小的散射称为斯托克斯散射,频率增加的散射则称为反斯托克斯散射。斯托克斯散射通常要比反斯托克斯散射强得多,拉曼光谱仪大多测定的是斯托克斯散射。

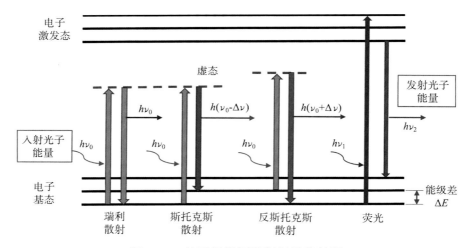

图4-68　分子能级与散射光子的关系

散射光与入射光之间的频率差 $\Delta\nu$ 称为拉曼位移。拉曼位移与入射光频率无关,它只与散射分子本身的结构有关。拉曼散射是由于分子极化率的改变而产生(电子云发生变化),拉曼位移取决于分子振动能级的变化。不同化学键或基团具有特征的分子振动,ΔE 反映了指定能级的变化,因此与之对应的拉曼位移 $\Delta\nu$ 也是表征了被测样品的分子特征。

用拉曼光谱仪可获取被测样品的拉曼光谱图,结合拉曼光谱数据库,可以进行矿物的鉴别和确认。图4-69展示了一个样品中4种分子的拉曼光谱,分别是丙酮(C_3H_6O)、乙醇(C_2H_6O)、二甲基亚砜(C_2H_6OS)和乙酸乙酯($C_4H_8O_2$)。图中标注了特定官能团的光谱曲线峰。虽然这些有机溶质具有相似的分子结构,但其拉曼光谱还是有很大差异的。

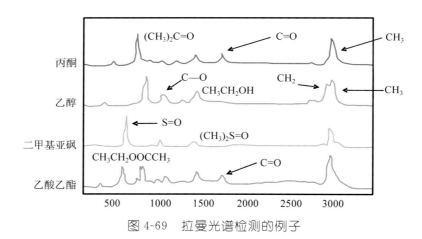

图4-69　拉曼光谱检测的例子

目前在深空探测中应用的主要为靠近式拉曼光谱仪,其基本原理结构如图4-70所示。一般是通过移动机械臂对焦被测目标实现近距离探测。美国火星2020探测任务中搭载的有机物与化学物质探测载荷就是由拉曼光谱仪、激光发射器和光学相机组成的。拉曼光谱仪的激发光源波长为248.6nm,可将拉曼散射强度提高$100\sim10000$倍,负责检测火星表面的有机物质和无机矿物组分。

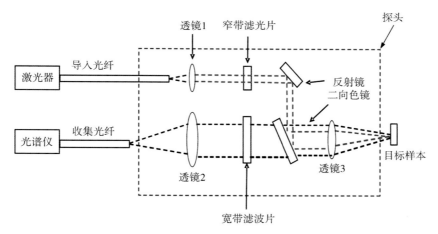

图 4-70　靠近式拉曼光谱仪的基本结构

（2）X 射线荧光光谱仪

　　X 射线荧光分析是确定物质中微量元素的种类和含量的一种方法，是利用原级 X 射线光子或其他微观粒子（如 α 粒子）激发被测样品物质中的原子，使之产生次级的特征 X 射线（即 X 光荧光）来进行物质成分分析和化学态研究。

4-16 "嫦娥一号"
X 射线谱仪

　　每一种化学元素的原子都有其特定的能级结构，其原子核外的电子都以各自特有的能量，在各自固定轨道上运行。当在足够能量的 X 射线照射下，内层电子将脱离原子束缚，被激发成为自由电子。此时其他外层电子便会填补这一空位，也就是发生跃迁，同时以发出 X 射线的形式释放能量。由于每一种元素的原子能级结构都是特定的，被激发后跃迁时放出的 X 射线（特征 X 射线）的能量也是特定的。通过测定特征 X 射线的能量，便可以确定相应元素的存在，而特征 X 射线的强弱（光子数的多少）则代表该元素的含量。

　　X 射线具有波粒二象性，既可以看作粒子，也可以看作电磁波。看作粒子时的能量和看作电磁波时的波长有着一一对应关系。著名的普朗克公式：$E = hc/\lambda$ 描述了这一对应关系。显然，无论是测定能量，还是波长，都可以实现对相应元素的分析。

　　X 射线荧光光谱分析仪由以下几部分组成（见图 4-71）：X 射线发生器（X 射线管、高压电源及稳流装置）、分光检测系统（准直器、分析晶体与探测器）、信号处理与计数记录系统（放大器、脉冲辐射分析器、定标计、积分器、计数器、记录器）。不同元素具有波长不同的特征 X 射线谱，而各谱线的荧光强度又与元素的含量成一定关系，测定样品元素特征 X 射线的谱线波长和强度就可以进行定性和定量分析。对于波长色散型分光检测系统而言，对于一定晶面间距的分析晶体，从检测系统的转动角度可以测出 X 射线的波长 λ，从而确定元素的成分。

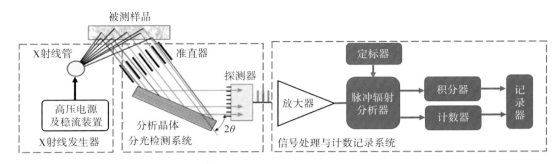

图 4-71　X射线荧光光谱分析仪

在定性分析时,可以靠计算机自动识别谱线,给出定性结果。但是如果元素含量过低或存在元素间的谱线干扰,则仍需人工鉴别。进行定量分析的依据是 i 元素荧光 X 射线强度 L_i 与试样中该元素的含量 W_i 成正比:

$$L_i = l_s \times W_i \tag{4-40}$$

式中:l_s 为 $W_i = 100\%$ 时该元素的荧光 X 射线的强度。可以采用标准曲线法、增量法、内标定法等进行定量分析。

基于 X 射线荧光效应的光谱仪被广泛应用于深空探测任务中,通过近距离接触分析岩石和土壤中存在的元素,提供有关地表形成、气候变化以及水活动的信息,典型的仪器有 α 粒子 X 射线光谱仪(Alpha Proton X-ray Spectrometer,APXS)。1997 年美国"火星探路者"火星车搭载的一台小型化低功耗 APXS,可以探测镁、铝、硅、钾、钙、铁、钠、硼、硫、碳等元素,6.4keV 铁元素谱线的能量分辨率为 260eV。2003 年美国"火星漫游者"搭载了改进后的 APXS,加载了 α 粒子荧光光谱仪辅助分析系统,6.4keV 铁元素谱线的能量分辨率提高到了 160eV。2004 年欧空局发射的"罗塞塔号"小行星探测器上配备的 APXS 采用硅漂移检测器,可显著提高能量分辨率,更好地分离低能 X 射线。美国"毅力号"火星车搭载的 X 射线岩石化学分析仪(Planetary Instrument for X-ray Lithochemistry,PIXL)中的核心是 X 射线荧光光谱仪和拍摄岩石、土壤纹理细节的相机,用于寻找火星上存在微生物的迹象。该仪器的感应探头被安装在火星车机械臂上,探测时放置在地面上方 2cm 处,具有粗略勘探、线扫描探测、网格探测和点探测多种工作模式。

在太阳 X 射线的激发下,月球表面的某些元素会产生具有特定能谱的 X 射线,通过探测元素受激发而产生的荧光 X 射线,可以获得月面元素的丰度与分布信息。中国"嫦娥一号"X 射线谱仪选用 Si-PIN 半导体探测器作为敏感元件。其中,低能 X 射线探测器由 4 个相互独立的 Si-PIN 半导体探测器构成,探测能区为 1~10keV,总有效面积为 1cm²,可探测 Si、Al、Mg 等元素;高能 X 射线探测器由 16 个相互独立的 Si-PIN 半导体探测器阵列构成,每个探测器有效面积为 1cm²,总有效面积为16cm²,探测能区为 10~60keV。由于荧光 X 射线与太阳 X 射线的辐射强度有关,所以"嫦娥一号"X 射线谱仪还配置了太阳监测器实时获取太阳 X 射线能谱、流强等信息,为数据处理提供参考依据。

（3）激光诱导击穿光谱仪

激光诱导击穿光谱技术(Laser Induced Breakdown Spectroscopy,LIBS)是用高能量脉冲激光烧蚀被测样本材料,使材料表面的微量样品瞬间气化形成高温、高密度的等离子体,发射出带有样品内元素特征波长的等离子体光谱,谱线的波长和强度反映了样品中的元素组成及含量。激光诱导击穿光谱技术的原理是基于原子光谱和离子光谱的波长与被测元素具有一一对应的关系,且光谱信号强度与对应元素的含量也具有一定的量化关系,通过解析等离子体光谱,并结合定量分析模型,可以得到被测样品的类别和含量信息。远程 LIBS 探测系统的基本组成如图 4-72 所示。

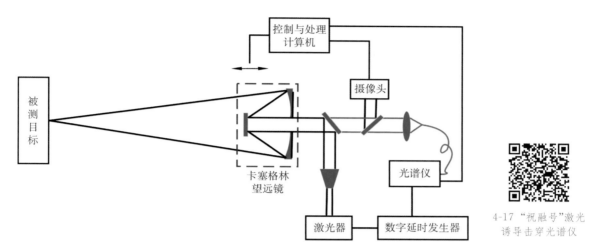

图 4-72　远程 LIBS 探测系统的基本组成

相比 X 射线荧光光谱仪和 α 粒子 X 射线光谱仪等传统深空探测的方法,LIBS 具有的优势包括:可对距离数米远(2～10m)的目标进行元素分析;可清除样品表面尘埃层以提高探测准确度;可通过反复烧蚀形成样品的深度剖面,对样品内部进行探测等。此外,由于 LIBS 通过激光烧蚀便可形成样品表面,易实现快速(几分钟)原位探测与分析,可同时进行多元素分析和微量元素检测,在仪器的体积、功耗方面也可实现在地外天体巡视探测平台中搭载。

激光诱导击穿光谱技术对物质元素组成的探测可分为定性分析和定量分析。定性分析是依据原子离子发射谱线的波长值对应到元素的类别,每个元素都有一定数量不同强度的特征谱线,而每一根特征谱线就像元素的指纹;定量分析是在定性分析的基础上,确定探测目标中元素的具体含量信息。图 4-73 展示了对 LIBS 数据分析的基本流程。

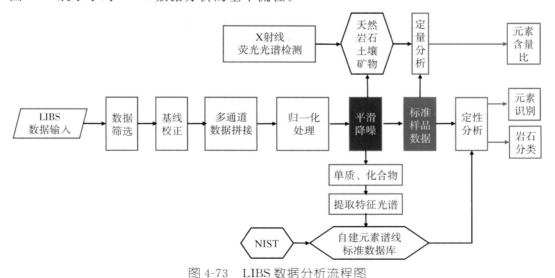

图 4-73　LIBS 数据分析流程图

为保证 LIPS 探测数据中的波长位置和对特定波长范围光谱衰减的准确性,需要在波长和辐射强度两方面对仪器进行标定,用以对实际探测数据进行修正。

新型拉曼–激光诱导击穿光谱技术（Raman-LIBS）结合了拉曼光谱和激光诱导击穿光谱两种技术，可望实现对样品元素和分子结构探测的优势互补。Raman-LIBS 既可实施对远距离目标的原位探测，有效拓展探测范围；又可实现对矿物分子结构、基团、原子、离子、元素组成的多层次立体化精细探测。在深空探测任务中，采用 Raman-LIBS 技术有助于提升探测能力和采样效率，减少巡视器平台移动频次，增加工程可靠性；有助于实现发现新物质、寻找新生命的科学目标，提高重大科学发现的可能性。设计与研制 Raman-LIBS 载荷的难度在于：不但要把 Raman 和 LIBS 这两种技术很好地结合在一起，而且要解决系统共用、兼容性问题，同时还要满足实际应用中对于质量、体积、功耗、发射条件、工作环境等方面的要求。

2. 气相色谱仪

气相色谱仪是利用色谱分离技术和检测技术，对多组分的复杂混合物进行定性和定量分析的仪器。通常可用于分析土壤中热稳定且沸点不超过 500℃ 的有机物，如挥发性有机物、有机氯、有机磷、多环芳烃、酞酸酯等。在深空探测和未来载人月球基地与载人火星探测中，气相色谱仪可用于探测地外天体的未知大气成分，也可以对有人活动的舱内空气中的微量挥发性有机物进行在线监测。

气相色谱仪的种类繁多，功能各异，但其基本结构相似。典型的气相色谱仪一般由气路系统、样品注入系统、分离系统（色谱柱）、温控系统、检测器和记录器组成，如图 4-74 所示。

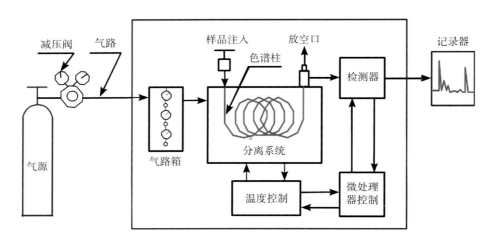

图 4-74　典型气相色谱仪的结构原理

气路系统是一个载气连续运行的密闭管路系统，提供纯净、流速稳定的载气。气相色谱中常用的载气有氢气、氮气、氩气，纯度要求 99% 以上，要求化学惰性好，不与有关物质发生反应。

样品注入系统根据被测试样的状态不同，采用不同的进样器。液体样品的进样一般采用微量注射器；气体样品常用推拉式六通阀或旋转式六通阀；固体试样一般先溶解于适当试剂中，然后用微量注射器进样。检测液体或固体时还要有气化室将试样瞬间气化为蒸气。

分离系统是色谱仪的心脏，其作用就是分离样品中的各个组分，其中色谱柱是色谱仪的核心部件。色谱柱主要有两类：填充柱和毛细管柱（开管柱）。

温度控制系统主要指对气化室、色谱柱、检测器三处的温度控制。在气化室，要保证液体试样瞬间气化；在色谱柱室，要准确控制分离需要的温度，当试样复杂时，分离室的温度需要按一定程序控制温度变化，各组分在最佳温度下分离；在检测器，要使被分离后的组分通过时不在此冷凝。

检测器是将经色谱柱分离出的各组分的浓度或质量（含量）转变成易被测量的电信号（如电压、电流等),并进行信号处理的一种装置。它是色谱仪进行定量化检测的关键部分,通常由检测元件、放大器、数模转换器三部分组成。根据检测器的响应原理,可将其分为浓度型检测器和质量型检测器。

记录器记录检测器输出的检测信号,进行定量数据处理。一般采用自动平衡式电子电位差计进行记录,绘制出色谱图。

3. 质谱仪

质谱分析是先将物质离子化,按照离子的质量与所带电荷之比值(质荷比 m/z)进行分离,然后通过测量各种离子谱峰的强度来进行物质元素分析的一种方法。

质谱仪用高能电子束轰击样品分子,使该分子失去电子变为带正电荷的分子离子和碎片离子。这些不同离子具有不同的质量,质量不同的离子在磁场的作用下到达探测器的时间不同,其结果构成质谱图。质谱仪通常由进样系统、离子源、质量分析器、离子检测器和真空系统组成。质谱仪按应用范围分为同位素质谱仪、无机质谱仪和有机质谱仪;按分辨能力分为高分辨、中分辨和低分辨质谱仪;按工作原理分为静态质谱仪和动态质谱仪。常见的质谱仪有:四极杆质谱仪、离子阱质谱仪和飞行时间质谱仪等。

(1)四极杆质谱仪

四极杆质谱仪(Quadrupole Mass Analyzer,QMA)也称四极质谱计,是一种路径稳定型质谱仪。它通过高频和直流电场使特定质荷比(m/z)的离子以稳定轨道穿过四极场,质量较大或较小的离子由于轨道不稳定而撞击到四极杆上,从而达到元素分析的目的。

四极杆质谱仪的核心部分是四极滤质器(见图 4-75),它由四根截面呈双曲面的平行电极(杆)组成。四极杆质谱仪还包括离子源、使离子能穿过滤质器孔径的离子光学系统、四极杆上的电压控制系统、出口孔径、离子探测器、超高真空系统等。在相对的一对电极上分别加上$[U+V\cos(\omega t)]$和$-[U+V\cos(\omega t)]$电压,其中 U 是直流电压,$V\cos(\omega t)$ 是一个高频交变电压。被加上的电压会影响从离子源产生的离子流穿过四个电极中心的轨迹。对于给定的直流电压和高频交流电压,只有具有一定质荷比(m/z)的离子可穿过四极滤质器,被离子探测器检测到,而其他离子会偏离其原来的轨道,从而使不同质量的离子在电极形成的四极场中实现分离。四极杆质谱仪通过保持 U 和 V 不变而改变 ω,或是固定 ω 而改变 U 和 V 的方法,将离子源产生的离子按质量分开。

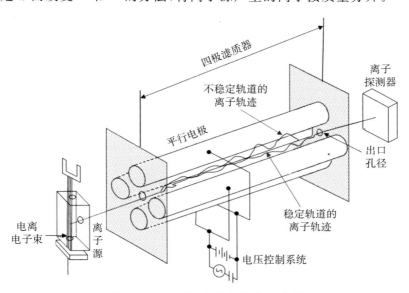

图 4-75　四极杆质谱仪结构示意图

四极杆质谱仪质量较轻、分辨率较高、环境适应性强。美国"好奇号"火星样本分析仪(Sample Analysis at Mars,SAM)由四极杆质谱仪、气相色谱仪和可调谐激光分光计组成。该仪器负责搜寻火星表面的有机化合物以及与生命构成相关的轻量元素,例如氢、氧和氮等。

(2)离子阱质谱仪

利用离子阱作为质量分析器的质谱仪称为离子阱质谱仪(Ion Trap Mass Spectrometer,ITMS)。使用最多的是由高频率电场进行离子封闭的离子阱,由一对环形电极和两个呈双曲面形的端盖电极组成,如图 4-76 所示。在环形电极上加射频电压或再加直流电压,上下两个端盖电极间接地并加载交流电压。增大射频电压的最高值,阱内的离子会进入不稳定区,由端盖极上的小孔排出。因此,当射频电压逐渐增高时,质荷比(m/z)从小到大的离子会逐次排出并被检测器记录下来,从而获得质谱图。

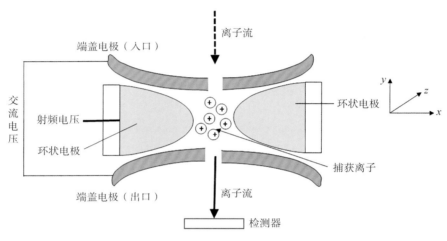

图 4-76 离子阱质谱仪原理图

离子阱质谱仪是一种低分辨时间串联质谱仪,具有结构小巧、质量轻的特点,多出现在气相色谱-质谱联用的场合。

欧空局"菲莱"(Philae)彗星登陆器上的稳定同位素探测仪就是由气相色谱仪和离子阱质谱仪组成的。该仪器通过加热固体样本或直接采集气体检测挥发性物质并对碳、氢、氧、氮的同位素进行分析,检测出了彗发气体的主要成分为水蒸气、一氧化碳、二氧化碳以及少量含碳的有机化合物,包括甲醛等。"菲莱"通过该质谱仪及其相关实验在"丘留莫夫-格拉西缅科"彗星上检测到了与生命构成相关的含碳氮有机物成分,包括氨基酸、糖和碱基,这为探索地球的生命起源提供了新的线索。

(3)飞行时间质谱仪

飞行时间质谱仪(Time of Flight Mass Spectrometer,TOF)中的质量分析器是一个离子漂移管。由离子源产生的离子加速后进入无场漂移管,并以恒定速度飞向离子接收器。离子质量越大,到达接收器所用时间越长;离子质量越小,到达接收器所用时间越短。根据这一原理,可以把不同质量的离子按 m/z 值大小进行分离。飞行时间质谱仪根据离子飞行时间确定物质成分,结构简单,不需外加电场,扫描速度快且质量检测范围大。

欧空局"菲莱"彗星登陆器中的采样与样本成分分析设备(Cometary Sampling and Composition,COSAC)由一个气相色谱仪和一个高分辨率多通道的飞行时间质谱仪组成,用于测量彗星表面和地下产生的挥发性物质元素、同位素组成，并识别化学和矿物成分。该仪器分析了登陆器采集到的样品，发现彗核表面主要是由含冰量少的挥发性尘埃颗粒组成，共有 16 种富含碳和氮的有机化合物，包括 4 种在彗星中从未发现过的物质：异氰酸甲酯、丙酮、丙醛和乙酰胺。

五、粒子探测载荷

1. 高能粒子探测器

空间环境探测是人类认识太空的必要途径之一，空间电离层、高能带电粒子、空间等离子体也是航天器故障异常的主要诱因。

高能粒子探测的原理是基于粒子与物质的相互作用，在实验室环境中常见的高能粒子探测方法有：计数器和径迹室。高能粒子计数器是记录和分析粒子在探测器中产生的电脉冲信息，常见的有多丝室和漂移室、闪烁计数器、切连科夫计数器、穿越辐射计数器、电磁量能器和强子量能器等方式。径迹室用于记录和分析粒子产生的径迹图像，常见的有火花室和流光室、云室和泡室。火花室和流光室都是加载高压的充气室，离子在强电场中运动产生"雪崩"，先产生流光，后产生火花，探测系统通过照相显示粒子径迹并记录电脉冲信号。云室和泡室是指入射粒子沿径迹产生的离子基团，在过饱和蒸气中形成冷凝中心，结成液滴（云室）；在过热液体中形成汽化中心，变成气泡（泡室），这两种径迹室都采用照相方式记录径迹图像。

深空探测器上的高能粒子探测器多采用硅基半导体、塑料闪烁晶体、锗酸铋晶体（简称 BGO）等作为基本的探测敏感器件。

中国"嫦娥"系列高能粒子探测载荷的科学探测目标是探测近月空间的高能质子、电子和重离子能谱随时间的演化特征，主要是针对可能诱发航天器单粒子效应和充电效应、威胁航天器安全的高能粒子种类和能谱。探测器的结构由三片半导体硅探测器组成，探测器视场角为 60°，带电粒子在探测器中以电离方式损失能量，根据三片半导体硅探测器输出能量的不同，可区分高能粒子的成分和能量。其基本探测原理如图 4-77 所示。

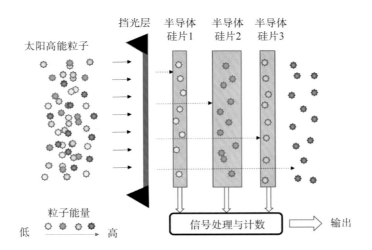

图 4-77　"嫦娥"系列高能粒子探测器基本原理

中国暗物质粒子探测卫星"悟空号"上的高能离子探测器由塑闪阵列探测器、硅阵列探测器、电磁量能计和中子探测器四部分组成，如图 4-78 所示。

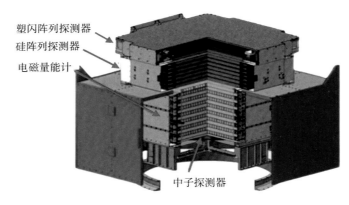

塑闪阵列探测器
硅阵列探测器
电磁量能计

中子探测器

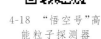

4-18 "悟空号"高能粒子探测器

图 4-78 "悟空号"上的高能粒子探测器结构

塑闪阵列探测器的主要功能是测量入射宇宙线的电荷以区分不同核素,也可区分高能电子和伽马射线。高能带电粒子在穿过塑料闪烁晶体时,通过电离和辐射(光子)的方式损失能量。沉积的能量转化为荧光,被两端的光电倍增管转化为电信号,经倍增电极放大并输出。

硅阵列探测器的主要功能是测量入射宇宙线粒子的方向和电荷。硅阵列探测器由 6 层硅微条探测器上下叠排而成,同时在第 1/2、2/3 和 3/4 层之间各有一块钨板。高能粒子在穿过钨板时以较高的概率转化为与之能量相一致的正负电子对,通过记录电信号可以探测入射高能粒子。如果在第一层没有记录到带电粒子的信号,但在下面几层记录到信号,则可判定入射粒子为伽马射线。

电磁量能计是探测器最核心的组成部分,其功能是测量宇宙线粒子的能量,并区分宇宙线中的电子与质子。电磁量能计中采用的锗酸铋晶体(BGO),它是一种无色透明的没有激活剂的纯无机闪烁晶体,当伽马射线照射时会放出波长在 375～650nm 之间的光子,每吸收一百万电子伏特的高能量辐射就会放出约 8500 个光子。电磁量能计的数据读出系统有高达 8 万路的电子学信号通道。

中子探测器处于整个高能离子探测器的最底层,主要功能是测量宇宙线粒子在探测器上面 3 层中产生的次级中子。高能电子主要是电磁簇射,产生的中子数目很少,但是质子和其他核素还会发生强子簇射,从而产生大量的高能中子。根据这种效应,可以进一步区分宇宙线中的电子和质子。

2. 离子环境探测仪器

太阳风将太阳磁场带到整个太阳系中,太阳风等离子体也随之与太阳系中的行星、卫星、小行星、彗星等各类天体相互作用形成了具有动态特性的特殊离子环境。例如,各大行星大气与太阳等离子体相互作用形成了行星的大气分布特征,彗星表层挥发物喷发后受到太阳风照射电离构成彗星的离子彗尾等。探测地外天体的离子环境可以揭示太阳风的作用机制,了解天体的离子环境变化规律。

中国"嫦娥"系列太阳风离子探测器用于探测太阳风等离子体中的离子和其他低能离子的能谱、速度的分布函数,从中得出平静和高速太阳风等离子体的特征量,如太阳风的速度、离子温度和数密度等主要参数。其观测对象是近月空间 0.04～20keV 的离子。太阳风离子探测器采用带顶盖的半球形静电分析器方案,由准直器、半球形静电分析器和微通道板(Microchannel Plate,MCP)阳极组成,如图 4-79 所示。其中半球形的静电分析器由三个同心球面组成,分别为内极板、外极板和顶盖。入射的太阳风粒子和其他低能粒子被准直器准直后进入静电分析器,只有满足一定能量范围的离子才可以经过静电分析器的通道到达 MCP 入射端面,产生电子发射,经过多次倍增放大并输出电子流。

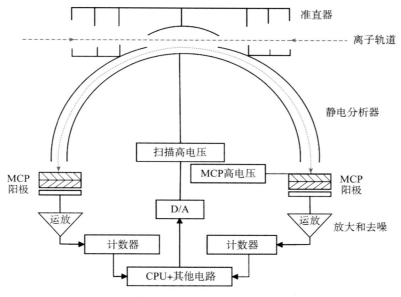

图 4-79 "嫦娥一号"太阳风离子探测仪结构

"嫦娥"系列太阳风离子探测器上共设计了 12 个探测入口,这些探测入口分布在同一扇面内平分 180°极角,称为极角 P1~P12,每个极角各有 48 个能量通道,近对数划分 0.04~20keV 能道宽度,每个能道对应偏转电压不同,选通不同能量电荷比(E/q)的离子入射到微通道板(MCP)阳极。其科学目标是探测月球附近太阳风速度、密度和温度等基本特征,进而研究与分析近月空间和月球表面等离子体同月球的相互作用。

中国"天问一号"火星探测器上的离子与中性粒子分析仪是对火星轨道空间的低能离子、能量中性原子环境开展深入的探测,其科学目标为:研究火星大气逃逸机制,估算火星大气和水的逃逸率,了解火星大气和水的演化历史;研究激波附近中性粒子的加速机制,探索太阳风与火星相互作用机理。

火星离子与中性粒子分析仪是在低能离子探测仪的基本构架基础上,利用多层膜电离板将入射中性原子电离成低能带电离子,再采用传统的探测手段进行低能离子的能量、方向和成分的分析。仪器探头部分具有旋转对称特性,其剖面结构如图 4-80 所示,主要由离子偏转系统、中性粒子电离及偏转系统、静电分析器系统和飞行时间系统四部分组成。

离子偏转系统主要由偏转板 IF 和偏转板 IB 组成。IF 由两块偏转板组成,主要作用分别为加载负的扫描电压、对入射离子的俯仰角方向进行选择,所选择视场范围为 0°~90°。中性粒子电离及偏转系统主要由偏转板 NF、电离板、引出透镜和偏转板 NB 组成。偏转板 NF 上、下两个板上分别加固定的偏转电压,在两块偏转板之间形成足够强的电场可以去除带电粒子的入射。偏转板 NF 形成 15°的中性原子入射视场。电离板是以硅为基底的氧化铝镀层,入射的能量中性粒子在电离板上被电离成正离子。引出透镜和偏转板 NB 分别加不同的负偏压将电离后的正离子引至静电分析器入口。

静电分析器系统是一种带顶盖的半球形静电分析器。半球形静电分析器的外半球接地,内半球加载负的扫描电压,在内外半球之间的狭缝处形成一个周期变化的电场。顶盖上加载与内半球电压匹配的电压。离子经过准直器入射到内外半球的狭缝,受到狭缝之间电场的偏转在狭缝之间做圆周运动,能够通过狭缝的离子能量电荷比与内半球电压成正比:$E/q = kV$,比例系数 k 即为静电分析器因子。

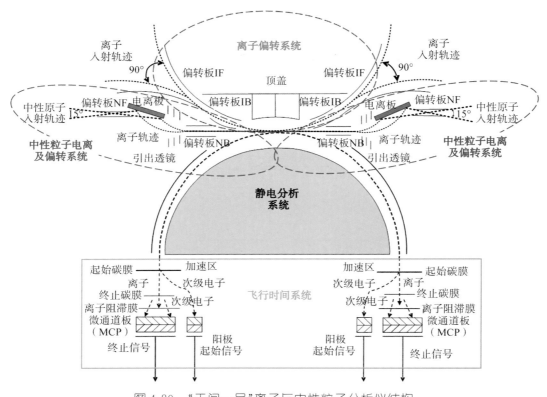

图 4-80 "天问一号"离子与中性粒子分析仪结构

飞行时间法是空间离子成分分析最有效的方法,其核心思想是:测量离子在固定飞行距离内的飞行时间。飞行时间是通过飞行距离起始处的起始信号和终端处的终止信号之间的时间差给出的。离子在进入飞行时间系统之前被一固定的加速电压加速。离子进入飞行时间系统首先要穿过起始碳膜并损失部分能量同时产生次级电子。次级电子被飞行时间系统中的偏转电极直接偏转到起始微通道板(MCP)上产生起始信号。穿过起始碳膜的离子在飞行时间系统中继续飞行一段距离后打到终止碳膜上并再次产生次级电子,次级电子继续飞行穿过离子阻滞膜后打在微通道板(MCP)上产生终止信号。起始信号与终止信号的时间差为离子飞行时间。在飞行时间系统中,可以用起始碳膜产生的次级电子打在起始微通道板上的位置信息,来判断静电分析器入口处离子的方位角。

3. 尘埃探测仪

空间尘埃是尺寸在纳米到毫米量级的空间颗粒,普遍存在于太阳系及整个宇宙中,如行星际尘埃、环行星尘埃、星体表面尘埃、彗发和羽流喷泉尘埃等。行星际尘埃遍布太阳系中,是太阳系物质的组成部分之一,主要来源于行星、卫星、小行星和彗星上物质的抛射以及小天体之间的碰撞,小天体的物质剥离损失等,对行星际尘埃的探测有助于了解太阳系小天体的起源与演化。月球、火星表面尘埃是由于受到小天体撞击、太阳风和宇宙高能粒子辐射风化等因素而产生,对该类尘埃的探测有助于了解天体环境特性,对研究星体表面物质和大气演化具有重要科学价值,同时也可避免尘埃对着陆和巡视探测器的太阳能帆板、光学设备、仪器表面形成干扰和污染。彗星尘埃主要来源于彗核表面附着的挥发物喷发,收集和探测彗星尘埃对认识彗发形成机制有着重要的意义。目前国际上的尘埃探测主要集中在行星际尘埃、天体表面尘埃、彗星与小行星的羽流尘埃等。

（1）行星际尘埃探测

行星际尘埃指的是行星际空间中最大尺度小于 $30\mu m$ 的固态颗粒。从地球上观测,行星际尘埃呈现为从地平线向上延伸数十度的黄道光,它由环绕太阳的行星际尘埃反射而成。行星际尘埃始终处于充放电的过程中,达到平衡态时通过尘埃外表面的净电流为零。尘埃表面电荷 Q 与各种机制下充放电流的关系如下:

$$\frac{\mathrm{d}Q}{\mathrm{d}t}=J_a+J_s+J_v+\cdots \tag{4-41}$$

式中:J_a 为背景等离子体附着电流;J_s 为二次电子发射电流;J_v 为光电子电流。尘埃颗粒在行星际空间中与背景等离子体碰撞而带电,产生的电流为附着电流 J_a,此电流占主导地位;由背景等离子体中的粒子轰击尘埃表面,使之发射二次电子产生的正电流为二次电子发射电流 J_s,此电流大小不仅与尘埃大小、成分、表面电势有关,还与入射粒子能量相关;尘埃受紫外辐射发射光电子并形成正电流 J_v,该电流大小与尘埃成分有关。

尘埃颗粒在行星际中受到万有引力、光压、洛伦兹力、坡印廷-罗伯逊阻力等的作用而不停地改变运动状态,这些力的大小和方向受尘埃颗粒大小、质量、成分等性质的影响。尘埃颗粒受到的万有引力一般只需要考虑太阳的作用,除非尘埃处于某些天体的引力范围以内。光压是太阳光照射到尘埃表面产生的远离太阳方向的压力,对于半径小于 $100\mu m$ 的尘埃颗粒加速效果明显,光压和万有引力同时随距日距离而衰减。洛伦兹力是指尘埃在行星际中带电后,受行星际中磁场和太阳风运动电场的作用力。坡印廷-罗伯逊阻力是指尘埃颗粒在反射已吸收的太阳辐射时,因尘埃自身的运动而呈现出各向异性,朝向太阳运动的一面蓝移,而远离太阳运动的一面红移。这种修正波长的发射光动量将产生一个拖曳力,使得尘埃颗粒渐渐失去能量而由螺旋状轨道落向太阳。

深空探测器可以运用低频电场天线探测这一类行星际尘埃。如图 4-81 所示,在行星际尘埃密度较高的环境中,当尘埃撞到探测器表面时,会因碰撞产生一些等离子体云。等离子体云的出现会改变探测器表面的浮动电势,进而被测量电场的天线探测到,当尘埃数密度足够大时,甚至能引起可观的行星际磁场扰动。

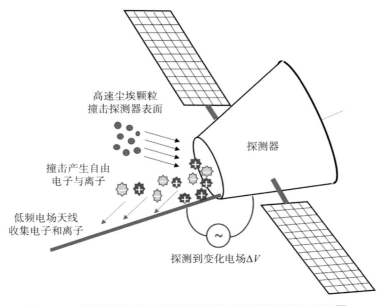

图 4-81　探测器低频电场天线测量尘埃颗粒原理示意图

这种天线探测的方法被广泛应用于各种行星际尘埃密度较高的环境中。美国"帕克"太阳探测器(Parker Solar Probe,PSP)上的低频电场测量仪能很好探测到尘埃撞击航天器表面产生等离子体云所引起的电位变化。通过建立流星体及尘埃撞击航天器的动力学统计模型,可以分析得到在探测器坐标系下撞击通量的全天空分布,并由此可计算撞击尘埃的平均速度大小和平均速度方向。

(2)天体表面尘埃探测

月尘是颗粒直径小于 $20\mu m$ 的微小颗粒,它记录了陨石、微流星的撞击历史,也反映了太阳风作用过程以及挥发成分的保存和逃逸。深入了解月尘的基本性质对研究月球表面物质和月球大气演化具有重要科学价值。同时月尘是月面环境中非常重要的空间环境因素,它有可能会对航天器探测载荷以及宇航员造成危害。

中国"嫦娥三号"月尘测量仪主要由太阳能电池和黏性石英晶体微量天平两部分组成,分别完成对月表月尘累积量的间接和直接测量。

太阳能电池测量月尘的原理是:月尘沉积在太阳能电池片上,对入射光造成散射、吸收和折射作用,使得太阳能电池片所接收的光强减弱、输出电流下降。对于符合一定尺寸和密度统计分布的月尘微粒来说,月尘积累质量与太阳能电池片受遮挡导致光线衰减之间具有如下量化关系:

$$T_1 = T_0 \times e^{-Km} \tag{4-42}$$

式中:T_1 为太阳能电池片沉积月尘后的光线透过率;T_0 为太阳能电池片沉积月尘前的光线透过率;K 为与月尘颗粒透过率有关的参数;m 为沉积月尘的质量。太阳能电池输出的短路电流衰减与太阳能电池表面光线透过率存在线性关系,因此在同等光照条件下通过测量太阳能电池片在沉积月尘前后的短路电流变化,就能间接测量出表面沉积的月尘量。

黏性石英晶体微量天平是一种直接测量月尘表面沉积的方法。该方法是在石英晶体电极上涂敷一种黏性薄膜,用于提高石英晶体电极与尘埃粒子的结合力,保证附着后的月尘颗粒能够与石英晶体一体振荡。当传感器上附着了月尘使得质量发生变化时,石英晶片的振荡频率会随之变化。当沉积的微量月尘质量 Δm 远小于振动系统总质量时,晶片质量的增加正比于沉积厚度的增加,即

$$\Delta m = -\frac{\rho v \Delta f}{2f_0^2} \times A \tag{4-43}$$

式中:ρ 为石英晶体的密度;v 为石英晶体剪切模量;Δf 为石英晶体频率变化量;f_0 为石英晶体固有频率;A 为晶片面积。因此,通过对 Δf 的监测即可获得晶片上沉积的微量尘埃物质量 Δm。

在两个黏性石英晶体微量天平上方加设具有电荷质量比筛选功能的栅网结构,通过在栅网结构上施加不同偏置电压对不同荷质比颗粒进行筛选,得到不同偏压下月尘的累积质量,就可以对月尘的带电性能进行测量,如图 4-82 所示。

另外,还可利用激光散射方法测量微米至毫米级月尘的粒径和运动速度;利用基于压电陶瓷的动量传感器测量月尘的动量,根据动量和速度可得到月尘的质量等。通过上述对月尘关键物理参数的测量可以研究月球尘埃活动的规律。

火星表面和大气中的尘埃颗粒直径小于 $60\mu m$,平均尺寸在 $2\sim4\mu m$ 之间。其矿物成分类似于玄武岩物质,带有大量的长石、辉石和橄榄石,主要由氧化铁组成。在无沙尘暴时,火星表面大气的尘埃密度也可达到 $10^{-7}kg/m^3$;在沙尘暴爆发时,最高风速可达 $180m/s$。由于火星气候干燥、寒冷,尘埃颗粒在风场作用下相互碰撞,通过摩擦起电或接触带电的方式形成尘埃电荷。在紫外线辐照下,尘埃颗粒表面会发射电子而带正电。尘埃对于恒星和行星的诞生至关重要,对恒星和岩石行星

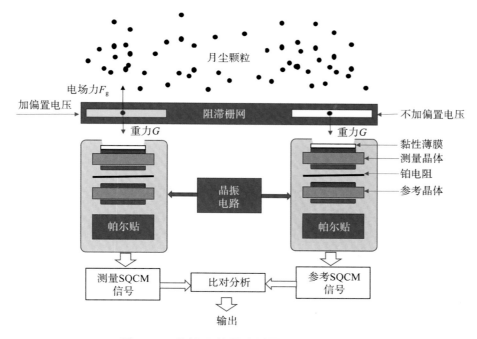

图 4-82 黏性石英晶体微量天平测量月尘

的形成起决定性作用。带电的尘埃颗粒会引起太阳吸收率和红外发射率的降低,甚至可能导致火星大气放电,造成太阳电池阵和散热器表面发生故障的风险。探测火星尘埃的带电特性不仅具有深远的科学意义,而且对保障火星表面探测器可靠工作也具有重要的工程价值。

用法拉第杯测量带电尘埃的原理如图 4-83 所示。设进入法拉第杯容器的被测尘埃颗粒的总电荷为 Q_0,尘埃颗粒在重力作用下自然沉降与内层容器相碰后发生电荷交换。在每个颗粒的电荷交换过程中,颗粒减小了 $-q$ 的电量,内侧容器上就增加 $+q$ 的电量。设容器的等效电容为 C_a,当带电的火星尘埃在法拉第杯中全部完成了电荷交换后,法拉第杯上所带总电荷为 Q_0,这时电位计的指示 V 可以表征为

$$V = Q_0 / C_a \tag{4-44}$$

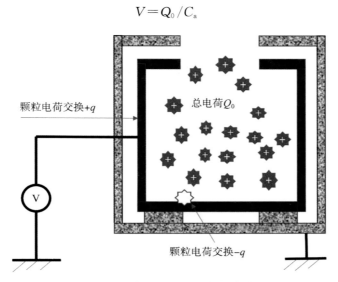

图 4-83 法拉第杯测量带电尘埃的原理

由于泄漏电阻的存在,总电荷 Q_0 将通过法拉第杯的等效电阻 R_a 逐步对地泄漏掉,即法拉第杯

的电荷对地放电：

$$Q(t) = Q_0 \times \exp(-t/R_a C_a) \tag{4-45}$$

法拉第杯的放电电流为

$$I(t) = \frac{d}{dt} Q(t) = \frac{d}{dt} Q_0 \times \exp(-t/R_a C_a) \tag{4-46}$$

为估算因法拉第杯对地放电而产生的测量误差，将上式按级数展开并取前两项，则得

$$Q = Q_0 \left(1 - \frac{t}{R_a C_a}\right) \tag{4-47}$$

电荷泄漏量为

$$\Delta Q = Q_0 - Q = Q_0 - \frac{t}{R_a C_a} \tag{4-48}$$

如果表示为相对误差 e 的形式，则有

$$e = \frac{\Delta Q}{Q_0} = \frac{t}{R_a C_a} \tag{4-49}$$

由式（4-49）可见，输出电荷的衰减速率由 $R_a C_a$（即电路的时间常数）来确定。为减小漏电产生的误差，要求时间常数尽量大。C_a 取决于对分辨率的要求，不便随意增大，这就要求法拉第杯具有良好的绝缘性，即等效电阻 R_a 尽量大。

被测尘埃的自然沉降速度、颗粒尺寸、火星空间环境参数以及尘埃带电量的理论值等因素是法拉第杯结构尺寸设计的重要依据。法拉第杯的优点是无论其内部电荷怎样分布、位置如何，测量值只与全部电荷量有关，而且可以收集和存储尘埃，以便对其尺寸和质量等参数进行进一步检测分析。

六、磁场与电场探测载荷

1. 磁场探测

磁场测量是深空探测的重要任务之一。从磁场的测量数据可以推断行星磁场的起源，反演行星内部的构造，从岩石剩余磁场中还可研究行星的演化历史，推演大撞击在太阳系形成和演化过程中的作用；同时磁场测量对分析空间等离子体分布及其动力学过程至关重要，是认知太阳系天体空间环境的重要手段。太阳系行星磁场主要有如下四大类。

4-19 "朱诺号"
木星磁场探测

第一类是行星全球性磁场又称为主磁场。地球、木星、土星拥有一个温度很高的液态金属内核，行星自转和内部热流驱动导电流体产生对流，在外核以及核与幔的交界处形成电流，电流产生全球性磁场。天王星和海王星等巨行星，可能并没有形成金属内核，但它们的壳层为液态且具有较高的电导率，壳层中流动的电流也可形成主磁场。

第二类是行星壳层内物质的剩余磁场。火星、月球等固态天体在形成过程中可能存在过全球性磁场并造成了壳层物质的磁化，形成局部磁异常。经过天体漫长的演化后，即便内部发电机过程停止、主磁场随之消失后，壳层仍然会保留很强的剩余磁化。火星当前没有全球性的主磁场，但很多区域（如南半球的高地）具有很强的剩余磁场。而月球的剩磁主要分布在撞击盆地的对峙区，这也许与其在形成和演化过程中的大碰撞有关。

第三类是太阳风与行星相互作用所形成的外源场。超声速的太阳风携带着行星际磁场到达行星，与行星磁场、电离层和大气层、星体表面相互作用，形成各种空间电流体系并产生磁场。太阳风

与地球、木星的主磁场相互作用形成了磁层,与金星、火星的电离层相互作用形成了感应磁层,与月球表面相互作用形成了月球磁场尾迹。

第四类是随时间变化的外源场在行星内部导电区域产生的感应磁场。太阳风与行星的相互作用形成的外源场是动态变化的。根据电磁感应定律,外源磁场的时变能够与行星内部具有较高电导率的区域相互作用,并在行星内部产生诱导磁场。

对于有主磁场的行星,主磁场通常是该星体上最强的磁场。木星是太阳系中主磁场最强的行星,低纬度表面的磁场是 $3 \times 10^5 \, nT$,高纬度可达 $1.4 \times 10^6 \, nT$。地球表面高纬度地区的磁场强度为 $5 \times 10^4 \, nT$。对于没有主磁场的行星,太阳风与行星相互作用产生的外源场是主要的大范围磁场,但磁场较弱通常小于几百 nT。从局部区域性的角度来看,剩磁有可能占主导地位。如火星南半球高地的剩磁高达 $10^4 \, nT$ 的量级。行星磁场探测的主要任务之一就是区分各种类型的磁场,并确定其对总磁场的贡献。

对于随时间而变化的交变磁场,通常是利用电磁感应效应将磁场的磁学量转变为电动势来测量。对于不随时间而变化的直流磁场,常用的测量仪器有:利用磁场的力效应测量磁场强度或材料的磁化强度的力矩磁强计;在被测恒定磁场中放置一个匀速旋转检测线圈的旋转线圈磁强计;基于通电半导体矩形薄片在垂直磁场中产生霍尔效应电动势的霍尔效应磁强计;利用原子核磁矩在磁场作用下产生共振吸收现象的核磁共振磁强计;以及基于法拉第电磁感应原理的磁通门磁强计。其中,磁通门磁强计因其空间适应性强、技术成熟度高、可靠性好等特点,成为 90% 以上航天探测器的磁场测量载荷。

磁通门磁强计的基本原理是:由高磁导率软磁材料制成的铁芯同时受交变及恒定两种磁场作用,利用高磁导率软磁材料磁化曲线的非线性,使得缠绕在铁芯上的检测线圈(次级线圈)感生的电压中含有与外磁场振幅成正比的偶次谐波分量,利用次级线圈中的二次谐波正比于外磁场的原理,将磁信号转换为电信号,实现对外磁场的测量。典型的磁通门磁强计由三轴磁通门传感器、控制和信号处理电路组成,如图 4-84 所示。

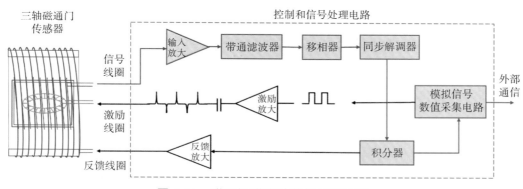

图 4-84　磁通门磁强计的组成和原理

磁通门传感器分为 3 个线圈:激励线圈、信号线圈和反馈线圈。激励线圈通过交变电流产生交变磁场使内部磁芯反复饱和。信号线圈将外磁场产生的二次谐波转换为感应电动势信号。反馈线圈的作用是产生与外界相反的磁场,使激励线圈和信号线圈始终工作在零场下。控制电路包括激励与反馈线圈信号的产生、放大与输入,信号处理电路包括信号输入放大器、带通滤波器、移相器、同步解调器、积分器、数值采集电路等。为实现整机正常工作,还需要配备电源、磁场反馈补偿器、模数转换器、遥测遥控时钟数据接口、数据处理电路等。

空间磁场探测往往需要磁通门磁强计同时满足大动态范围、高分辨率等要求。近年来多采用高分辨率数模转换技术和过采样调制方式来实现低噪声、高采样率、高分辨率的空间磁场探测。

在高精度空间磁场探测中，探测器平台的磁洁净设计和剩磁控制是极为重要的，而一般的航天器不可能完全满足磁场精密测量的要求。常用的方法是用长伸杆将磁场传感器放置到远离探测器本体的地方，由于探测器自身剩磁是随伸杆有效长度的 3 次方而衰减的，这样可以有效降低探测器的剩磁干扰。

引入双探头磁场测量技术，可以降低对伸杆长度的要求。由于探测器平台的杂散磁场在距离平台一定距离后可近似为偶极子磁场，若将两个磁场传感器沿着径向分别安装在距离平台 r_1、r_2 处，则平台杂散磁场在两个传感器上产生不同的测量值，而环境磁场的空间变化尺度远大于探测器平台尺度，两个传感器上的测量值相同。

设两个探头的测量值 B_1 和 B_2 分别为

$$B_1 = B_0 + B_{sc1}, \quad B_2 = B_0 + B_{sc2} \tag{4-50}$$

式中：B_0 为环境磁场；B_{sc1} 和 B_{sc2} 分别为传感器在距离平台 r_1、r_2 处的杂散磁场。

如果平台的杂散磁场可以用位于平台中心的偶极子模型表示，那么就可由两个传感器的测量值计算得到环境磁场 B_0：

$$B_0 = (B_{sc2} - xB_{sc1})/(1-x) \tag{4-51}$$

式中：x 由探头 1 和探头 2 的位置决定，$x = (r_1/r_2)^3$。

从计算过程可以看到，计算环境磁场 B_0 既不需要已知平台的杂散磁场，也不需要假设平台剩磁为 0，即并不需要用很长的伸杆将平台的剩磁降低至 0。然而，这并不等于可以对伸杆的长度不做要求。因为只有当平台剩磁可以用中心位于 O 的偶极子磁场模型来描述时，式（4-50）方能严格成立。否则，由双探头技术得到的外磁场仍然受到平台剩磁的干扰。为了满足偶极子磁场的要求，一般要求传感器距离平台中心的距离是探测器平台自身尺寸的 2.5 倍以上。

2. 电场探测

空间电场是研究空间物理、空间天气学和空间环境的重要参量。该参量的特性及变化涉及太阳活动与太阳风运动、行星际磁场、行星磁场及其与太阳风相互作用、大气层雷暴活动、地震与火山活动、大气成分改变及大气环境污染等。在深空探测任务中对空间电场的探测将有助于理解探测器在空间的电场结构和等离子体波动。通过分析电场测量数据，还能反演得出普通能谱仪不能直接测量的磁层中占绝大多数的冷离子。

目前空间电场探测技术中的主要方式有：双探针式和电子漂移式。双探针式是空间电场探测的主要方法，而电子漂移式常常是作为对双探针式探测的验证及补充。

（1）双探针式电场探测

双探针式电场探测原理如图 4-85 所示。探针被安装在探测器本体伸展出的悬臂末端，浸没在空间等离子环境中，通过耦合获得其周围等离子体环境的电势。通过测量一对探针之间的相对电势之差，再除以探针之间距离即可获得沿探针连线方向的"当地"电场信号。探针多采用球形或圆柱形规则形状，并保证两个探针的对称性和一致性。此外，为减小探针等离子体鞘层阻抗，提高等离子环境适应性和测量精度，可通过内置恒流源电路的方式主动向双探针施加偏置电流。

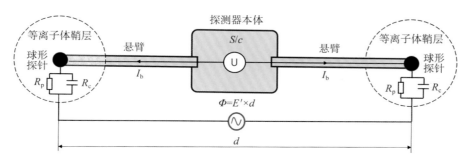

图 4-85　双探针式电场探测原理

设双探针所处周围等离子体环境的电势分别为 V_1 和 V_2，探针在等离子体环境中的耦合电势分别为 V_{c1} 和 V_{c2}，探针相对于其周围等离子体环境的电势分别为 V_{t1} 和 V_{t2}，则双探针所处等离子体环境电势之差可表示为

$$V_1 - V_2 = (V_{c1} - V_{t1}) - (V_{c2} - V_{t2}) = (V_{c1} - V_{c2}) - (V_{t1} - V_{t2}) \tag{4-52}$$

根据麦克斯韦（Maxwell）电磁学及粒子热运动理论、莫特-史密斯（Mott-Smith）和朗缪尔（Langmuir）轨道运动限制理论，浸没在空间等离子体环境中的探针将耦合获得相对于周围等离子体环境的平衡电势。由于双探针具有一致性和对称性，在空间小尺度范围内所处等离子体、太阳辐照等环境与条件相同，且所施加的偏置电流相同等，可认为双探针相对于其周围等离子体环境电势也相同，即有 $V_{t1} = V_{t2}$，这样就可得到

$$V_1 - V_2 = V_{c1} - V_{c2} \tag{4-53}$$

设 d 为两探针间的距离，则双探针在卫星参照系中所测得的电场 E' 可表示为

$$E' = (V_1 - V_2)/d = (V_{c1} - V_{c2})/d \tag{4-54}$$

上式表明：双探针电势之差可反映和表征其所在周围等离子体环境的电势之差。

在实际工程设计中，电场探测仪双探针电势之差有直接和间接两种检测方式。直接检测是通过信号处理单元差分电路直接检测获得探测器上的双探针电势之差；间接测量是由信号处理单元先检测出双探针分别相对于"探测器地"的电势，再计算得到双探针电势之差。

若是用环绕卫星来探测某个天体附近的空间电场，以该天体为参照系，则其实际空间电场可表示为

$$E = E' - u_p B \tag{4-55}$$

式中：E 为实际空间电场；u_p 为卫星轨道飞行速度；B 为天体"当地"的磁感应强度。

双探针式电场探测技术成熟、简单可靠，适用范围较宽，可应用于太阳系行星的电离层直至磁气圈顶层，测量频率范围从直流到几兆赫兹。双探针式电场探测技术，根据探测方式可分为被动式和主动式两种。被动式仅适合测量高密度和中等密度等离子体环境，而主动式通过对探针主动施加偏置电流，降低探针在等离子体环境中的动态阻抗，适用于范围更宽、精度更高、较低密度等离子体环境中的电场探测。

在双探针探测技术的基础上，通过在空间合理分布四个非共面探针，可实现对探测器飞行轨道中等离子体环境的三维电场测量。

（2）电子漂移式电场探测

电子漂移式电场探测是一种间接测量空间电场的方法。探测器通过向空间发射电子，并测量其在垂直于电场和磁场方向的导引中心的漂移速度而获得电场。发射电子的导引中心漂移速度 V_d 和

电场 E 磁场 B 的关系可表示为

$$V_d = E \times B / B^2 \tag{4-56}$$

测量电子漂移速度有位移三角测量法和飞行时间测量法。位移三角测量法是利用三角几何关系，测量电子在一个回旋周期中漂移的位移，进而计算漂移速度 V_d。一般采用双电子枪探测单元方案：将一个电子枪和一个探测模块组合在同一单元内，将两个单元分别安装在探测器本体的不同侧面上，在垂直于磁场的平面内分别向不同方向发射特定能量的电子。如图 4-86(a)所示，探测器在某一原点位置 S 由两个电子枪发射不同方向的电子束，经过一定时间延迟后，在 D 位置接收到两个电子束。通过测量电子束 1 和电子束 2 进入探测器的角度和时间，即可以确定原点 S 的位置(两个电子束轨迹延长线交点)，从而计算得出漂移速度和垂直方向的电场。

电子漂移位移与其漂移速度的关系可表示为

$$d = V_d \times T_g = (E \times B / B^2) \times T_g \tag{4-57}$$

式中：T_g 为电子回转周期。

已知磁感应强度 B、漂移位移 d，便可求得电子漂移速度 V_d，进而计算得到电场强度 E。电子漂移位移三角测量法适用于磁场较大的环境。

但当环境磁场较小时，电子漂移位移会很大，从而超出航天器的探测能力，这就需要采用飞行时间测量法。飞行时间测量法是测量所发射电子回到最初位置时的飞行时间，以此来计算电子漂移速度。飞行时间测量法的原理如图 4-86(b)所示，从电子枪/探测器 1 和电子枪/探测器 2 同时发射方向相反的电子束；两电子束沿不同长度的轨迹返回探测器；测量这两电子束的飞行时间及其差异，可得到电子漂移速度。

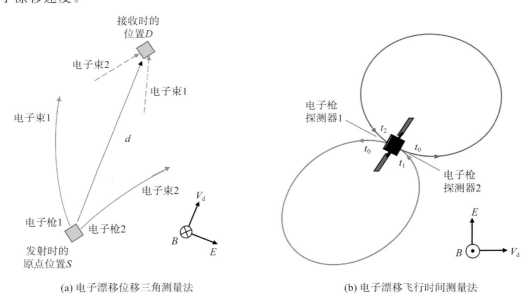

(a) 电子漂移位移三角测量法　　　　(b) 电子漂移飞行时间测量法

图 4-86　电子漂移式电场探测原理

两电子束飞行的时间可分别表示为

$$t_1 - t_0 = T_g \left(1 + \frac{V_d}{V_e} \right) \tag{4-58}$$

$$t_2 - t_0 = T_g \left(1 - \frac{V_d}{V_e} \right) \tag{4-59}$$

式中：t_0 为电子束发出初始时刻；t_1、t_2 分别为两电子束返回探测器时刻；V_d 为电子漂移速度；V_e 为电子速度。

$$V_d = \frac{(t_1 - t_2)V_e}{2T_g} \qquad (4\text{-}60)$$

通过测量两电子束的飞行时间，可得到电子回转周期 T_g。

磁场沿其垂直方向梯度也会引起电子漂移，因此在测量过程中有必要采用不同电子能量的方法，用以分离电场和磁场梯度所引起的漂移。电子漂移式电场探测技术主要应用于等离子体密度特别稀薄、电场特别小、磁场强度在 30nT 以上的空间等离子体环境，测量频率范围一般小于 10Hz。

七、重力场、地震探测载荷

1. 重力场探测

重力场及其变化是天体表面地形、质量分布和内部物理结构的综合反映。探测重力场有助于了解行星内部结构，有助于分析和解决行星内核大小、矿物学特征、流变学状态等重要科学问题。同时重力场研究将极大地改善环绕探测器的轨道确定精度，并提高飞行轨道的稳定性。相关数据也可成为选择登陆点的重要参考之一，具有重要的工程价值。

行星重力场探测可以通过精确测定探测器环绕目标天体的轨道及其变化，来反演目标天体的重力场。但是由于被探测天体距离地球很远，轨道测量精度有限，导致重力场的反演精度也受到限制。组合利用多个不同环绕探测器的不同轨道倾角、不同偏心率的轨道数据，可在一定程度上提高对被探测天体重力场的反演精度。而真正高精度的重力场探测还必须运用探测器自带的重力梯度测量载荷。重力梯度测量仪器主要有基于差分加速度计的重力梯度仪和绝对重力梯度仪两大类，依据其中加速度计的原理和构成不同又可分为：静电悬浮重力梯度仪、超导重力梯度仪、激光干涉绝对重力梯度仪、原子干涉绝对重力梯度仪、微机电重力梯度仪等。

（1）静电悬浮重力梯度仪

静电悬浮重力梯度仪是利用静电力来平衡检验质量（悬浮体）受到的重力，将检验质量悬浮在超高真空腔内，其质心和几何中心稳定性非常高，采用差分电容方式输出检验质量的位移，可获得极高的测量精度。

如图 4-87 所示，在微重力环境下，静电悬浮加速度计的机械部分可以通过在极板上施加偏置电压，在极板间产生静电力，使检测质量处于静电悬浮状态。当有加速度输入时，机械部分的悬浮体发生微动，电路部分将感应到的加速度信号转换为电压信号，经放大后产生正负反馈电压。反馈电压作用在固定极板上又产生静电反馈力，该反馈力的方向与输入加速度方向相反、大小与输入加速度形成相应的关系。通过测量反馈电压就可获取输入加速度的大小。

静电悬浮式电容差分加速度计是目前世界上精度最高、理论最完善的一种先进加速度计。由于其量程很小，工作时承受的加速度较小，因此更适合于太空微重力环境的梯度测量。美国的 MACEK 和 MESA、欧空局的 ASTRE、法国的 STAR 和 GRADIO 等加速度计系统都是国际上成功的研制实例。这些加速度计在研究大气阻力、太空太阳辐射压力、地球漫反射、电子推进器推力测量、高空地球重力场精密测量、空间重力梯度测量等军用和民用领域中发挥了重要的作用。

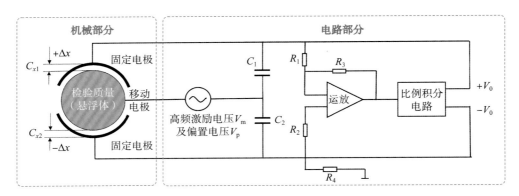

图 4-87　静电悬浮加速度计原理

（2）超导重力梯度仪

超导重力梯度仪同样是基于差分加速度计的原理设计的。其中，轴向分量是通过两个线性超导加速度计的敏感轴沿分离方向成同一直线进行测量，交叉分量是通过四个检验质量信号组合来获取，或者通过两个同轴的旋转臂互相正交的角加速度计的信号差分来获取。一个全张量重力梯度仪可以通过 3 个轴向分量加速度计和 3 个交叉分量加速度计的组合来实现。

其中的超导加速度计由弱弹簧、超导检验质量、超导感应线圈和带有输入输出线圈的超导量子干涉（SQUID）放大器组成，如图 4-88 所示。在感应线圈和 SQUID 放大器中有持续电流通过。当探测器平台实施加速或者施加等效的重力变化信号时，检验质量相对于感应线圈产生位移，并通过迈斯纳效应（Meissner effect）调制其感应系数，这就引起了线圈中量子磁通量发生变化，从而产生一个随时间变化的电流，SQUID 放大器则将感应电流转换为电压信号输出。整套系统被封装在一个超低温的真空罐中，由于应用了超导回路，使得超导重力梯度仪自身具有噪声低、无标度因子漂移、机械稳定性好，以及高灵敏度、高分辨率和宽动态范围等优点。

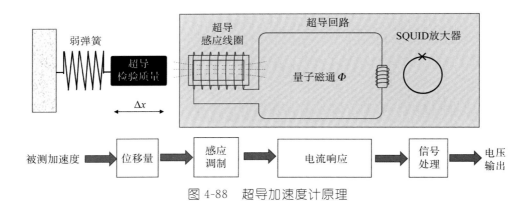

图 4-88　超导加速度计原理

（3）激光干涉绝对重力梯度仪

激光干涉重力梯度仪是通过构建两路激光干涉光路，用光学干涉的方法获取两个高度不同的自由落体角锥棱镜的高精度位移量，通过差分计算得到垂直方向的重力加速度之差。其典型光路结构如图 4-89 所示。激光器发出的光束经分光镜 1 后，一部分入射分光镜 3，另一部分经反射镜到达分光镜 2。分光镜 2 的反射光线经过上参考镜和真空筒中的上落体角锥棱镜反射后与参考光束形成干涉条纹，并被接收器 CCD1 记录。分光镜 3 的反射光线经真空筒中的下落体角锥棱镜和下参考镜反射后与参考光束形成干涉条纹,并被接收器 CCD2 记录。整个系统中激光器、分光镜、反射镜、接收 CCD 之间均是刚性连接,两个落体角锥棱镜在真空筒中保持一定的距离,并在同一套伺服电机控制系统作用下做自由下落运动。由于测量中两路激光的光束特性、两个角锥棱镜的状态、系统的时钟以及所处的自然环境完全相同,测试得到的两个干涉条纹之差可以认为是由两个角锥棱镜所处位置的地面重力垂直梯度所造成。因此经过相关计算就可以得到所在环境的重力垂直梯度。

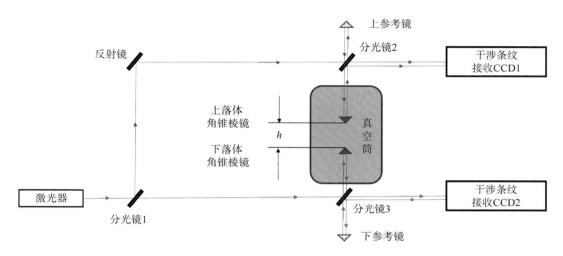

图 4-89　激光干涉绝对重力梯度仪的典型光路结构

(4)原子干涉重力梯度仪

原子干涉仪是利用激光改变原子内部能态并实现原子分束,测量原子束通过不同路径产生的相位差来获取重力梯度的变化量。原子在与光子相互作用的过程中获得反冲动量而改变运动轨迹,使得不同能级的原子束实现空间分离,以两个不同的路径传播,这就构成了类似马赫-曾德尔(Mach-Zehnder)光学干涉仪。

测量重力加速度的原子干涉仪原理如图 4-90 所示。首先必须通过磁光阱技术将原子运动速度大幅度降低并俘获在一个很小的空间范围内,实现对原子的冷却与囚禁。磁光阱由一对反亥姆霍兹线圈(Anti-Helmholtz Coil)和两两相对的三对传播方向互相垂直的圆偏振激光组成。这六束激光会使原子不管企图向何方运动,都会遇上具有恰当能量的光子,并被推回到六束激光交会的区域,这样原子会被陷入其中并不断降低速度。六束激光的交点和反亥姆霍兹线圈的轴心重合,每束激光的偏振态和磁场的方向匹配,功率和频率比原子的共振频率稍低,且在一定范围内可控。

进入磁光阱中的原子被冷却、囚禁,并被捕集在光学糖浆中。然后将冷却后的原子垂直向上发射,使之沿一个抛物线轨迹被上抛。用平行于原子运动方向的 $\frac{\pi}{2}$ -π- $\frac{\pi}{2}$ 拉曼激光脉冲照射原子,由于重力作用,原子到达顶点后向下回落,形成原子喷泉,最后用共振光致电离的方法检测原子。

上抛的原子在轨迹的顶端被制备为一种能级状态,拉曼激光脉冲耦合了原子的两个超精细基态;当原子与拉曼激光脉冲相互作用时,原子在这两个基态之间发生跃迁。第一束 $\frac{\pi}{2}$ 激光脉冲起到了分束器的作用,使其中的 50%原子实现能级跃迁,并对两种能态的原子波束实现空间分离;第二束 π 激光脉冲起反射镜的作用,使原子能态反转,两路原子的动量随之发生变化,实现反操作;第三

束 $\frac{\pi}{2}$ 激光脉冲作为合束器将两个原子波的运动轨迹重新汇聚到一起,由此形成了马赫-曾德尔干涉。检测系统从干涉获取的相位差信息中可以精确解算出重力加速度 g。

原子干涉重力梯度仪与传统重力加速度计相比,其优势是能进行绝对重力梯度测量,且测量周期短、精度高、性能稳定。目前该类测试仪器正在逐步解决可移动、小型化问题,是高性能重力梯度仪的一个重要发展方向。

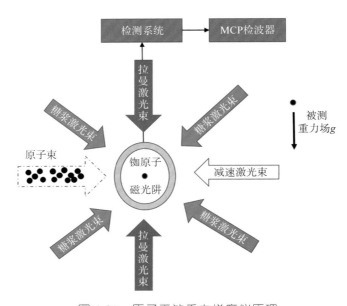

图 4-90　原子干涉重力梯度仪原理

(5)微机电重力梯度仪

基于微机电技术(MEMS)的重力梯度仪是在一个晶片上集成了两个加速度计,每个加速度计由检验质量、弹簧支撑结构、梳状电容和信号处理电路组成。其测量部分的核心结构由两个通过轻质弹簧相连而保持一定间距的检验质量组成。其中轻质弹簧既具有足够的坚硬度以支撑两个检验质量的相对位置,同时在敏感方向上的弹性系数又非常低,以保证其在重力场变化中的反应灵敏度。在检验质量的两侧对称连接着两个由高掺杂硅制成的梳状电容。

当检验质量在外场重力的作用下发生微量移动时,会改变梳状电容的梳齿间距,从而以电容差的形式输出。这个电容差被锁相放大器处理后输出到信号处理电路单元。该电路单元同时提供了测量部分微结构所需的反馈控制,以保证系统稳定在工作点附近。

MEMS 重力梯度仪将整个探测仪器集成在一个单独的芯片上,具有体积小、重量轻的优势。其噪声水平主要是由微结构机械噪声和梳状电容读数噪声所决定,它们均正比于系统工作的环境温度,而在深空探测器上较容易为 MEMS 重力梯度仪提供低温工作环境。因此,MEMS 重力梯度仪将有可能成为未来深空探测中重力梯度测量的一个发展方向。

2.地震探测

行星地震学是运用物理学的概念和方法,研究地震波在天体内部孕育、形成、发展与传播的过程,并以此推演天体内部的结构和物理性质。

地震是由天体内部应力释放、火山爆发、外部小行星撞击等事件造成。震动信号由天体内部或外部的震源产生,并通过天体自身结构介质得以传播。基于行星地震学理论,通过在天体表面实施单点或多点组网的震动探测,可以反演确定震源的方位和发震机理,并进一步了解天体内部的物理性质、结构状态、应力分布和活动规律。因此,地震探测是研究太阳系中的类地行星、行星的固态卫星、矮行星与小行星等天体内部结构的最直接和最有效方法之一。

(1)地震探测基本方法

位移式地震计是一种经典的地震测试装置,它可以感知地震波并实时地记录下来。其基本结构是用弹簧和阻尼器将一个质量块悬挂在空中,如图 4-91 所示。当地震发生时,安装在地面上的地震计整体随之振动,而质量块由于其较大的惯性而保持不动,并在位移测量标尺上记录下质量块与标尺间相对运动的幅度和频率。由地震计记录下来的是一条地震谱曲线,曲线起伏幅度与地震波引起地面振动的振幅相对应,它标志着地震的强烈程度,是地震震级的计算依据。

常见的地震计一般具备三个相互正交的敏感轴:垂直向的弹性系统由叶簧及悬挂在叶簧一端的质量块构成;水平向摆动的质量块围绕十字簧构成的虚轴在水平面内旋转。采用高精度压电陶瓷式或电磁感应式传感器将机械振动位移转换为电信号,输出质量块在地震作用下相对于地震计框架的移动数据。

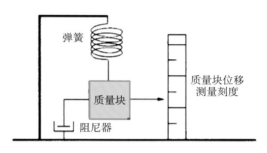

图 4-91 位移式地震计的工作原理

在加速度传感器的输出后端再加上积分电路便可构成速度地震计;以集成电路工艺和微机械加工工艺为基础,将机械构件、光电探测、驱动部件、电控系统集成为一个整体单元,便构成了微机电(MEMS)速度地震计。近年来还出现了通过探测由光纤弹光效应产生的光波长、相位等参数变化,实现对地震波监测的光纤传感地震计。总之,地震传感器正朝着全频带、智能化、低功耗、微型化、高可靠的方向发展。

在对地外天体的无人着陆探测中,有学者提出了一种用三个位移传感器和三个加速度传感器组成地震探测仪的技术方案。在到达天体表面后,将地震探测仪解锁并释放到着陆器附近的表面,用电缆实现对探测仪的供电和信息传输,由底部的水平调节系统对仪器进行调平,由温控系统保障地震仪传感器等核心部件的工作环境条件,将地震传感器接收到的信号传输给数据采集系统,最后传回探测器。

(2)"阿波罗"月震探测仪

美国"阿波罗"月震探测仪主要包含传感器和电子处理系统两个部分。其中传感器部分结构如图 4-92 所示,由带有铝化聚酯薄膜的绝缘层外壳、绝缘调平支架、水平感应器、日晷、月震敏感装置以及加热和控制设备组成。其中月震敏感装置分成上、下两部分,上部安装了三个相互正交的长周期月震计,下部安装了一个对地面垂直方向位移敏感的短周期月震计。长周期月震计的固有周期大于 20s,其记录的数据可用于确定月震参数、观测月震波形、研究月球内部构造等;短周期月震计的低频端在 0.5~1.0Hz(1~2s)内,高频端在 20Hz 及以上,主要用于监测月球的微震活动和远震纵波(P 波)到达测点位置的震动参数。

4-20 月球上有地震吗?

在"阿波罗"登月工程中,宇航员通过多次登月任务在月球表面放置了多个月震仪,形成一个月

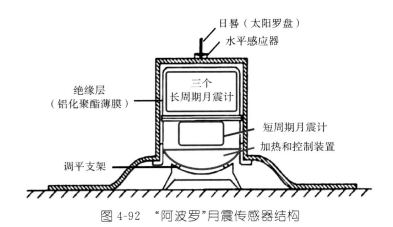

图 4-92 "阿波罗"月震传感器结构

震台网,几乎覆盖了月球中低纬度地区。这些月震传感器记录了大量的月震事件,为人类研究月壳厚度、月幔成分以及月核内部结构提供了基础数据。

(3)"洞察号"火震探测仪

"洞察号"火星着陆器搭载的火震探测载荷用于监视火星地震以及其他内部活动,尤其是小行星撞击产生的火星震动。"洞察号"火震探测系统(SEIS)的总体结构如图 4-93(a)所示,外部采用了铝制防风隔热罩,内部还有气溶胶隔热罩,以此来保证仪器能够在火星恶劣的温度条件和沙尘风暴天气中可靠工作。通过磁性抓盘和精确调平机构支撑仪器核心的地震敏感器系统[见图 4-93(b)];该敏感器系统主要由两个独立的三轴地震计组成,即超灵敏度宽谱段地震计(Very Broad Band,VBB)和小型短周期地震计(Short Period,SP)。

4-21 "洞察号"
火震探测仪

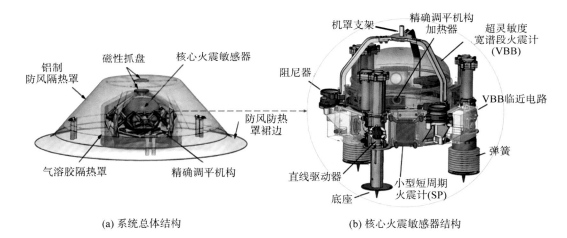

(a) 系统总体结构   (b) 核心火震敏感器结构

图 4-93 "洞察号"地震探测系统(SEIS)

超灵敏度宽谱段地震计(VBB)是通过由柔性支点和片簧支撑的精密摆锤系统来实现三轴超灵敏度震动测量。它由一套精密机械摆锤系统、三个在真空容器中的传感器、三套反馈电路和临近电路组成,可以获得三个方向的震动速度量。它将火星表面的震动信号转变为模拟电量,并输出到火震探测仪的电路系统实现数模转换和记录。超灵敏度宽谱段火震计整个探测系统是倾斜安装的,其主轴与火星表面的夹角约为30°。由于该火震计具有很大的机械增益,因此对较长周期的震动具有更高的探测灵敏度,能够监测频率在 $0.01\sim5\,\mathrm{Hz}$ 之间的火星地表震动事件。

　　小型短周期火震计(SP)是一种微机电(MEMS)地震计。其支撑结构、质量块、位移读出等部件被集成在一个单晶硅片上,构成一个方向的震动敏感单元。其中,支撑结构和质量块是通过深度反应离子刻蚀的方法加工,质量块的移动量是通过电容式位移传感器输出。将三个互为垂直的敏感单元(SP1、SP2 和 SP3)组合起来,同时共享一块电路板上的三套反馈电路和晶振,便构成了 MEMS 火震计。小型短周期火震计主要用于探测频率在 $0.1\sim50\,\mathrm{Hz}$ 之间的短周期火震。在整个探测系统的安装中,SP1 垂直于火星表面,而 SP2 和 SP3 平行于火星表面。这样它与超灵敏度宽谱段地震计(VBB)的三个敏感轴均不在同一方向上,所获取的六轴信息可以互为验证、补充和备份。

　　"洞察号"自 2018 年 11 月 26 日成功着陆火星以来,其火震探测系统在着陆点测到了 700 多次火星地震,其中在 2022 年 5 月 10 日探测到了一次里氏 5 级的震动,是"洞察号"开始工作以来检测到的最强火星地震。

第五章　人类深空探测任务概览

从 1958 年美国和苏联启动探月计划开始，人类正式步入了深空探测时代。截至 2023 年 9 月，人类航天器共执行了 260 余次飞向月球及月球以远的深空探测任务（不包括执行深空观测任务的地球轨道卫星）。在深空探测 60 多年的发展过程中，经历了两个高潮期：第一次高潮从 1958 年至 1976 年，共实施了 160 余次探测任务；第二次高潮从 1994 年至今，共实施了 100 余次探测任务。美国、苏联（俄罗斯）、欧空局、中国、日本和印度是实施深空探测任务的主要国家和组织，越来越多的国家和组织正在加入深空探测的行列。人类深空探测的足迹已经遍及太阳及其所有行星和部分行星的卫星，也探测了一些小行星、彗星和矮行星。

§5-1　太阳探测

太阳是太阳系中最大的天体，是离地球最近、与人类关系最密切的恒星。它是地球上万物生长的源泉，是人类文明和经济社会发展最重要的环境影响因素，它对太阳系中各类天体的演化和运转的作用是不可或缺的。

1960 年 3 月 11 日，美国航天局（NASA）发射的"先驱者 5 号"，其主要任务是测量地球与金星之间宇宙空间内的磁场分布情况。在"先驱者 5 号"进入环绕太阳的轨道后，巧遇了一场太阳耀斑爆发，该探测器记录到了能量为 75MeV 的质子以及能量为 13MeV 的电子，同时发现：此时的银河宇宙射线大为减少。尽管"先驱者 5 号"并不完全是专门为探测太阳而设计的任务，但却成为人类航天史上首次在外太空获取太阳耀斑爆发数据的深空探测器。

截至 2023 年 9 月，人类共发射了 56 个针对太阳的探测器，成功 52 次，失败 4 次。其中运行在近地轨道上观测太阳的卫星共计 37 个，运行在绕日轨道上的深空探测器 13 个，运行在日地拉格朗日 L1 点附近的 6 个。在绕日飞行的太阳探测器中，1990 年 10 月 6 日发射的"尤里西斯号"（Ulysses）太阳探测器利用木星的强大引力作为跳板，使探测器在处于黄道平面的飞行轨道上突然竖起 90°，进入绕飞太阳两极飞行的轨道。这是人类历史上第一次从三维立体角度观测太阳的南北极。2006 年发射的"日地关系天文台"（Solar Terrestrial Relations Observatory，STEREO）的两颗太阳探测卫星，则分别位于地球绕太阳公转轨道前方和后方，目的是在不同的角度对太阳进行立体观测，拍摄太阳的三维图像。2018 年 8 月 12 日发射的"帕克"太阳探测器（Parker Solar Probe，PSP）在每一圈绕日飞行的近日点都刷新了人类探测器最接近太阳的记录。它是第一个飞入太阳日冕层的飞行器，从位于太阳表面

5-1　"帕克"太阳探测器

上方 9 太阳半径处探测太阳的等离子体、磁场和波、高能粒子和尘埃等。

　　人类太阳探测的全部航天任务如表 5-1 所示(含在地球轨道上观测太阳的卫星)。在全球各国和组织发射的针对太阳的深空探测器和卫星中,美国发射了 39 个,欧空局 5 个,苏联和俄罗斯 3 个,美国与欧空局合作 4 个,日本 3 个,中国 2 个。

表 5-1　太阳探测任务概览表

序号	任务名称	国家(组织)	发射日期	任务类型	结果
1	"先驱者 5 号"(Pioneer 5)	美国	1960 年 3 月 11 日	绕日轨道器	成功
2	"索拉德 1 号"(Solrad 1)	美国	1960 年 6 月 22 日	近地轨道器	成功
3	"索拉德 2 号"(Solrad 2)	美国	1960 年 11 月 30 日	近地轨道器	失败
4	"轨道太阳天文台 1 号"(OSO-1)	美国	1962 年 3 月 7 日	近地轨道器	成功
5	"索拉德 4B 号"(Solrad 4B)	美国	1962 年 4 月 26 日	近地轨道器	失败
6	"索拉德 6 号"(Solrad 6)	美国	1963 年 6 月 15 日	近地轨道器	成功
7	"索拉德 7A 号"(Solrad 7A)	美国	1964 年 1 月 11 日	近地轨道器	成功
8	"轨道太阳天文台 2 号"(OSO-2)	美国	1965 年 2 月 3 日	近地轨道器	成功
9	"索拉德 7B 号"(Solrad 7B)	美国	1965 年 3 月 9 日	近地轨道器	成功
10	"索拉德 8 号"(Solrad 8)	美国	1965 年 11 月 19 日	近地轨道器	成功
11	"先驱者 6(A)号"(Pioneer 6)	美国	1965 年 12 月 16 日	绕日轨道器	成功
12	"先驱者 7(B)号"(Pioneer 7)	美国	1966 年 8 月 17 日	绕日轨道器	成功
13	"轨道太阳天文台 3 号"(OSO-3)	美国	1967 年 3 月 8 日	近地轨道器	成功
14	"欧洲空间研究组织 2A 号"(ESRO-2A)	欧空局	1967 年 5 月 30 日	近地轨道器	失败
15	"轨道太阳天文台 4 号"(OSO-4)	美国	1967 年 10 月 18 日	近地轨道器	成功
16	"先驱者 8(C)号"(Pioneer 8)	美国	1967 年 12 月 13 日	绕日轨道器	成功
17	"欧洲空间研究组织 2B 号"(ESRO-2B)	欧空局	1968 年 5 月 17 日	近地轨道器	成功
18	"先驱者 9(D)号"(Pioneer 9)	美国	1968 年 11 月 8 日	绕日轨道器	成功
19	"宇宙 262 号"(Cosmos 262)	苏联	1968 年 12 月 26 日	近地轨道器	成功
20	"轨道太阳天文台 5 号"(OSO-5)	美国	1969 年 1 月 22 日	近地轨道器	成功
21	"轨道太阳天文台 6 号"(OSO-6)	美国	1969 年 8 月 1 日	近地轨道器	成功
22	"先驱者 E 号"(Pioneer E)	美国	1969 年 8 月 27 日	绕日轨道器	失败
23	"索拉德 10 号"(Solrad 10)	美国	1971 年 7 月 8 日	近地轨道器	成功
24	"轨道太阳天文台 7 号"(OSO-7)	美国	1971 年 9 月 29 日	近地轨道器	成功
25	"太阳神 1 号"(Helios 1)	美国、德国联邦	1974 年 12 月 10 日	绕日轨道器	成功
26	"轨道太阳天文台 8 号"(OSO-8)	美国	1975 年 6 月 21 日	近地轨道器	成功
27	"太阳神 2 号"(Helios 2)	美国、德国联邦	1976 年 1 月 15 日	绕日轨道器	成功
28	"索拉德 11A 号"(Solrad 11A)	美国	1976 年 3 月 15 日	绕地轨道器	成功

序号	任务名称	国家（组织）	发射日期	任务类型	结果
29	"索拉德 11B 号"（Solrad 11B）	美国	1976 年 3 月 15 日	绕地轨道器	成功
30	"国际地日探测卫星 3 号"	美国	1978 年 8 月 12 日	日地 L1 环绕器	成功
31	P78-1	美国	1979 年 2 月 24 日	近地轨道器	成功
32	"太阳极大期任务"（SMM）	美国	1980 年 2 月 14 日	近地轨道器	成功
33	"火鸟卫星"（Hinotori）	日本	1981 年 2 月 21 日	近地轨道器	成功
34	"尤利西斯号"（Ulysses）	美国、欧空局	1990 年 10 月 6 日	绕日轨道器	成功
35	"阳光卫星"（Yohkoh，Solar-A）	日本	1991 年 8 月 30 日	近地轨道器	成功
36	"日冕 I 号"（CORONAS-I）	俄罗斯	1994 年 3 月 2 日	近地轨道器	成功
37	"风"太阳探测器（WIND）	美国	1994 年 11 月 1 日	日地 L1 环绕器	成功
38	"太阳和太阳圈探测器"（SOHO）	美国、欧空局	1995 年 12 月 2 日	日地 L1 环绕器	成功
39	"先进成分探测器"（ACE）	美国	1997 年 8 月 25 日	日地 L1 环绕器	成功
40	"太阳过渡区与日冕探测器"（TRECE）	美国	1998 年 4 月 2 日	近地轨道器	成功
41	"日冕 F 号"（CORONAS-F）	俄罗斯	2001 年 7 月 31 日	近地轨道器	成功
42	"起源号"（Genesis）	美国	2001 年 8 月 8 日	日地 L1 环绕器	成功
43	"拉马第高能太阳光谱探测器"（RHESSI）	美国	2002 年 2 月 5 日	近地轨道器	成功
44	"太阳辐射与气候实验卫星"（SORCE）	美国	2003 年 1 月 25 日	近地轨道器	成功
45	"日出卫星"（Hinode，Solar-B）	日本	2006 年 9 月 22 日	近地轨道器	成功
46	"日地关系天文台 A 号"（STEREO-A）	美国	2006 年 10 月 26 日	绕日轨道（地球前方）	成功
47	"日地关系天文台 B 号"（STEREO-B）	美国	2006 年 10 月 26 日	绕日轨道（地球后方）	成功
48	"日冕 P 号"（CORONAS-P）	俄罗斯	2009 年 1 月 30 日	近地轨道器	成功
49	"星上自主项目 2 号"（Proba 2）	欧空局	2009 年 11 月 2 日	近地轨道器	成功
50	"太阳动力学天文台"（SDO）	美国	2010 年 2 月 11 日	近地轨道器	成功
51	"日地关系天基观测卫星"（Picard）	法国	2010 年 6 月 15 日	近地轨道器	成功
52	"深空气候观测站"（DSCOVR）	美国	2015 年 2 月 11 日	日地 L1 环绕器	成功
53	"帕克"太阳探测器（PSP）	美国	2018 年 8 月 12 日	绕日轨道器	成功
54	"太阳轨道飞行器"（Solar Orbiter）	欧空局	2020 年 2 月 9 日	绕日轨道器	成功
55	"太阳 Hα 光谱探测与双超平台科学技术试验卫星"（CHASE，"羲和号"）	中国	2021 年 10 月 14 日	近地轨道器	成功
56	"先进天基太阳天文台"（ASO-S，"夸父一号"）	中国	2022 年 10 月 9 日	近地轨道器	成功

§5-2 月球探测

月球是距离地球最近的自然天体,是地球的唯一天然卫星,具有独特的空间位置和丰富的资源,是人类开展深空探测和资源开发利用的首选目标,也是开展空间天文观测的理想地点。通过探测月球表面地形地貌、地质构造和近月空间环境,可以促进月球科学、天文学、地球科学和比较行星学等学科的创新发展,为人类认知客观世界带来很大帮助,为基础科学研究提供广阔平台。探测月球可对照地了解地球早期信息,有助于人们认识生命、地球、太阳系以至整个宇宙起源和演化的历史,研究空间现象和地球自然系统之间的关系,进一步探讨我们人类在宇宙中的位置和意义。

联合国在 1979 年 12 月通过了《月球协定》,并于 1984 年 7 月生效。该协定规定月球及其自然资源是全体人类的共同财产,各国在平等的基础上自由探索和利用月球。一个国家只有具备月球探测的技术能力,才能获得进入月球的入场券。探月工程是前所未有的复杂工程,需要研制大推力火箭、月球探测器、地面测控、先进科学载荷等空间系统技术。在攻克探月工程众多关键技术的过程中会带动能源、动力、材料、计算机、精密仪器、通信导航等领域的重大突破,显著地推动科技发展,带动产业升级。实施月球探测工程不仅是国家地位之争,更是对民族未来生存与发展空间具有重要意义。

冷战期间美苏两个超级大国为抢占月球探测的先机,从 1958 年开始开启了月球探测的尝试,然而无论是美国还是苏联,1958 年实施的任务均以失败告终。苏联于 1959 年 1 月 2 日发射的月球 1 号成为人类发射成功的第一个摆脱地球引力场的航天器,但它没有按原计划撞击月球,而是从距月球表面 5995km 处掠过,最终成为第一个围绕太阳公转的人造行星。从 1959 年至 1976 年间,全球仅有美国和苏联开展了频繁的月球探测活动,美国执行了 43 次任务,其中成功和部分成功 30 次,成功率为 69.8%;苏联 60 次,其中成功和部分成功了 27 次,成功率仅为 45%。在这一时期的月球探测中,人类先后经历了对月球的飞越、硬着陆、环绕、软着陆、巡视和采样返回的探测历程,并以美国"阿波罗"载人登月达到顶峰。

20 世纪 90 年代以后,日本、欧空局、中国、印度、以色列、韩国等国家和组织先后加入到月球探测的行列之中。截至 2023 年 12 月,中国执行了 6 次探月任务,全部取得了圆满成功,完成了绕月飞行(探月一期)、月球表面软着陆和巡视探测(探月二期)、月球样品采样返回(探月三期)任务,同时还创造了人类历史上首次在月球背面软着陆的创举,成为新一轮全球探月高潮中的亮点。美国在 1990 年至 2020 年间也执行了 6 次探月任务,主要是通过环绕遥感探测和撞击试验对月球水冰资源、月球内部结构和近月环境进行探测。全球月球探测任务的统计如表 5-2 所示。

表 5-2 月球探测活动概览(截至 2023 年 9 月)

序号	任务名称	国家(组织)	发射日期	任务类型	结果
1	"先驱者 0 号"(Pioneer 0)	美国	1958 年 8 月 17 日	飞越	失败
2	"月球 1958A 号"(Luna 1958A)	苏联	1958 年 9 月 23 日	硬着陆	失败

续表

序号	任务名称	国家（组织）	发射日期	任务类型	结果
3	"先驱者1号"（Pioneer 1）	美国	1958年10月11日	飞越	失败
4	"月球1958B号"（Luna 1958B）	苏联	1958年10月11日	硬着陆	失败
5	"先驱者2号"（Pioneer 2）	美国	1958年11月8日	飞越	失败
6	"月球1958C号"（Luna 1958C）	苏联	1958年12月4日	硬着陆	失败
7	"先驱者3号"（Pioneer 3）	美国	1958年12月6日	飞越	失败
8	"月球1号"（Luna 1）	苏联	1959年1月2日	飞越	部分成功
9	"先驱者4号"（Pioneer 4）	美国	1959年3月4日	飞越	部分成功
10	"月球1959A号"（Luna 1959A）	苏联	1959年6月18日	硬着陆	失败
11	"月球2号"（Luna 2）	苏联	1959年9月12日	硬着陆	成功
12	"先驱者P1号"（Pioneer P1）	美国	1959年9月24日	环绕	未发射
13	"月球3号"（Luna 3）	苏联	1959年10月4日	飞越	成功
14	"先驱者P3号"（Pioneer P3）	美国	1959年11月26日	环绕	失败
15	"月球1960A号"（Luna 1960A）	苏联	1960年4月15日	飞越	失败
16	"月球1960B号"（Luna 1960B）	苏联	1960年4月19日	飞越	失败
17	"先驱者P30号"（Pioneer P30）	美国	1960年9月25日	环绕	失败
18	"先驱者P31号"（Pioneer P31）	美国	1960年12月15日	环绕	失败
19	"徘徊者1号"（Rangers 1）	美国	1961年8月23日	地月空间探测	失败
20	"徘徊者2号"（Rangers 2）	美国	1961年11月18日	地月空间探测	失败
21	"徘徊者3号"（Rangers 3）	美国	1962年1月26日	硬着陆	失败
22	"徘徊者4号"（Rangers 4）	美国	1962年4月23日	硬着陆	部分成功
23	"徘徊者5号"（Rangers 5）	美国	1962年10月18日	硬着陆	部分成功
24	"月球1963A号"（Luna 1963A）	苏联	1963年1月4日	软着陆	失败
25	"月球1963B号"（Luna 1963B）	苏联	1963年2月3日	软着陆	失败
26	"月球4号"（Luna 4）	苏联	1963年4月2日	软着陆	部分成功
27	"徘徊者6号"（Rangers 6）	美国	1964年1月30日	硬着陆	部分成功
28	"月球1964A号"（Luna 1964A）	苏联	1964年3月21日	软着陆	失败
29	"月球1964B号"（Luna 1964B）	苏联	1964年4月20日	软着陆	失败
30	"探测器1964A号"（Zond 1964A）	苏联	1964年6月4日	飞越	失败
31	"徘徊者7号"（Rangers 7）	美国	1964年7月28日	硬着陆	成功
32	"徘徊者8号"（Rangers 8）	美国	1965年2月17日	硬着陆	成功
33	"宇宙60号"（Cosmos 60）	苏联	1965年3月12日	软着陆	失败
34	"徘徊者9号"（Rangers 9）	美国	1965年3月21日	硬着陆	成功

序号	任务名称	国家（组织）	发射日期	任务类型	结果
35	"月球 1965A 号"（Luna 1965A）	苏联	1965 年 4 月 10 日	软着陆	失败
36	"月球 5 号"（Luna 5）	苏联	1965 年 5 月 9 日	软着陆	部分成功
37	"月球 6 号"（Luna 6）	苏联	1965 年 6 月 8 日	软着陆	失败
38	"探测器 3 号"（Zond 3）	苏联	1965 年 7 月 18 日	飞越	成功
39	"月球 7 号"（Luna 7）	苏联	1965 年 10 月 4 日	软着陆	部分成功
40	"月球 8 号"（Luna 8）	苏联	1965 年 12 月 3 日	软着陆	部分成功
41	"月球 9 号"（Luna 9）	苏联	1966 年 1 月 31 日	软着陆	成功
42	"宇宙 111 号"（Cosmos 111）	苏联	1966 年 3 月 1 日	环绕	失败
43	"月球 10 号"（Luna 10）	苏联	1966 年 3 月 31 日	环绕	成功
44	"月球 1966A 号"（Luna 1966A）	苏联	1966 年 4 月 30 日	环绕	失败
45	"勘测者 1 号"（Surveyor 1）	美国	1966 年 5 月 30 日	软着陆	成功
46	"探险者 33 号"（Explorer 33）	美国	1966 年 6 月 1 日	环绕	部分成功
47	"月球轨道器 1 号"（Lunar Orbiter 1）	美国	1966 年 8 月 10 日	环绕	成功
48	"月球 11 号"（Luna 11）	苏联	1966 年 8 月 24 日	环绕	部分成功
49	"勘测者 2 号"（Surveyor 2）	美国	1966 年 9 月 20 日	软着陆	部分成功
50	"月球 12 号"（Luna 12）	苏联	1966 年 10 月 22 日	环绕	成功
51	"月球轨道器 2 号"（Lunar Orbiter 2）	美国	1966 年 11 月 6 日	环绕	成功
52	"月球 13 号"（Luna 13）	苏联	1966 年 12 月 21 日	软着陆	成功
53	"月球轨道器 3 号"（Lunar Orbiter 3）	美国	1967 年 2 月 5 日	环绕	成功
54	"勘测者 3 号"（Surveyor 3）	美国	1967 年 4 月 17 日	软着陆	成功
55	"月球轨道器 4 号"（Lunar Orbiter 4）	美国	1967 年 5 月 4 日	环绕	成功
56	"勘测者 4 号"（Surveyor 4）	美国	1967 年 7 月 14 日	软着陆	失败
57	"探险者 35 号"（Explorer 35）	美国	1967 年 7 月 19 日	环绕	成功
58	"月球轨道器 5 号"（Lunar Orbiter 5）	美国	1967 年 8 月 1 日	环绕	成功
59	"勘测者 5 号"（Surveyor 5）	美国	1967 年 9 月 8 日	软着陆	成功
60	"探测器 1967A 号"（Zond 1967A）	苏联	1967 年 9 月 27 日	载人月球试验	失败
51	"勘测者 6 号"（Surveyor 6）	美国	1967 年 11 月 7 日	软着陆	成功
62	"探测器 1967B 号"（Zond 1967B）	苏联	1967 年 11 月 22 日	载人月球试验	失败
63	"勘测者 7 号"（Surveyor 7）	美国	1968 年 1 月 7 日	软着陆	成功
64	"月球 1968A 号"（Luna 1968A）	苏联	1968 年 2 月 7 日	环绕	失败
65	"探测器 4 号"（Zond 4）	苏联	1968 年 3 月 2 日	飞越	部分成功
66	"月球 14 号"（Luna 14）	苏联	1968 年 4 月 7 日	环绕	成功

续表

序号	任务名称	国家(组织)	发射日期	任务类型	结果
67	"探测器1968A号"(Zond 1968A)	苏联	1968年4月22日	载人月球试验	失败
68	"探测器1968B号"(Zond 1968B)	苏联	1968年7月14日	载人月球试验	失败
69	"探测器5号"(Zond 5)	苏联	1968年9月14日	绕月返回	成功
70	"探测器6号"(Zond 6)	苏联	1968年11月10日	绕月返回	成功
71	"阿波罗8号"(Apollo 8)	美国	1968年12月21日	载人绕月飞行	成功
72	"探测器1969A号"(Zond 1969A)	苏联	1969年1月20日	载人月球试验	失败
73	"月球1969A号"(Luna 1969A)	苏联	1969年2月19日	软着陆/巡视	失败
74	"探测器LIS-1号"(Zond LIS-1)	苏联	1969年2月21日	环绕	失败
75	"阿波罗9号"(Apollo 9)	美国	1969年3月3日	载人绕月飞行	成功
76	"阿波罗10号"(Apollo 10)	美国	1969年5月18日	载人绕月飞行	成功
77	"月球1969B号"(Luna 1969B)	苏联	1969年6月14日	采样返回	失败
78	"探测器LIS-2号"(Zond LIS-2)	苏联	1969年7月3日	环绕	失败
79	"月球15号"(Luna 15)	苏联	1969年7月13日	采样返回	失败
80	"阿波罗11号"(Apollo 11)	美国	1969年7月16日	载人登月	成功
81	"探测器7号"(Zond 7)	苏联	1969年8月7日	绕月返回	成功
82	"宇宙300号"(Cosmos 300)	苏联	1969年9月23日	采样返回	失败
83	"宇宙305号"(Cosmos 305)	苏联	1969年10月22日	采样返回	失败
84	"阿波罗12号"(Apollo 12)	美国	1969年11月14日	载人登月	成功
85	"月球1970A号"(Luna 1970A)	苏联	1970年2月6日	采样返回	失败
86	"阿波罗13号"(Apollo 13)	美国	1970年4月11日	载人登月	失败
87	"月球16号"(Luna 16)	苏联	1970年9月12日	采样返回	成功
88	"探测器8号"(Zond 8)	苏联	1970年10月20日	绕月返回	成功
89	"月球17号"(Luna 17)	苏联	1970年11月10日	软着陆/巡视	成功
90	"阿波罗14号"(Apollo 14)	美国	1971年1月31日	载人登月	成功
91	"阿波罗15号"(Apollo 15)	美国	1971年7月26日	载人登月	成功
92	"月球18号"(Luna 18)	苏联	1971年9月2日	采样返回	失败
93	"月球19号"(Luna 19)	苏联	1971年9月28日	环绕	成功
94	"月球20号"(Luna 20)	苏联	1972年2月14日	采样返回	成功
95	"阿波罗16号"(Apollo 16)	美国	1972年4月16日	载人登月	成功
96	"联盟号L3"(Soyuz L3)	苏联	1972年11月23日	—	失败
97	"阿波罗17号"(Apollo 17)	美国	1972年12月7日	载人登月	成功
98	"月球21号"(Luna 21)	苏联	1973年1月8日	软着陆/巡视	成功

序号	任务名称	国家（组织）	发射日期	任务类型	结果
99	"探险者49号"（Explorer 49）	美国	1973年6月10日	环绕	成功
100	"月球22号"（Luna 22）	苏联	1974年5月29日	环绕	成功
101	"月球23号"（Luna 23）	苏联	1974年10月28日	采样返回	部分成功
102	"月球1975A号"（Luna 1975A）	苏联	1975年10月16日	采样返回	失败
103	"月球24号"（Luna 24）	苏联	1976年8月9日	采样返回	成功
104	"飞天号"（HITEN）	日本	1990年1月24日	环绕	成功
105	"克莱门汀号"（Clementine）	美国	1994年1月25日	环绕	成功
106	"月球勘探者号"（Lunar Prospector）	美国	1998年1月6日	环绕	成功
107	"智慧1号"（SMART 1）	欧空局	2003年9月28日	环绕	成功
108	"月亮女神号"（SELENE）	日本	2007年9月14日	环绕	成功
109	"嫦娥一号"（Chang'e 1）	中国	2007年10月24日	环绕	成功
110	"月船1号"（Chandrayaan 1）	印度	2008年10月22日	环绕	成功
111	"月球勘测轨道飞行器"（LRO）	美国	2009年6月18日	环绕	成功
112	"月球坑观测和传感卫星"（LCROSS）	美国	2009年6月18日	撞击月球	成功
113	"嫦娥二号"（Chang'e 2）	中国	2010年10月1日	环绕	成功
114	"重力回溯及内部结构实验室"（GRAIL）	美国	2011年9月10日	环绕/撞击月球	成功
115	"月球大气与粉尘环境探测器"（LADEE）	美国	2009年6月18日	环绕	成功
116	"嫦娥三号"（Chang'e 3）	中国	2013年12月2日	软着陆/巡视	成功
117	探月三期试验飞行器（Chang'e 5 Test Vehicle T）	中国	2014年10月23日	绕月返回	成功
118	"嫦娥四号"中继星（Queqiao 1）	中国	2018年5月21日	地月L2	成功
119	"嫦娥四号"（Chang'e 4）	中国	2018年12月8日	软着陆/巡视	成功
120	"创世纪号"（Beresheet）	以色列	2019年2月22日	软着陆	部分成功
121	"月船2号"（Chandrayaan 2）	印度	2019年7月22日	软着陆	部分成功
122	"嫦娥五号"（Chang'e 5）	中国	2020年11月24日	采样返回	成功
123	"月球自主定位系统技术操作与导航实验"（CAPSTONE）	美国	2022年6月28日	环绕	成功
124	"韩国探路者月球轨道飞行器"（KPLO）	韩国	2022年8月4日	环绕	已入轨
125	"阿尔忒弥斯1号"	美国	2022年11月16日	绕月返回	成功
	"好客号"（OMOTENASHI）	日本		软着陆	失败
	"小马座号"（EQUULEUS）			地月L2	—
	LunaH-Map/Lunar Ice Cube/EA Scout/LunIR	美国		环绕	—

续表

序号	任务名称	国家(组织)	发射日期	任务类型	结果
126	"月球手电筒号"(Lunar Flashlight)	美国	2022 年 12 月 11 日	环绕	失败
	Haruto-R M1	日本		软着陆	失败
127	"月船 3 号"(Chandrayaan 3)	印度	2023 年 7 月 14 日	软着陆	成功
128	"月球 25 号"(Luna 25)	俄罗斯	2023 年 8 月 11 日	软着陆	失败

　　2017 年,美国总统唐纳德·特朗普正式批准"阿尔忒弥斯"(Artemis)计划,其目标是在 2024 年前将宇航员平安送往月球并返回。"阿尔忒弥斯"计划分为两个阶段:第一阶段于 2019—2024 年开展,计划实施五次任务,其中的"阿尔忒弥斯 1 号"为无人试验飞船,"阿尔忒弥斯 2 号"将进行载人环月飞行,"阿尔忒弥斯 3 号"将在月球南极载人着陆;第二阶段于 2025—2030 年开展,计划在月球长

5-2 "阿尔忒弥斯" 载人登月计划

期驻留。"阿尔忒弥斯 1 号"于 2022 年 11 月 16 日顺利升空,其中的"猎户座号"飞船沿月球轨道飞行 140 多万英里,两次飞越月球,最近离月球距离只有 80 英里,历时 25.5 天返回地球,超预期完成了测试任务。目前"阿尔忒弥斯"后续任务执行进展有所延期。与此同时,美国也提出了"深空门户"(Deep Space Gateway)计划,旨在建立一个由生活区、科学实验室、航天港口等组成的环月球运行的空间站,其主要作用是成为通往月球表面和深空目的地的中转站、宇航员训练和航天器试验的基地,协助宇航员和机器人完成探月与深空任务。

　　中国探月工程目前正在实施"嫦娥六号"任务,从 2025 年开始陆续实施执行"嫦娥七号""嫦娥八号"任务,同时也计划在 2030 年前实现载人登陆月球,并将与俄罗斯等国家合作于 2030—2040 年在月球南极附近建设无人值守的国际月球科研站。

§5-3　火星探测

　　在太阳系八大行星中按距离太阳由近及远的次序排列,火星是第四颗类地行星,也是除了金星以外距离地球最近的岩石行星。火星的赤道平面与公转轨道平面的交角非常接近于地球,因此也有类似地球的四季交替。同时其自转周期为 24 小时 37 分,也使得火星日和地球日几乎一样长。正是因为火星与地球有如此多的相似之处,使得火星对于人类有一种特殊的吸引力。

　　火星与地球同时绕太阳旋转,大约每隔 26 个月就会发生一次火星冲日,即地球与火星的距离达到最近值,通常只有不足 1 亿千米。而在火星发生大冲时,这个距离甚至不足 6000 万千米。这就意味着人类可以利用火星冲日的时机,以较低的代价将探测器送往火星。因此全球火星探测活动通常也会每隔 26 个月出现一次高潮。

　　截至 2023 年 9 月,人类共执行了 49 次火星探测任务(含 2 次顺路探访火星任务),其中成功或部分成功 28 次,失败 21 次,成功率仅为 57.1%。其中,苏联和俄罗斯 19 次,美国 23 次,欧空局 3 次,日本、印度、中国、阿联酋各 1 次。

　　从 1960 年 10 月至 1964 年 11 月 5 日的四年多时间里,人类对火星探测的前 6 次尝试均以失败而告终。直至 1964 年 11 月 28 日发射的美国"水手 4 号"(Mariner 4)在经过 7.5 个月的长途飞行之

后,于 1965 年 7 月 14 日在火星表面 9800km 上空成功掠过,成为人类首个近距离飞越探测火星的航天器。"水手 4 号"成功发回了 21 张火星照片,探测到火星大气压仅为地球的 1%,同时进行了星际场和粒子测量。1971 年 5 月 30 日发射的"水手 9 号"是人类首个成功实现对火星环绕探测的航天器。它传回 7329 张照片,完成了火星全球表面制图,收集了大气成分、温度、地形数据,观测了全球性尘暴,观测了火星风与表面相互作用的现象,观测到火星不均匀的重力场,还对火星的两颗卫星火卫一、火卫二进行了成像观测。1976 年 7 月抵达火星表面的"海盗 1 号"(Viking 1)是人类历史上首个在火星表面实现软着陆的探测器。1997 年 7 月 4 日在"火星探路者"(Mars Pathfinder,MPF)任务中成功着陆于火星阿瑞斯平原的"索杰纳号"(Sojourner)漫游车是人类首个在火星上行驶的巡视探测器。

美国是率先成功实现火星探测的国家,创造了人类火星探测史的多个首次,其任务成功率达到了 78%;而苏联和俄罗斯在火星探测过程中却几乎没有完全成功的记录。2020 年 7 月 23 日发射的中国"天问一号"探测器在国际上首次通过一次任务同时实现了对火星的环绕、着陆和巡视探测,并取得了圆满成功,"祝融号"火星车首次在火星上留下了中国印迹。截至 2023 年 9 月,人类火星探测任务概览如表 5-3 所示。

表 5-3　火星探测任务概览

序号	任务名称	国家(组织)	发射日期	任务类型	结果
1	"火星 1960A 号"(Mars 1960A)	苏联	1960 年 10 月 10 日	飞越	发射失败
2	"火星 1960B 号"(Mars 1960B)	苏联	1960 年 10 月 14 日	飞越	发射失败
3	"火星 1962A 号"(Mars 1962A)	苏联	1962 年 10 月 24 日	飞越	发射失败
4	"火星 1 号"(Mars 1)	苏联	1962 年 11 月 1 日	飞越	途中失联,失败
5	"火星 1962B 号"(Mars 1962B)	苏联	1962 年 11 月 4 日	着陆器	发射失败
6	"水手 3 号"(Mariner 3)	美国	1964 年 11 月 5 日	飞越	发射失败
7	"水手 4 号"(Mariner 4)	美国	1964 年 11 月 28 日	飞越	成功
8	"探测器 2 号"(Zond 2)	苏联	1964 年 11 月 30 日	飞越	途中失联,失败
9	"水手 6 号"(Mariner 6)	美国	1969 年 2 月 25 日	飞越	成功
10	"水手 7 号"(Mariner 7)	美国	1969 年 3 月 27 日	飞越	成功
11	"火星 1969A 号"(Mars 1969A)	苏联	1969 年 11 月 4 日	轨道器	发射失败
12	"火星 1969B 号"(Mars 1969B)	苏联	1969 年 4 月 2 日	轨道器	发射失败
13	"水手 8 号"(Mariner 8)	美国	1971 年 5 月 9 日	轨道器	发射失败
14	"宇宙 419 号"(Cosmos 419)	苏联	1971 年 5 月 10 日	轨道器	发射失败
15	"火星 2 号"(Mars 2)	苏联	1971 年 5 月 19 日	轨道器、着陆器、巡视器	轨道器成功入轨,但遥感测绘失败;着陆器、巡视器坠毁

续表

序号	任务名称	国家（组织）	发射日期	任务类型	结果
16	"火星3号"（Mars 3）	苏联	1971年5月28日	轨道器、着陆器、巡视器	轨道器成功入轨，但遥感测绘失败；着陆器成功着陆后失联，巡视器失败
17	"水手9号"（Mariner 9）	美国	1971年5月30日	轨道器	成功
18	"火星4号"（Mars 4）	苏联	1973年7月21日	轨道器	失败
19	"火星5号"（Mars 5）	苏联	1973年7月25日	轨道器	入轨后失联，失败
20	"火星6号"（Mars 6）	苏联	1973年8月5日	飞越器、着陆器	飞越器成功投放着陆器，但回传数据难以辨认
21	"火星7号"（Mars 7）	苏联	1973年8月9日	飞越器、着陆器	飞越器成功，着陆器未进入火星大气，失败
22	"海盗1号"（Viking 1）	美国	1975年8月20日	轨道器、着陆器	成功
23	"海盗2号"（Viking 2）	美国	1975年9月9日	轨道器、着陆器	成功
24	"福布斯1号"（Phobos 1）	苏联	1988年7月7日	轨道器	途中失联，失败
25	"福布斯2号"（Phobos 2）	苏联	1988年7月7日	轨道器	成功入轨，后失联
26	"火星观察者"（Mars Observer）	美国	1992年9月25日	轨道器	入轨前失联，失败
27	"火星全球勘测者"（Mars Global Surveyor）	美国	1996年11月7日	轨道器	成功
28	"火星96"（Mars 96）	俄罗斯	1996年11月16日	多种	发射失败
29	"火星探路者"（Mars Pathfinder）	美国	1996年12月4日	着陆器、巡视器	成功
30	"希望号"（Nozomi）	日本	1998年7月3日	轨道器	未抵达火星，失败
31	"火星气候轨道器"（Mars Climate Orbiter）	美国	1998年12月11日	轨道器	入轨时损毁，失败
32	"火星极地登陆者"（Mars Polar Lander）	美国	1999年1月3日	轨道器、撞击器	着陆失败
33	"火星奥德赛"（Mars Odyssey）	美国	2001年4月7日	轨道器	成功
34	"火星快车"（Mars Express）	欧空局	2003年6月2日	轨道器、着陆器	轨道器成功；着陆器太阳能板未展开
35	"勇气号"（Spirit，MER-A）	美国	2003年6月10日	火星车	成功
36	"机遇号"（Opportunity，MER-B）	美国	2003年7月8日	火星车	成功
37	"罗塞塔号"（Rosetta）	欧空局	2004年3月2日	顺路探访	成功
38	"火星勘测轨道器"（MRO）	美国	2005年8月12日	轨道器	成功
39	"凤凰号"（Phoenix）	美国	2007年8月4日	着陆器	成功
40	"黎明号"（Dawn）	美国	2007年9月26日	顺路探访	成功

序号	任务名称	国家（组织）	发射日期	任务类型	结果
41	"福布斯-土壤/萤火一号"（Phobos-Grunt/Yinghuo 1）	俄罗斯	2011 年 11 月 8 日	轨道器与样本返回器	发射失败
		中国		轨道器	
42	"好奇号"（Curiosity）	美国	2011 年 11 月 26 日	火星车	成功
43	"火星轨道探测器"（Mangalyaan）	印度	2013 年 11 月 5 日	轨道器	成功
44	"火星大气与挥发物演化"（MAVEN）	美国	2013 年 11 月 18 日	轨道器	成功
45	"火星生物学 2016"（ExoMars-2016）	欧空局/俄罗斯	2016 年 3 月 14 日	轨道器；着陆器	轨道器成功；着陆器失败
46	"洞察号"（InSight）	美国	2018 年 5 月 5 日	着陆器	成功
47	"希望号"（Hope）	阿联酋	2020 年 7 月 19 日	轨道器	成功
48	"天问一号"（Tianwen 1）	中国	2020 年 7 月 23 日	轨道器；着陆器；火星车	成功
49	"毅力号"（Perseverance）	美国	2020 年 7 月 30 日	火星车；无人直升机	成功

当今人类火星探测最主要的科学目标是：探寻火星生命痕迹，即通过对火星上的原位样品和返回样品进行探测和数据分析，寻找火星生命存在与否的证据，刻画火星环境、地质及内部结构特征和过程，揭示火星气候及宜居性演化历史。

近期各主要航天国家探测火星的主要工程目标是：火星采样返回。2021 年 2 月 19 日安全着陆在火星表面杰泽罗陨石坑内的美国"毅力号"（Perseverance）火星车已经开始收集能够探寻生命存在证据的火星样品，并计划于 2028 年通过另一次发射任务将采集到的火星样品带回地球。中国也计划在 2028 年实施"天问二号"任务实现火星采样返回。各主要航天大国也在积极开展载人登陆火星的相关关键技术研究，相信在不远的将来，人类终将实现载人登陆火星的梦想。

5-3 "毅力号"火星车

§5-4　金星与水星探测

一、金星探测

在太阳系中按距离太阳由近及远的次序排列，金星为第二颗类地行星，是距离地球最近的岩石行星，也是除了太阳与月亮外，天空中最亮的一颗星星。由于金星在重量、体积方面最接近地球，因此也被称为地球的姐妹星。

从苏联 1961 年 2 月 4 日发射首个金星探测器开始，在全球范围内先后有苏联、美国、欧空局和日本向金星发射了 43 个探测器（含 3 个多目标探测器、3 个顺道借力探测器），其中苏联发射了 31 次，成功或部分成功了 15 次；美国 10 次，成功 9 次，欧空局和日本各 1 次，均取得了成功。金星探测任务概览如表 5-4 所示。

5-4 金星着陆探测

表 5-4 金星探测任务概览

序号	任务名称	国家（组织）	发射日期	任务类型	结果
1	"金星 1A 号"（Sputnik 7）	苏联	1961 年 2 月 4 日	撞击	失败
2	"金星 1 号"（Venera 1）	苏联	1961 年 2 月 12 日	撞击	失败
3	"水手 1 号"（Mariner 1）	美国	1962 年 7 月 22 日	飞越	失败
4	"金星 2A 号"（Sputnik 19）	苏联	1962 年 8 月 25 日	着陆	失败
5	"水手 2 号"（Mariner 2）	美国	1962 年 8 月 27 日	飞越	成功
6	"金星 2B 号"（Sputnik 20）	苏联	1962 年 9 月 1 日	着陆	失败
7	"金星 2C 号"（Sputnik 21）	苏联	1962 年 9 月 12 日	飞越	失败
8	"金星 2D 号"（Cosmos 21）	苏联	1963 年 11 月 11 日	飞越	失败
9	"金星 1964A 号"（Venera-1964A）	苏联	1964 年 2 月 19 日	飞越	失败
10	"金星 1964B 号"（Venera-1964B）	苏联	1964 年 3 月 1 日	飞越	失败
11	"金星 2E 号"（Cosmos 27）	苏联	1964 年 3 月 27 日	飞越	失败
12	"探测器 1 号"（Zond 1）	苏联	1964 年 4 月 2 日	飞越	失败
13	"金星 2 号"（Venera 2）	苏联	1965 年 11 月 12 日	飞越	失败
14	"金星 3 号"（Venera 3）	苏联	1965 年 11 月 16 日	着陆	失败
15	"金星 4A 号"（Cosmos 96）	苏联	1965 年 11 月 23 日	着陆	失败
16	"金星 4 号"（Venera 4）	苏联	1967 年 6 月 12 日	大气层探测	成功
17	"水手 5 号"（Mariner 5）	美国	1967 年 6 月 14 日	飞越	成功
18	"金星 5A 号"（Cosmos 167）	苏联	1967 年 6 月 17 日	着陆	失败
19	"金星 5 号"（Venera 5）	苏联	1969 年 1 月 5 日	大气层探测	成功
20	"金星 6 号"（Venera 6）	苏联	1969 年 1 月 10 日	大气层探测	成功
21	"金星 7 号"（Venera 7）	苏联	1970 年 8 月 17 日	着陆	部分成功
22	"金星 8A 号"（Cosmos 359）	苏联	1970 年 8 月 22 日	着陆	失败
23	"金星 8 号"（Venera 8）	苏联	1972 年 3 月 27 日	着陆	成功
24	"金星 9A 号"（Cosmos 482）	苏联	1972 年 3 月 31 日	着陆	失败
25	"水手 10 号"（Mariner 10）	美国	1973 年 11 月 3 日	飞越金星与水星	成功
26	"金星 9 号"（Venera 9）	苏联	1975 年 6 月 8 日	轨道器/着陆器	成功
27	"金星 10 号"（Venera 10）	苏联	1975 年 6 月 14 日	轨道器/着陆器	成功
28	"先驱者金星 1 号"（Pioneer Venus 1）	美国	1978 年 5 月 20 日	轨道器	成功
29	"先驱者金星 2 号"（Pioneer Venus 2）	美国	1978 年 8 月 8 日	着陆器	成功
30	"金星 11 号"（Venera 11）	苏联	1978 年 9 月 9 日	飞越/着陆	部分成功
31	"金星 12 号"（Venera 12）	苏联	1978 年 9 月 14 日	飞越/着陆	部分成功
32	"金星 13 号"（Venera 13）	苏联	1981 年 10 月 30 日	飞越/着陆	成功
33	"金星 14 号"（Venera 14）	苏联	1981 年 11 月 4 日	飞越/着陆	成功
34	"金星 15 号"（Venera 15）	苏联	1983 年 6 月 2 日	轨道器	成功
35	"金星 16 号"（Venera 16）	苏联	1983 年 6 月 7 日	轨道器	成功

序号	任务名称	国家（组织）	发射日期	任务类型	结果
36	"维加1号"（Vega 1）	苏联	1984年12月15日	飞越/着陆金星；飞越哈雷彗星	部分成功
37	"维加2号"（Vega 2）	苏联	1984年12月21日	飞越/着陆金星；飞越哈雷彗星	成功
38	"麦哲伦号"（Magellan）	美国	1989年5月4日	轨道器	成功
39	"伽利略号"（Galileo）	美国	1989年10月18日	顺道金星借力（飞往木星）	成功
40	"卡西尼-惠更斯号"（Cassini-Huygens）	美国	1997年10月15日	顺道金星借力（飞往土星）	成功
41	"信使号"（Messenger）	美国	2004年8月3日	顺道金星借力（飞往水星）	成功
42	"金星快车"（Venus Express）	欧空局	2005年11月9日	轨道器	成功
43	"拂晓号"（Planet-C）	日本	2010年5月21日	轨道器	成功

苏联在金星探测方面取得了较为辉煌的成就，尽管其对金星的探测成功率仅为48.4%，但还是创造了人类历史上对金星探测的多项首次。1967年6月12发射的"金星4号"（Venera 4）于同年10月18日进入金星大气层，对金星大气层进行了首次探测。1970年8月17日发射的"金星7号"（Venera 7）于同年12月15日以约60km/h的速度撞入金星表面，并在随后的23分钟内传回了金星表面温度约为475℃、大气压为92bar、风速为2.5m/s的宝贵数据，成为第一个抵达金星表面并传回数据的人类探测器。此后，苏联又相继发射了多个金星探测器，其中"金星9号"和"金星10号"在金星表面各拍摄了一张全景照片，首次向人们展现了金星表面的状态。

在金星环绕探测方面，1989年5月4日美国发射的"麦哲伦号"（Magellan）探测器和2005年11月9日欧空局（ESA）发射的"金星快车"（Venus Express）探测器均取得了巨大的成功。通过光学与微波的在轨遥感探测，人类绘制了金星的98%表面图和95%的重力场图，获取了金星活火山分布及活动情况、金星大气环流、结构和成分数据，研究了金星大气与表面的关系以及金星的空间环境等。

2010年日本发射的"拂晓号"金星探测器在到达金星附近后由于主发动机的故障没能顺利进入金星轨道，暂时成为一颗只能围绕太阳公转的探测器。然而在经过长达5年的磨难之后，日本"拂晓号"探测器终于成功进入了金星轨道。

二、水星探测

水星是太阳系中最靠近太阳的一颗行星，也是人类了解最少的一颗类地行星。由于水星没有大气，故其表面温差变化剧烈。近日点赤道附近白天温度可达740K，而夜间温度仅为90K。在靠近水星的空间范围中受到的太阳辐射量比地球轨道大10倍左右，同时环绕水星轨道运行的探测器受到太阳引力的影响比较大。鉴于上述环境因素及其他在工程实施中的难度和代价方面的原因，到目前为止人类对于水星的探测任务仅实施了3次（含1次多目标探测），如表5-5所示。

表 5-5　水星探测任务概览

序号	任务名称	国家(组织)	发射日期	任务类型	结果
1	"水手 10 号"(Mariner 10)	美国	1973 年 11 月 3 日	飞越金星与水星	成功
2	"信使号"(Messenger)	美国	2004 年 8 月 3 日	环绕	成功
3	"贝皮-科伦布"(Bepi-Colombo)	欧空局、日本	2018 年 10 月 20 日	环绕	执行中

美国航天局(NASA)于 1973 年 11 月 3 日发射的"水手 10 号"(Mariner 10)是首个执行金星与水星双行星探测任务的飞行器,也是人类第一个对水星实施飞越探测的航天器。"水手 10 号"分别在 1974 年 3 月 29 日、9 月 21 日和 1975 年 3 月 6 日三次从水星上空经过,最近距离水星表面仅 330km,拍摄了超过 1 万张图片,涵盖了水星表面积的 57%。发现水星拥有磁场与巨大的铁质核心,拥有非常稀薄的主要由氦所组成的大气层。

5-5 "信使号"
水星探测器

美国"信使号"(Messenger)水星探测器于 2011 年 3 月 18 日进入水星轨道,成为首颗环绕水星飞行的人类探测器。在对水星将近 4 年的环绕探测中,"信使号"共向地球传回了 25 万余张照片,实现了水星表面的全覆盖,获取了水星表面地质地貌、磁场、稀薄大气等信息,增进了人类对水星的认识。

由欧空局和日本合作的水星探测器"贝皮-科伦布"(Bepi-Colombo)于 2018 年 10 月 20 日成功发射,飞行途中经历了 1 次飞越地球、2 次飞越金星,并将 6 次飞越水星。预计 2025 年 12 月"贝皮-科伦布"将最终进入 400km×1500km 的水星环绕轨道,并开始为期 1 年的科学探测。

§5-5　巨行星探测

木星、土星、天王星、海王星是运行在外太阳系的巨型气态行星,由于它们的体积远远大于处于内太阳系的类地行星,因此也被称为巨行星。这四颗巨行星主要由氢、氦组成,在太阳系中的位置非常重要,其巨大的质量对太阳系内其他小行星的轨道产生了重要影响,其大气层、磁场特征也非常具有研究价值。人类通过探测并研究巨行星的形成和演化历史,对更好地理解太阳系的起源和进化具有重要意义。

从 1972 年 3 月 2 日起,美国先后发射了"先驱者"和"旅行者"系列深空探测器,几乎独揽了对巨行星的探测,如表 5-6 所示。木星的质量是太阳系中其他行星合计总质量的两倍以上,在太阳系的形成过程中扮演着重要的角色,木星系探测成为巨行星探测中的热点。"先驱者 10 号"(Pioneer 10)于 1973 年 12 月到达木星附近,发回了 300 幅木星及其主要卫星的照片,成为人类历史上第一个探测木星系的航天器。"先驱者 11 号"(Pioneer 11)是第二个用于研究木星和外太阳系巨行星的深空探测器。在完成拜访木星后,它还借用了木星的强大引力改变了轨道方向飞向土星,它也是人类第一个探测土星及其土星环的航天器。

表 5-6 巨行星探测任务概览

序号	任务名称	国家（组织）	发射日期	任务类型	结果
1	"先驱者 10 号"（Pioneer 10）	美国	1972 年 3 月 2 日	飞越木星	成功
2	"先驱者 11 号"（Pioneer 11）	美国	1973 年 4 月 5 日	飞越木星、土星	成功
3	"旅行者 1 号"（Voyager 1）	美国	1977 年 9 月 5 日	飞越木星、土星	成功
4	"旅行者 2 号"（Voyager 2）	美国	1977 年 8 月 20 日	飞越木星、土星、天王星、海王星	成功
5	"伽利略号"（Galileo）	美国、联邦德国	1989 年 10 月 18 日	木星轨道器	成功
6	"尤利西斯号"（Ulysses）	美国、欧空局	1990 年 10 月 6 日	顺道木星借力；探测太阳	成功
7	"卡西尼-惠更斯号"（Cassini-Huygens）	美国、欧空局、意大利	1997 年 10 月 15 日	飞越木星、土星轨道器（卡西尼号）、土卫六着陆器（惠更斯号）	成功
8	"新视野号"（New Horizons）	美国	2006 年 1 月 19 日	顺道飞越木星；探测冥王星	成功
9	"朱诺号"（Juno）	美国	2011 年 8 月 5 日	木星轨道器	成功
10	"木星冰月探测器"（Jupiter Icy Moons Explorer）	欧空局	2023 年 4 月 14 日	飞越/环绕探测木星及其木卫二、木卫三和木卫四	飞行中

"旅行者 1 号"（Voyager 1）和"旅行者 2 号"（Voyager 2）分别于 1977 年 9 月 5 日和 8 月 20 日发射升空。这两个"姊妹"探测器沿着两条不同的轨道飞行,巧妙地利用巨行星的引力作用,使它们适时改变轨道,从而达到一次旅行探测多颗巨行星及其卫星的目的。两个"旅行者号"探测器均携带了钚电池(核动力电池)作为其推进动力,可保证探测器超过 40 年的太空旅行。

"旅行者 1 号"于 1979 年 3 月 5 日与木星会合,拍摄了数千张木星照片,发现木星也具有环带,木卫上有火山喷发。在探测木星 1 年 8 个月后,"旅行者 1 号"抵近土星,获得了土星、土星环和土星卫星的高分辨率影像,看清了土星表面变化及其卫星的形态;在穿越了土卫六大气层的过程中改变了探测器的飞行方向,使飞行轨道偏离了太阳系平面。截至 2023 年 1 月 1 日,"旅行者 1 号"正处于距离太阳 237 亿 km 处,是至今距离地球最远的人类深空探测器。

"旅行者 2 号"于 1979 年 7 月 9 日抵达木星,并从木星及其卫星之间穿过,在距木星 72 万 km 处拍摄了数千张木星照片。在探测木星 2 年 1 个月后到达土星,发现了土星环和大气变化的证据,确认了土星一些新的卫星,发现了一些新的土星环缝(麦克斯韦缝、基勒缝等)。在穿越土星系统过程中借力土星加速,于 1986 年 1 月最接近天王星(81000km),于 1989 年 8 月最接近海王星(4950km)。"旅行者 2 号"是人类第一次接近并拍摄了天王星、第一次看清海王星表面形貌的航天器。它探测了天王星和海王星的磁场结构、高能粒子和等离子体的分布,实现了一次深空飞行先后探测四颗巨行星的历史性突破。

美国与欧空局合作的"尤利西斯号"(Ulysses)探测器的主任务是对太阳的南北极进行探测,1992 年 2 月 8 日在借助木星的引力将轨道调整到垂直于黄道面的太阳极轨时,顺道对木星进行了探测。

5-6 "旅行者 2 号"探测器

美国的"新视野号"(New Horizons)探测器的主任务是探测冥王星及其最大的卫星卡戎(冥卫一)和探测位于柯伊柏带的小行星群。在飞往外太阳系的途中,"新视野号"探测器于 2007 年 1 月 8 日开始对木星系进行顺道探测:1 月 10 日观测了木卫十七,2 月 28 日飞越木星(最近距离 2305000km),拍摄了木星及其卫星的照片。

"伽利略号"(Galileo)是专门为实施木星环绕探测任务而设计的探测器。它在飞往木星途中,观测了舒梅克·利维九号彗星的碎片撞入木星的壮观过程。在经历了6年多飞行之后,"伽利略号"于1995年12月进入环绕木星轨道。它首次探测到木星大气中的氨云,确定了木星磁层的结构和范围,发现木卫一上有剧烈的火山爆发,发现木卫二、木卫三、木卫四的地下可能存在液态海洋,上空存在大气。2003年9月21日"伽利略号"坠毁于木星,结束了长达14年的探测。

"朱诺号"(Juno)木星探测器在飞行4年11个月之后于2016年7月成功进入环绕木星的轨道。"朱诺号"于2017年2月第四次成功飞越木星表面,最近点距离木星云层顶端4300km。"朱诺号"探测了木星南北极的风暴气旋,发现木星的实际磁场比预计要强得多,比地球的最大磁场还强10倍,发现木星极光与地球极光似乎不同。

"卡西尼–惠更斯号"(Cassini-Huygens)是专门为探测土星及其31颗已知卫星"家族"而设计的探测器。它经过6年9个月的飞行后,于2004年7月进入土星轨道,开展了为期4年的土星探测。2005年1月14日"惠更斯号"探测器穿越土卫六的大气层,成功登陆土卫六。在大气下降段和着陆中工作了24小时,获得了液态烷烃湖、山脉、海岛和海岸线影像等大量探测数据。"卡西尼–惠更斯号"是人类迄今为止规模最大、复杂程度最高的行星探测器,它创造了人类探测器在最遥远天体软着陆的纪录。

5-7 "卡西尼–惠更斯号"探测器

2023年4月20日发射的"木星冰月探测器"(Jupiter Icy Moons Explorer)是欧洲空间局第一个木星环绕探测任务,预计将经过8年的太空旅行,于2031年抵达木星系统。其主要科学目标是:遥感探测木卫二的地质活跃区域并寻找液态水;探测木卫三的宜居天体特征;通过探测木卫四的地表壳层化学组成以及海洋的特性,研究木星系统的早期演化;探测木星大气层、磁层的特征,研究木星卫星以及木星环系统。

§5-6 小天体探测

小天体是指太阳系内环绕太阳运动,但体积和质量比行星小得多的天体。小天体的类型包括:矮行星、小行星和彗星。在地球轨道附近已经发现了3万多颗小行星(近地小行星),其中有864颗直径超过1km。太阳系大多数的小行星都集中在火星与木星轨道之间的小行星带(主带小行星),目前已发现有60多万颗。在海王星轨道之外的区域中也发现了相当数量的矮行星和小行星(柯伊伯带小天体)。彗星具有长长的彗尾,形成于太阳系外围的柯伊伯带和奥尔特云。其轨道往往具有较大的椭圆度,穿梭于太阳系各大行星之间。

小天体由太阳原始星云中的残存物所构成,探索小行星的起源和形成机制有助于揭开太阳系起源与演化之谜。彗星和小行星上含有生命起源所需的有机分子(碳基分子)、水冰等物质和能量,对小天体的科学探测将有望解开地球水资源来源和生命起源之谜。小天体有S型、C型、M型、T型、D型、O型等多种类型,含有丰富的矿产资源,是人类寻找新的太阳系原始物质资源的宝库。近地小行星具有撞击地球、给地球带来毁灭性灾难的风险,探测与研究小行星的运行轨迹,发展防范小行星撞击的技术途径,对人类文明的延续和发展都具有极其重要的意义。

基于上述原因,从20世纪70年代开始各航天大国越来越重视对小天体的探测,截至2023年9

月全球共执行了 21 次探测任务,如表 5-7 所示。其中专门针对小天体的探测任务 16 次,在执行主任务途中或完成主任务后拓展进行小型探测活动 5 次。美国、苏联、欧空局、日本和中国先后实施了小行星探测任务。

表 5-7 小天体探测任务概览

序号	探测器名称	国家(组织)	发射日期	任务类型	结果
1	"国际日地探测者 3 号"(ISEE-3)/国际彗星探测器(ICE)	美国	1978 年 8 月 12 日	飞越贾可比尼-津纳彗星	成功
2	"维加 1 号"(Vega 1)	苏联	1984 年 12 月 15 日	飞越哈雷彗星	成功
3	"维加 2 号"(Vega 2)	苏联	1984 年 12 月 21 日	飞越哈雷彗星	成功
4	"先驱者号"(Pioneer)	日本	1985 年 1 月 7 日	飞越哈雷彗星	成功
5	"乔托号"(Giotto)	欧空局	1985 年 7 月 2 日	飞越哈雷彗星;飞越葛里格-斯克杰利厄普彗星	成功
6	"行星 A 号"(PLANET-A)	日本	1985 年 8 月 18 日	飞越哈雷彗星	成功
7	"伽利略号"(Galileo)	美国	1989 年 10 月 18 日	飞越小行星 Gaspra 和 Ida	成功
8	"尼尔号"(NEAR-Shoemaker)	美国	1996 年 2 月 17 日	飞越小行星梅西尔德;环绕附着爱神星 Eros	成功
9	"深空 1 号"(Deep Space 1)	美国	1998 年 10 月 24 日	飞越小行星 Braille;飞越 Borrelly 彗星	成功
10	"星尘号"(Star-dust)	美国	1999 年 2 月 7 日	飞越安妮法兰克小行星;Wild 2 彗星尘埃收集返回	成功
11	"彗核之旅"(CONTOUR, Comet Nucleus Tour)	美国	2002 年 7 月 3 日	交会恩克彗星等三颗彗星	失败
12	"隼鸟号"(Hayabusa)	日本	2003 年 5 月 9 日	环绕探测"糸川"小行星并采样返回	成功
13	"罗塞塔号"(Rosetta)	欧空局	2004 年 3 月 2 日	飞越小行星 Steins 和 Lutetia;环绕附着 Churyumov-Gerasimenko 彗星	成功
14	"深度撞击号"(Deep Impact)	美国	2005 年 1 月 12 日	撞击坦普尔 1 号彗星;飞越哈特雷 2 号彗星	成功
15	"新视野号"(New Horizons)	美国	2006 年 1 月 19 日	飞越小行星 132524;飞越冥王星和卡戎	成功
16	"黎明号"(Dawn)	美国	2007 年 9 月 27 日	环绕探测灶神星和谷神星	成功
17	"嫦娥二号"(Chang'e 2)	中国	2010 年 10 月 1 日	飞越图塔蒂斯小行星	成功
18	"隼鸟 2 号"(Hayabusa 2)	日本	2014 年 12 月 3 日	环绕探测"龙宫"并采样返回;探测小行星 1998KY26(拓展任务)	成功
19	"欧西里斯号"(OSIRIS-REx)	美国	2016 年 9 月 8 日	环绕探测"贝努"并采样返回;探测阿波菲斯小行星(拓展任务)	成功
20	"露西号"(LUCY)	美国	2021 年 10 月 16 日	探测 7 颗木星特洛伊小行星和 1 颗主带小行星	飞行中
21	"双小行星重定向测试"(DART)	美国	2021 年 11 月 24 日	撞击小行星 Dimorphos	成功

　　1978 年 8 月,美国发射了一颗"国际日地探险者 3 号"(ISEE-3)的探测器,其原定任务是观测太阳风。但当它在太空运行了 4 年之后,借助月球重力场的作用,于 1985 年 9 月 11 日进入一条与贾可比尼-津纳彗星交会的轨道,成为世界上第一个与彗星会合并穿越彗尾的探测器。这个探测器因此在后来被改名为"国际彗星探测器"(ICE)。苏联的"维加 1 号"(Vega 1)和"维加 2 号"(Vega 2)探测器的主要科学目标是探测金星,同时实施了对哈雷彗星的探测。两个探测器先后近距离飞越哈雷彗星,拍摄了 700 多张照片,传回有关彗核的物理化学特性、彗核周围气体与尘埃等方面的探测信息。1989 年 10 月 18 日发射的美国"伽利略号"(Galileo)木星探测器在前往木星的漫长旅途中,探测了 2 颗小行星:1991 年 10 月 29 日飞越 S 类小行星 951(Gaspra),1993 年 8 月飞越 S 类小行星 243 Ida 并发现 Ida 拥有自己的卫星。中国探月二期的先导星"嫦娥二号"在完成对月球表面后续着陆区的高分辨率三维成像、获得更高分辨率和精度的元素分布图、探测地月与近月空间环境等主要任务之后,开展了 2 次拓展任务:于 2011 年 8 月 25 日进入日地拉格朗日 L2 点环绕轨道,然后又于 2012 年 12 月 13 日与图塔蒂斯小行星(Toutatis)擦身而过,并完成了国际首次对该小行星的近距离光学成像探测。

　　美国在小天体探测技术方面处于全球领先地位,先后成功实施了"尼尔号"(NEAR-Shoemaker)近地小行星交会探测,"深空 1 号"(Deep Space 1)新技术小行星探测,"星尘号"(Star-dust)彗星尘埃物质采集,"深度撞击号"(Deep Impact 1)彗星撞击实验,"黎明号"(Dawn)探测器对谷神星、灶神星等主带小行星探测,"新视野号"(New Horizons)探测器对冥王星及其卫星探测,"欧西里斯号"(OSIRIS-REx)探测器执行对 C 类近地小行星"贝努"的采样返回等任务。2022 年 9 月,美国"双小行星重定向测试"(DART)探测器成功实施了对目标小行星"迪莫弗斯"的碰撞实验,撞击产生了长达 10000km 的羽流,使目标小行星的轨道周期缩短了 32 分钟。

　　日本在小行星探测任务中也表现出很多的技术亮点。2003 年 5 月 9 日发射的"隼鸟号"(Hayabusa)探测器在历经波折之后于 2005 年 7 月成功抵近"糸川"小行星,随后实施了采样并于 2010 年 6 月返回地球。这是人类历史上第一次进行对地球有威胁性小行星的探测,也是第一个成功把小行星物质带回地球的任务。日本"隼鸟 2 号"(Hayabusa 2)也对主带小行星"龙宫"实施了探测和采样,并于 2020 年末成功携带样本物质返回地球。

　　欧洲空间局(ESA)于 2004 年 3 月 2 日发射了由"罗塞塔"(Rosetta)探测器及"菲莱"(Philae)登陆器组成"罗塞塔号"彗星探测器(Rosetta Comet Probe)成功实施了对木星族彗星"楚留莫夫-格拉希门克"的探测,在彗星周围第一次探测到了分子氮。科学家认为分子氮的发现暗示太阳系在形成早期就已经拥有一些生命分子。

5-8 "隼鸟"系列小行星探测器

　　纵观全球深空探测的发展历程,人类深空探测器的足迹已经遍及太阳系的所有行星及其部分行星的卫星、矮行星、小行星和彗星。但是从整体而言,人类对整个宇宙、星系、太阳系及其起源和演变的认识和理解还很粗浅。人类进入航天时代不过短短 70 余年,人造航天器才刚刚走出太阳系。

　　宇宙是如何诞生的?太阳系是如何形成并演化的?地球上的生命是如何诞生的?太阳系外的高等生命在哪里?地球何时会遭遇毁灭?人类未来的生存空间在哪里?茫茫宇宙中还有很多更详细的未知等待人类去探索,深空探测方兴未艾。

参考文献

[1]Huang H,Carande B,Tang R,等.基于分子电子传感器技术可用于行星探测的微型地震仪.世界地震译丛,2014(Z2):109-114.

[2]Lognonné P,Banerdt W B,Giardini D,et al.SEIS:Insight's Seismic Experiment for Internal Structure of Mars.Space Science Reviews,2019,9:215-227.

[3]安恒,杨生胜,薛玉雄,石红,等.国外月球探测有效载荷进展状况.真空与低温,2012,18(4):194-200.

[4]蔡亚先,吕永清,周云耀,等.CTS-1甚宽频带地震计.大地测量与地球动力学,2004(3):109-114.

[5]陈乐,张少兵,余金霏.金星:认识早期地球的窗口.地球与行星物理论评,2022,53(1):66-84.

[6]代树武,吴季,孙辉先,等.嫦娥三号巡视器有效载荷.空间科学学报,2014,34(3):332-340.

[7]邓红艳,郑国宪,张琢.Raman-LIBS光谱技术在空间原位探测领域的应用探讨.空间电子技术,2018(4):63-67.

[8]丁春雨,封剑青,郑磊,等.雷达探测技术在探月中的应用.天文研究与技术,2015,12(2):228-242.

[9]高博宇,陈忠贵,周文艳.国外木星探测任务进展与分析.航天器工程,2021,30(5),107-114.

[10]高震宇,王民建,黄帆,等.深空探测科学仪器研究进展.南京信息工程大学学报,2021,13(3):257-268.

[11]葛平,张天馨,康炭,等.2021年深空探测进展与展望.中国航天,2022(2):21-24.

[12]耿言,周继时,李莎,等.我国首次火星探测任务.深空探测学报,2018,5(5):399-405.

[13]龚盛夏,黄乘利.太阳系内类地行星内部结构模型研究进展.天文学进展,2013,31(4):391-410.

[14]韩鸿硕,陈杰.21世纪国外深空探测发展计划及进展.航天器工程,2008(3):1-22.

[15]杭观荣,康小录.电推进在深空探测主推进中的应用及发展趋势.火箭推进,2012,38(4):1-8.

[16]何志洲,黄乘利,张冕.火星重力场模型发展回顾及对萤火一号的展望.天文学进展,2012,30(2):220-235.

[17]侯建文,阳光,曹涛,等.深空探测:小天体探测.北京:国防工业出版社,2016.

[18]侯建文,阳光,冯建军,等.深空探测:金星探测.北京:国防工业出版社,2015.

[19]侯建文,阳光,周杰,等.深空探测:火星探测.北京:国防工业出版社,2016.

[20]胡星星,滕云田,王晓美.基于MEMS传感器的速度型地震计技术研究.地球物理学进展,2013(1):515-522.

[21] 胡智新.月球表面水冰探测进展.航天器工程,2010,19(5):111-116.

[22] 胡中为,赵海斌.小行星.北京:科学出版社,2021.

[23] 黄巧林.航天观光学遥感器.北京:北京理工大学出版社,2021.

[24] 基谢列夫,梅德韦杰夫,梅尼希科夫.跨越千年:世界航天回顾与展望.李建红,聂本智,译.西安:西北工业大学出版社,2007.

[25] 季江徽,胡寿村.太阳系小天体表面环境综述.航天器环境工程,2019,36(6):519-532.

[26] 贾瑛卓,覃朗,徐琳,等.月球水冰探测.深空探测学报,2020,7(3):290-296.

[27] 蒋庆仙,王元明,段渭超,等.原子干涉重力仪及其研究进展.测绘科学与工程,2018,38(2):69-73.

[28] 焦维新,邹鸿.行星科学.北京:北京大学出版社,2009.

[29] 卡斯汀.寻找宜居行星.郑永春,刘晗,译.上海:上海教育出版社,2019.

[30] 李春来,刘建军,耿言,等.中国首次火星探测任务科学目标与有效载荷配置.深空探测学报,2018,5(5):406-413.

[31] 李春来,刘建军,严韦,等.小行星探测科学目标进展与展望.深空探测学报,2019,6(5):424-436.

[32] 李存惠,张小平,张熇,等.中国月尘探测进展及后续展望.吉林大学学报(地球科学版),2021,51(4):1276-1283.

[33] 李俊峰,崔文,宝音贺西.深空探测自主导航技术综述.力学与实践,2012,34(2):1-8.

[34] 李坤,崔峻,魏勇.空间电场的原位测量.地球与行星物理论评,2021,52(5):473-482.

[35] 李磊,王劲东,周斌,等.磁通门磁强计在深空探测中的应用.深空探测学报,2017,4(6):529-534.

[36] 李泽明,李元.水星的探测与研究进展.地球化学,2022,51(2):133-160.

[37] 里巴斯.宇宙认知大百科:地球.谢桐瑶,译.北京:天地出版社,2021.

[38] 里巴斯.宇宙认知大百科:太阳系.颜子昂,译.北京:天地出版社,2021.

[39] 里巴斯.宇宙认知大百科:银河系.田甜,译.北京:天地出版社,2021.

[40] 林巍,李一良,王高鸿,等.天体生物学研究进展和发展趋势.科学通报,2020,65(5):380-391.

[41] 林栩凌,邬志强,杨颂,等.一种应用于深空探测的弱信号探测技术.红外与激光工程,2017,46(9):34-37.

[42] 刘国祥.SAR成像原理与图像特征.四川测绘,2004,27(3):141-143.

[43] 刘继忠,胡朝斌,庞涪川,等.深空探测发展战略研究.中国科学(技术科学),2020(9):1126-1139.

[44] 刘家騑,李晓敏,郭桂萍.航天技术概论.北京:北京航空航天大学出版社,2018.

[45] 刘晓群,邹永廖,李春来,等.月球与深空探测.广州:广东科技出版社,2014.

[46] 卢波.国外行星探测进入器发展综述.国际太空,2015(8):25-35.

[47] 鲁尼.太空全书2.尔欣中,王岚,译.北京:北京联合出版公司,2018.

[48] 马勉军,雷军刚,李诚,等.空间电场特性及探测技术研究.真空与低温,2017,23(1):25-30.

[49] 牛厂磊,罗志福,雷英俊,等.深空探测先进电源技术综述.深空探测学报,2020,7(1):25-34.

[50] 裴照宇,侯军,王琼.光学技术在中国月球和深空探测中的应用.红外与激光工程,2020,49(5):

19-27.

[51] 裴照宇,刘继忠,王倩,等.月球探测进展与国际月球科研站.科学通报,2020,65(24):
2577-2586.

[52] 塞勃,等.理解航天:航天学入门.张云海,李俊峰,译.北京:清华大学出版社,2007.

[53] 舒嵘,徐卫明,付中梁,等.深空探测中的激光诱导击穿光谱探测仪.深空探测学报,2018,5(5):
450-457.

[54] 舒嵘,徐之海,等.激光雷达成像原理与运动误差补偿方法.北京:科学出版社,2014.

[55] 斯帕罗.行星.傅圣迪,译.南昌:江西人民出版社,2017.

[56] 孙辉先,李慧军,张宝明,等.中国月球与深空探测有效载荷技术的成就与展望.深空探测学报,
2017,4(6):495-508.

[57] 孙青,朱晓宇.深空探测国际合作发展动向观察.国际太空,2022(3):18-23.

[58] 孙艺玫,罗斐,等.分布式光纤传感器原理及在地震监测中的应用研究现状.防灾减灾学报,2022
(1):67-73.

[59] 孙越强,吕良庆,王世金,等.萤火一号火星探测器有效载荷分系统设计.上海航天,2013(4):
159-163.

[60] 孙泽洲,等.深空探测技术.北京:北京工业大学出版社,2018.

[61] 孙泽洲,孟林智.中国深空探测现状及持续发展趋势.南京航空航天大学学报,2015,47(6):
785-791.

[62] 王赤,张贤国,徐欣锋,等.中国月球及深空空间环境探测.深空探测学报,2019,6(2):105-118.

[63] 王存恩.小行星探测器缪斯-C.国际太空,2004(5):23-27.

[64] 王大轶,符方舟,孟林智,等.深空探测器自主控制技术综述.深空探测学报,2019,6(4):
317-327.

[65] 王豪,孙承月,琚丹丹,等.深空粉尘环境探测技术综述.航天器环境工程,2019,36(6):550-557.

[66] 王泓鹏,万雄,何志平.基于红外反射光谱深空物质成分探测技术的研究.光谱学与光谱分析,
2028,38(10):59-60.

[67] 王焕玉,张吉龙,卢红,等.新型深空探测宽波段多粒子谱仪.测试技术学报,2007,21(增刊):
328-330.

[68] 王劲东,周斌,赵华,等.萤火一号火星探测器磁通门磁强计研制.上海航天,2013,30(4):
174-178.

[69] 王帅.2021年全球深空探测领域发展综述.国际太空,2022(2):20-24.

[70] 王帅.水星探测意义及发展历程研究.国际太空,2018(11):6-11.

[71] 王晓海.星载重力梯度仪的研究发展.数字通信世界,2015(10):25-31.

[72] 王晓岩,刘建军,张吴明,等.行星无人探测车地形重构技术综述.天文研究与技术,2016,13(4):
464-472.

[73] 王馨悦,孙越强,李永,等.质谱计在行星系统与小天体探测中的应用.深空探测学报,2017,4
(6):522-528.

[74] 王馨悦,张爱兵,荆涛,等.近月空间带电粒子环境——"嫦娥1号""嫦娥2号"观测结果.深空探
测学报,2019,6(2):119-126.

[75] 王艳玲,刘国福,杨俊.月球及深空中子(水冰)探测进展.核电子学与探测技术,2011,31(6): 614-618.

[76] 魏强,胡永云.木星大气探测综述.大气科学,2018,42(4):890-901.

[77] 魏钟铨,等.合成孔径雷达卫星.北京:科学出版社,2001.

[78] 吴季,朱光武,王赤,等.火星空间环境探测设计与实施.上海航天,2013(4):24-27.

[79] 吴琼,滕云田,张兵,等.世界重力梯度仪的研究现状.物探与化探,2013,37(5):761-768.

[80] 吴伟仁.吴伟仁院士论文选集.北京:中国宇航出版社,2023.

[81] 吴伟仁.奔向月球.北京:中国宇航出版社,2007.

[82] 吴伟仁,刘旺旺,蒋宇平,等.国外月球以远深空探测的发展及启示.深空探测研究,2011,9(3): 1-10.

[83] 吴伟仁,张正峰,张哲,等.星耀中国:我们的嫦娥探月卫星.北京:人民邮电出版社,2023.

[84] 伍红平,刘雷,王辉,等.电磁卫星高能粒子探测器高能段载荷结构与模态分析.信息技术,2017 (4):79-82.

[85] 西迪.航天器动力学与控制.杨保华,译.北京:航空工业出版社,2011.

[86] 徐之海,李奇.现代成像系统.北京:国防工业出版社,2001.

[87] 徐遵磊,张永强,张哲,等.暗物质粒子探测卫星有效载荷综合测试系统的设计与实现.天文学报,2018,59(3):37-47.

[88] 许春,王成良.火星探测技术综述.红外,2008,29(7):1-8.

[89] 严南舟.2022深空探测与探月:多项任务蓄势待发.太空探索,2022(3):41-45.

[90] 杨保华.航天器制导、导航与控制.北京:中国科学技术出版社,2011.

[91] 姚日剑,杨生胜,王先荣,等.CE-3着陆器着陆时月尘量的测量分析.空间电子技术,2015(3): 99-102.

[92] 叶培建,邓湘金,彭兢.国外深空探测态势特点与启示(上).航天器环境工程,2008,25(5): 401-415.

[93] 叶培建,邓湘金,彭兢.国外深空探测态势特点与启示(下).航天器环境工程,2008,25(6): 501-511.

[94] 叶培建,黄江川,孙泽洲,等.中国月球探测器发展历程和经验初探.中国科学(技术科学),2014, 44(6):543-558.

[95] 叶培建,邹乐洋,王大轶,等.中国深空探测领域发展及展望.国际太空,2018(10):4-10.

[96] 于志坚,李海涛.月球与行星探测测控系统建设与发展.深空探测学报,2021,8(6):543-554.

[97] 张秉隆,苏云,郑国宪,等.紫外遥感在深空探测领域的应用.中国宇航学会深空探测技术专业委员会第九届学术年会论文集,2020:1014-1020.

[98] 张剑锋,颜则东,郭云,等.国外深空探测用α粒子/X射线荧光光谱仪技术发展.中国宇航学会深空探测技术专业委员会第九届学术年会论文集,2020:750-755.

[99] 张亮,陆秋海.静电悬浮式电容差分加速度计测量原理与动特性设计.振动与冲击,2008,27(9): 79-81.

[100] 张荣桥,黄江川,赫荣伟,等.小行星探测发展综述.深空探测学报,2019,6(5):417-423.

[101] 张睿君,杨瑞强.火星尘埃带电荷量测量中法拉第杯参数的设计.真空与低温,2017,23(4):

245-248.

[102] 张伟.金星探测——独特的深空之旅.上海航天,2012,29(5):1-6.

[103] 张扬眉.2019年国外空间探测发展综述.国际太空,2020(2):24-29.

[104] 张扬眉.2020年国外深空探测领域发展综述.国际太空,2021(2):31-35.

[105] 张永生,王涛,张云彬.航天遥感工程.北京:科学出版社,2010.

[106] 赵立平.雷达成像原理.国土资源遥感,1991,2(8):60-63.

[107] 赵琳,杜爱民,乔东海,等.火星车磁通门磁强计技术.深空探测学报,2018,5(5):472-477.

[108] 赵娜,朱培民,袁悦锋,等.中国未来载人登月月震实验必要性和方案设计.地质科技情报,2012,31(4):137-142.

[109] 赵宇鴳,刘建忠,邹永廖,等.金星探测研究进展与未来展望.地质学报,2021,95(9):2703-2724.

[110] 周斌,赵华,王劲东,等.火星空间环境磁场探测研究高精度磁强计.空间科学学报,2009,29(5):467-684.

[111] 周峰,郑国宪,苏云.国外深空探测光学遥感载荷发展现状与启示.航天返回与遥感,2012,33(1):16-22.

[112] 朱安文,刘磊,马世俊,等.空间核动力在深空探测中的应用及发展综述.深空探测学报,2017,4(5):398-404.

[113] 朱岩,白云飞,王连国,等.中国首次火星探测工程有效载荷总体设计.深空探测学报,2017,4(6):511-534.

注:本书图稿来源如下。

1.中国百度网站;

2.美国国家航空和航天局(NASA)网站;

3.在网站和参考资料图片基础上修改绘制;

4.自绘图稿。